U0245531

# 物联网 TCP/IP 技术详解

主　编　崔建峰　陈海峰
副主编　卞　鹏　李桂森

北京航空航天大学出版社

## 内容简介

W5500是WIZnet公司最新推出的以太网接入芯片，内嵌全硬件TCP/IP协议栈。本书以当前流行的STM32F103单片机为主控芯片，着眼于物联网的实际应用，深入浅出地讲解物联网开发中所需要的TCP/IP知识，同时又通过实际的案例介绍如何使用W5500在STM32F103单片机上实现这些协议。本书除讲解常用的TCP/IP应用层协议（如DHCP、DNS和HTTP等协议）外，还详细介绍如何与物联网云平台通信，如何实现设备固件的远程更新，以及如何实现ZigBee网关的相关内容。这些内容都是物联网开发时常用的TCP/IP技术，对读者从事物联网技术开发和研究具有重要的参考价值。

本书从实例出发，深入浅出，层次分明，内容通俗易懂，实用性强。特别适合作为普通高校物联网类、计算机类、电子类以及电气自动化类专业的实验教学用书，也可作为从事物联网技术开发和单片机技术开发的工程技术人员的参考用书。

**图书在版编目(CIP)数据**

物联网TCP/IP技术详解 / 崔建峰，陈海峰主编. -- 北京：北京航空航天大学出版社，2015.10

ISBN 978-7-5124-1856-1

Ⅰ.①物… Ⅱ.①崔… ②陈… Ⅲ.①计算机网络—通信协议 Ⅳ.①TN915.04

中国版本图书馆CIP数据核字(2015)第176741号



**物联网TCP/IP技术详解**

主　编　崔建峰　陈海峰

副主编　卞　鹏　李桂森

责任编辑　李　青　冯　颖

*

北京航空航天大学出版社出版发行

北京市海淀区学院路37号(邮编100191)　http://www.buaapress.com.cn

发行部电话：(010)82317024　传真：(010)82328026

读者信箱：emsbook@buaacm.com.cn　邮购电话：(010)82316936

涿州市新华印刷有限公司印装　各地书店经销

*

开本：710×1 000　1/16　印张：18.5　字数：394千字

2015年10月第1版　2015年10月第1次印刷　印数：3 000册

ISBN 978-7-5124-1856-1　定价：39.00元

---

# 序　言

欣闻WIZnet的W5500芯片应用手册即将集结出版，非常高兴！作为W5100的忠实老用户，我从最早接触Arduino的时候就爱上了这款优秀的网卡芯片，虽然市面上有不少单片机以太网解决方案，但是WIZnet系列产品以其独特的内置硬件TCP/IP协议栈，简洁易用的硬件接口，稳定可靠的Arduino原生库支持，深得我的喜爱。

作为国内的开放物联网平台Yeelink的开发和维护者，我们一直向所有的开源硬件爱好者推荐使用这款芯片，并将其作为网卡入门和学习的首选。在平台上，活跃着大量使用W5100系列产品的创客和电子爱好者。2012年，我们第一次大胆地尝试在我们的商业智能照明产品Yeelight中，选用W5100作为ZigBee转以太网网关的主网卡方案，同时支持智能手机APP和远程网络实时Socket控制，结果不负众望，W5100在8位机的Arduino上表现出卓越的性能和稳定性，不但使我们的项目得到了大量的销售订单，同时也大大压缩了项目开发时间和调试时间。由于与Arduino有良好的兼容性，因此我们能够很容易地吸引创客朋友加入到产品的改进中，让产品变得更有趣。

但不得不说，W5100在资源上存在一些限制，比如仅支持4个并发Socket等情况，逐渐不能满足现在大量移动终端同步接入的需求。让人兴奋的是，WIZnet团队针对这个情况迅速开发、投入了新型的W5500系列产品，同步支持8个并发Socket连接，这大大扩充了原来在W5100上稍显局促的资源，也让我们对这个系列的产品更有信心！

在这里，我要热情地将这个W5500系列产品推荐给从事快速物联网产品开发的朋友，快速实现产品开发。它的稳定性和可靠性，以及硬件TCP/IP栈带来的简易软件接口，一定也会让你对这个系列的产品爱不释手。

最后，希望WIZnet的新型硬件产品和Yeelink开放物联网平台，能够帮助所有爱好动手和制作的创客与电子工程师朋友们，玩出更多更有趣的应用，同时学到更多的知识。

Yeelink CEO

2015年6月

# 前　言

近年来，随着互联网的高速发展和普及，我们的生活发生了翻天覆地的变化。联网不再是电脑的特权，智能手机的普及让我们随时随地都可以在互联网中遨游。然而，人们并不满足于此。最近几年，物联网（IoT，Internet of Things）慢慢地从单纯的观念衍生出来实际的产品，像 Philips Hue 智能 LED 灯具。随着物联网技术的发展，我们可以下班前通过互联网打开家里的空调、LED 等设备，也可以让电冰箱及时告诉你该采购什么食材了……光是畅想一下这种舒适、便利的生活，已让人喜不自禁。

设备连接互联网的方法大体可以分为两类：一类是无线，如 GPRS/3G 或 WiFi；一类是有线，如以太网。在诸多联网方式中，以太网以其高普及率、低成本和高速率被广泛采用。在本书中，我们主要介绍如何让嵌入式设备通过以太网轻松接入互联网。本书从简单实用的实例讲起，由浅入深地讲解单片机接入互联网常用的一些协议，例如 DHCP、DNS 和 HTTP 等。每章都配有实例代码的讲解，使读者对协议的理解更容易。有过单片机实训经历的读者都会有这样的体会，在单片机的教学过程中，网络部分往往安排在最高级阶段，用单片机实现网络功能的难度可见一斑。而且，往往这些网络部分都离不开嵌入式操作系统（如嵌入式 Linux 和 Windows CE 等）的支持。实现网络功能时需要对这些嵌入式操作系统进行学习，或者在无操作系统的情况下需要对 TCP/IP 协议栈（如 LwIP）有深入的了解。

因此，对操作系统的学习或对 TCP/IP 协议栈的了解势必增加了单片机学习的负担，令很多单片机学习者望而却步。针对这些学习上的难点，本书配套的开发板采用硬件化的 TCP/IP 协议栈芯片，大大简化了普通单片机联网的难度，为开发连接互联网设备的读者提供了必要的参考。另外，对于计算机网络专业的读者，由于现在计算机高级编程语言（如 Java 和 C#）的高度封装，使得我们在实现很多网络协议时只须调用现成的库即可，无须深入了解具体的协议，因此很多读者对网络协议只知道表面，但不能完全理解协议的原理。如果通过单片机来实现这些 TCP/IP 协议，则需要读者用代码来实现，因此本书对于想要深入了解协议的读者将会有很大的帮助。

进入网络时代，各行各业对网络的依赖也越来越强。对于工程师的要求也是如此，很多电子产品不再只是简单的单点数据采集或控制，越来越多的设备都表现出了强烈的联网需求，这就要求工程师的知识面越来越宽，仅知道单片机或者计算机网络已经远远不够，更多的场合需要工程师既能完成单片机开发，又能实现网络协议。这也是我们编写本书的目的之一。

此外，在本书编写和程序调试过程中，WIZnet 北京代表处的国翠、刘琛、常席正和苗壮以及实习生徐洋、金翌飞和张文娟提供了大力协助。北京博控自动化有限公司的李桂琴总经理也对本书的编写工作提供了大力支持。在此，对为本书的编写工作提供帮助的所有单位和个人表示感谢！

本书由厦门理工学院教材建设基金项目资助。

由于时间仓促，加上作者水平有限，疏漏之处在所难免，敬请广大读者批评指正。

作　者

2015 年 8 月

# 目　录

**第 1 章　基础篇** ………………………………………………………………………… 1

1.1　TCP/IP 开发平台介绍 ……………………………………………………………… 1

1.1.1　开发板的构成 ………………………………………………………………… 2

1.1.2　使用 J－Link 调试程序 ……………………………………………………… 3

1.1.3　用串口烧录程序 ……………………………………………………………… 6

1.1.4　小　结………………………………………………………………………… 10

1.2　Ping 通 W5500EVB ………………………………………………………………… 10

1.2.1　Ping 简介 …………………………………………………………………… 10

1.2.2　W5500 与 Ping 程序 ………………………………………………………… 11

1.2.3　Ping 程序的调试与运行 …………………………………………………… 14

1.2.4　小　结………………………………………………………………………… 16

1.3　TCP 客户端程序的实现 …………………………………………………………… 16

1.3.1　TCP 概述 …………………………………………………………………… 17

1.3.2　W5500 与 TCP 客户端程序 ………………………………………………… 21

1.3.3　小　结………………………………………………………………………… 27

1.4　TCP 服务器端程序的实现 ………………………………………………………… 27

1.4.1　W5500 与 TCP 服务器端程序 ……………………………………………… 28

1.4.2　小　结………………………………………………………………………… 33

1.5　使用 UDP 发送数据 ………………………………………………………………… 33

1.5.1　UDP 简介 …………………………………………………………………… 33

1.5.2　W5500 与 UDP ……………………………………………………………… 34

1.5.3　小　结………………………………………………………………………… 36

**第 2 章　应用协议篇** ………………………………………………………………… 37

2.1　通过 DHCP 自动获取 IP 地址 ……………………………………………………… 37

2.1.1　DHCP 协议简介 ……………………………………………………………… 37

2.1.2　W5500 实现 DHCP 自动分配 IP 地址……………………………………… 40

2.1.3　小　结………………………………………………………………………… 47

2.2 通过 DNS 实现域名解析 …… 47
2.2.1 DNS 简介 …… 48
2.2.2 W5500 的 DNS 实现过程 …… 50
2.2.3 小 结 …… 54
2.3 一个简单的网页服务器的实现 …… 54
2.3.1 HTTP 协议简介 …… 55
2.3.2 用 W5500 搭建简单的网页服务器 …… 60
2.3.3 小 结 …… 63
2.4 使用 SMTP 发送邮件 …… 64
2.4.1 SMTP 协议简介 …… 64
2.4.2 SMTP 的代码实现 …… 68
2.4.3 小 结 …… 74
2.5 通过 NTP 获取网络时间 …… 74
2.5.1 NTP 协议简介 …… 75
2.5.2 使用 W5500 实现 NTP …… 77
2.5.3 小 结 …… 81
2.6 使用 FTP 协议实现文件传输 …… 81
2.6.1 FTP 协议简介 …… 82
2.6.2 W5500EVB 的 FTP 客户端实现流程 …… 84
2.6.3 小 结 …… 92

**第 3 章 进阶篇** …… 94

3.1 通过上位机远程配置设备 …… 94
3.1.1 上位机与下位机程序 …… 94
3.1.2 上位机远程配置设备 …… 95
3.1.3 小 结 …… 101
3.2 通过浏览器配置设备 …… 101
3.2.1 通过浏览器配置 W5500EVB …… 101
3.2.2 小 结 …… 105
3.3 ARP 地址解析协议的实现 …… 105
3.3.1 W5500 的 MACRAW 模式与 ARP 简介 …… 105
3.3.2 ARP 示例程序 …… 107
3.3.3 小 结 …… 111
3.4 SNMP 网络管理协议的实现 …… 111
3.4.1 SNMP 简介 …… 112

3.4.2 SNMP实现方法 …… 116

3.4.3 小 结 …… 120

**第4章 实践篇** …… 121

4.1 连接Yeelink云平台 …… 121

4.1.1 智能家居系统和云平台 …… 121

4.1.2 Yeelink云平台简介 …… 123

4.1.3 连接Yeelink …… 125

4.1.4 小 结 …… 131

4.2 物联网设备获取网页信息 …… 131

4.2.1 物联网设备获取网页信息的应用 …… 131

4.2.2 W5500获取远程信息 …… 132

4.2.3 小 结 …… 136

4.3 微博在物联网中的应用与实现 …… 136

4.3.1 微博的特点 …… 136

4.3.2 使用W5500发微博 …… 137

4.3.3 小 结 …… 142

4.4 网页摄像头 …… 143

4.4.1 W5500EVB与摄像头模块 …… 143

4.4.2 摄像头驱动程序 …… 145

4.4.3 动态网页实现 …… 148

4.4.4 小 结 …… 152

**第5章 高级篇** …… 153

5.1 为物联网设备实现远程更新固件 …… 153

5.1.1 方法1:使用上位机程序更新设备固件 …… 153

5.1.2 方法2:使用浏览器更新设备固件 …… 159

5.2 利用HTML5实现在线实时采集系统 …… 164

5.2.1 HTML5简介 …… 164

5.2.2 实时数据网页的实现 …… 165

5.2.3 小 结 …… 171

5.3 NetBIOS在物联网中的应用与实现 …… 171

5.3.1 NetBIOS简介 …… 172

5.3.2 NetBIOS报文和工作流程 …… 172

5.3.3 NetBIOS实例程序 …… 176

5.3.4 小 结 …… 180

5.4 UPnP 与自动端口映射 …… 180
5.4.1 UPnP 概念及结构规范 …… 181
5.4.2 端口映射在 W5500 上的实现 …… 186
5.4.3 自动端口映射功能演示 …… 196
5.4.4 小　结 …… 198

**第 6 章　案例篇** …… 199

6.1 网页远程控制——Web I/O …… 199
6.1.1 Web 数据交互原理 …… 199
6.1.2 动态网页设计以及 W5500 对应接口程序实现 …… 200
6.1.3 小　结 …… 205
6.2 物联网中的 ZigBee 转以太网网关的实现 …… 206
6.2.1 ZigBee 简介 …… 206
6.2.2 将 ZigBee 技术接入互联网 …… 208
6.2.3 硬件连接与程序移植 …… 208
6.2.4 Zstack 应用程序解析 …… 211
6.2.5 代码描述 …… 216
6.2.6 W5500 驱动 …… 220
6.2.7 小　结 …… 223

**附录 A　W5500 简介** …… 224

A.1 以太网控制芯片 W5500 的特点及结构 …… 224
A.2 W5500 的特点 …… 224
A.3 W5500 的结构 …… 225
A.4 W5500 的存储器和寄存器 …… 229

**附录 B　数据通信与库函数** …… 251

B.1 数据通信 …… 251
B.1.1 通信接口 …… 251
B.1.2 数据帧格式 …… 253
B.1.3 可变数据长度模式 …… 256
B.1.4 固定数据长度模式(FDM) …… 260
B.2 库函数 …… 262

**附录 C　Wireshark 抓包使用示例** …… 270

C.1 Wireshark 抓包 …… 270

C.2　Wireshark 窗口 …………………………………………………………… 272
C.3　Wireshark 显示过滤 ……………………………………………………… 272
C.4　封包列表及包内详细信息 ………………………………………………… 274

**附录 D　W5500EVB 电路原理图** ……………………………………………… 275

D.1　W5500EVB 核心板部分…………………………………………………… 275
D.2　W5500EVB 底板部分……………………………………………………… 277
D.3　以太网接口布线规范………………………………………………………… 279

**参考文献** ……………………………………………………………………… 281

# 第1章 基础篇

本章简单介绍了本书所采用的物联网 TCP/IP 协议开发平台 W5500EVB 的使用方法，以及使用该平台如何进行 TCP/UDP 数据通信，并通过实例代码讲述了 W5500 的 Socket 编程方法。本章内容是后续章节的基础，熟悉了 TCP/UDP 的操作，对后续章节的代码理解将会有很大帮助。

## 1.1 TCP/IP 开发平台介绍

物联网融合了无线传感器网络和互联网，如同本书的名字一样，我们主要关注物联网如何接入互联网。在众多的互联网接入方式中，本书将介绍最为普遍的以太网方式。为了避免纸上谈兵，本书将通过实例来讲解一些常用的 TCP/IP 协议的实现方法，因此我们为本书配备了一个 TCP/IP 开发平台。磨刀不误砍柴工，在切入正题之前，首先介绍一下本书所采用的开发板的构成和使用方法，便于读者调试后面章节的程序。

本章将介绍物联网如何接入 TCP/IP 网络，为了使读者更好地理解 TCP/IP 协议，还需要借助单片机开发板来实现这些协议。本书中采用了目前市面上最常见的 ARM Cortex－M3 内核的单片机加上以太网接口芯片作为学习开发平台。由于本书的核心是讲解如何在单片机上实现 TCP/IP，因此其中的开发板根据所采用的以太网接口芯片 W5500 的名字命名为 W5500EVB(W5500 Evaluation Board)。

W5500EVB 中的 W5500 以太网芯片延续了之前 WIZnet 系列产品的 ToE 技术的优势，使用硬件逻辑门电路实现 TCP/IP 协议栈的传输层及网络层，并集成了数据链路层、物理层以及 32 KB 片上 RAM 作为数据收发缓存，从而把网络数据处理工作大部分转移到 W5500 集成硬件中进行。这使得上位机主控芯片只须承担 TCP/IP 应用层控制信息的处理任务，从而大大节省了单片机的运算资源，提升了系统整体性能和网络的可靠性。

利用该开发板可以实现各种各样的网络应用。例如：可以通过发微博，让家居设备真正进入社交网络；还可以用它作为远程 HTTP 服务器，实现远程设备配置以及固件更新；也可以作为以太网和 ZigBee 或其他无线传感网(WSN)之间的网关，让传感器数据在互联网上畅通无阻。后续章节也将结合这些应用展开，带读者来使用开发板定制自己的应用。本书所采用的开发板实物图如图 1－1－1 所示。

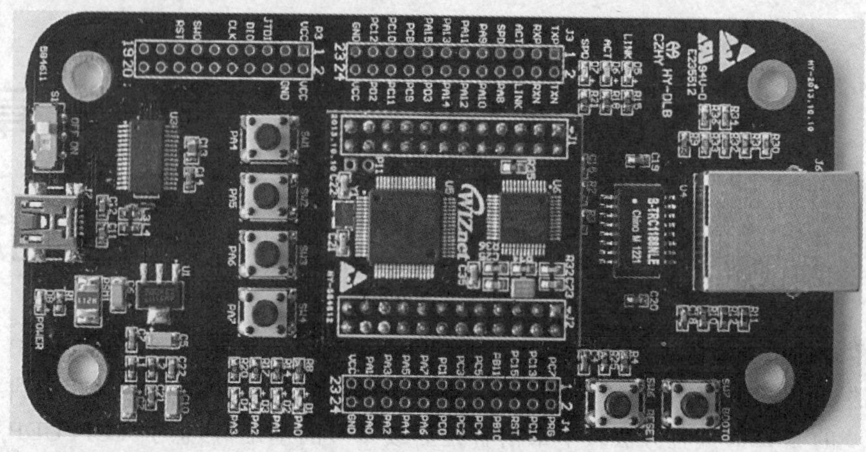

图 1-1-1　W5500EVB 实物图

## 1.1.1　开发板的构成

如图 1-1-2 所示，W5500EVB 采用当前业界流行的以 ARM Cortex-M3 为内核的 STM32F103RC 单片机作为主控芯片，以太网接口部分采用 WIZnet 公司最新推出的以太网控制器 W5500，该芯片不但集成了以太网 MAC 和 PHY，而且还用硬件逻辑实现了网络层和传输层，使用户可更为简便地实现以太网功能。另外，为了使该评估板使用更加简便，W5500EVB 自带一个 USB 转 RS232 芯片 FR232RL，在一根 USB 线上实现了供电和串口功能，并可通过此串口实现 ISP 程序下载，。W5500EVB 的电路原理图详见附录 D，该开发板的主要组成部分如图 1-1-3 所示。

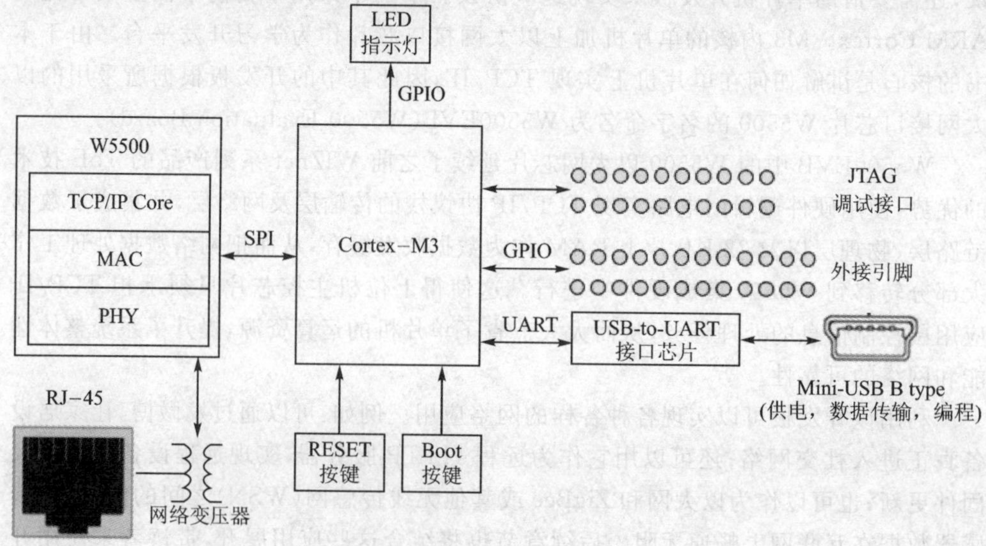


图 1-1-2　开发板构成图

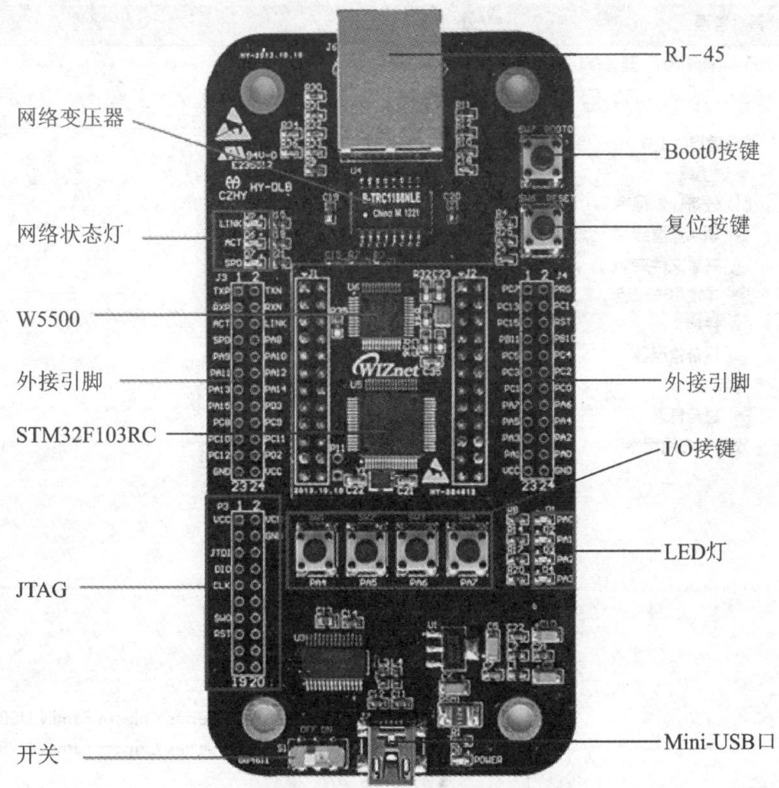


图 1-1-3　W5500EVB 布局图

## 1.1.2　使用 J-Link 调试程序

W5500EVB 使用的单片机支持 J-Link 接口。可以使用 J-Link 方便地在线调试程序，并将程序下载到 Flash。J-Link 是 SEGGER 公司为支持仿真 ARM 内核芯片推出的 JTAG 仿真器。

下面以 IAR 开发环境为例说明配置 J-Link 的主要步骤。

首先，确认已经安装好 JTAG 的驱动，这样电脑才能识别 J-Link。在连接 J-Link 与开发板的 JTAG 插针时，需要注意插入的方向。正确插入后，在 Windows 设备管理器中就有相应设备，如图 1-1-4 所示。

在 W5500 开发板例程中，工程文件已经配置好，就可以直接使用 J-Link 下载和调试程序了。在 IAR 环境中，可以在工具栏单击 Download and Debug 下载并在线调试程序。或者使用快捷键 Ctrl+D。调试的具体细节请参考 IDE 的手册。如果不能直接使用，请确认 IDE 中的设置。如图 1-1-5 所示，右击 IAR Workspace 里的工程文件，并在快捷菜单中单击 Options 即弹出如图 1-1-6 所示窗口，或直接单

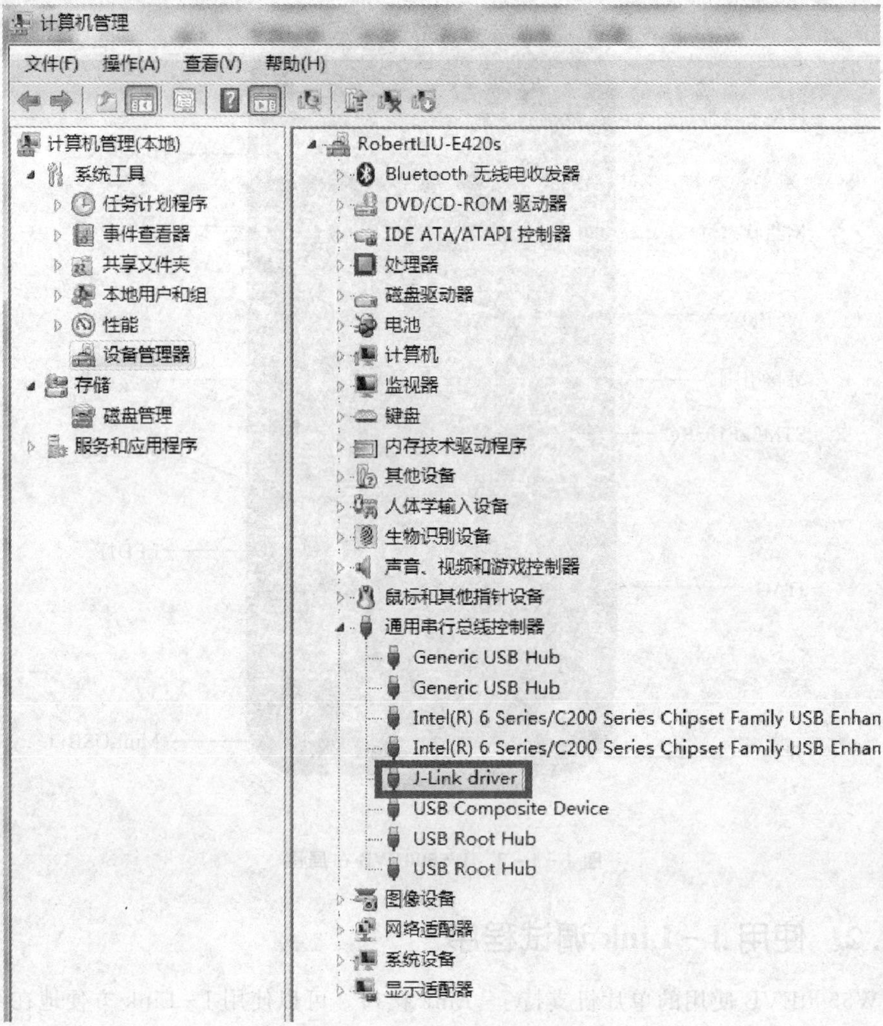

**图 1-1-4 设备管理器**

击 IAR 上方 Project 菜单下面的 Options 命令。

在图 1-1-6 所示窗口中，选择左侧列表中的 Debugger，然后在 Driver 栏里选择 J-Link/J-Trace 进行配置。

如图 1-1-7 所示，选中左侧目录中 Debugger 子目录中的 J-Link/J-Trace，这里可以配置设备重启方式和下载速度，在 Connection 标签里可以选择通信接口和下载接口（JTAG 或 SWD），按照如图 1-1-8 所示进行配置即可。

至此，就可以使用 IDE 环境通过 J-Link 下载和调试程序了。具体的程序调试方法，这里不再赘述。下面将集中讲解在物联网技术应用中所必需的 TCP/IP 知识和实现方法。

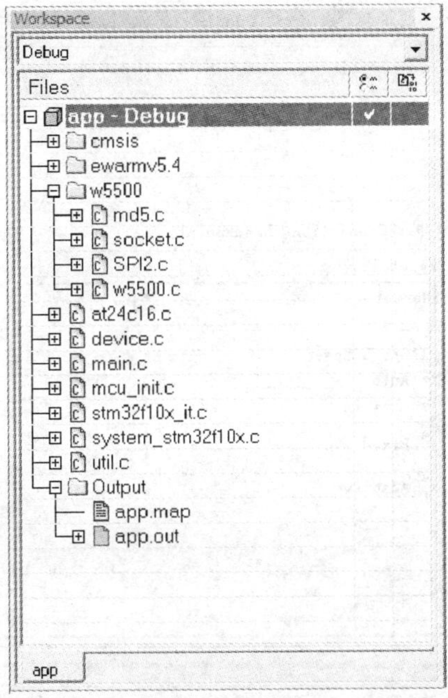


图 1-1-5 IAR Workspace 工作目录

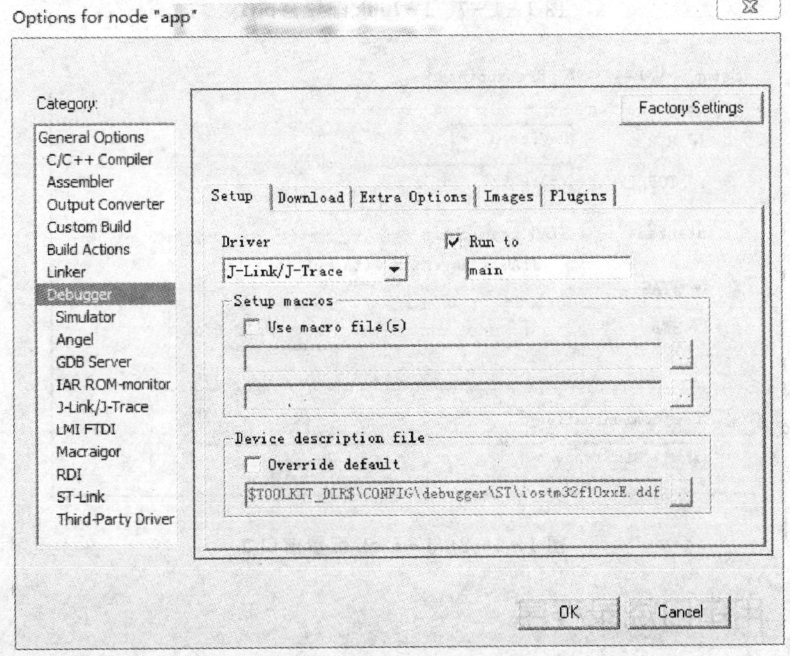


图 1-1-6 Options 配置窗口

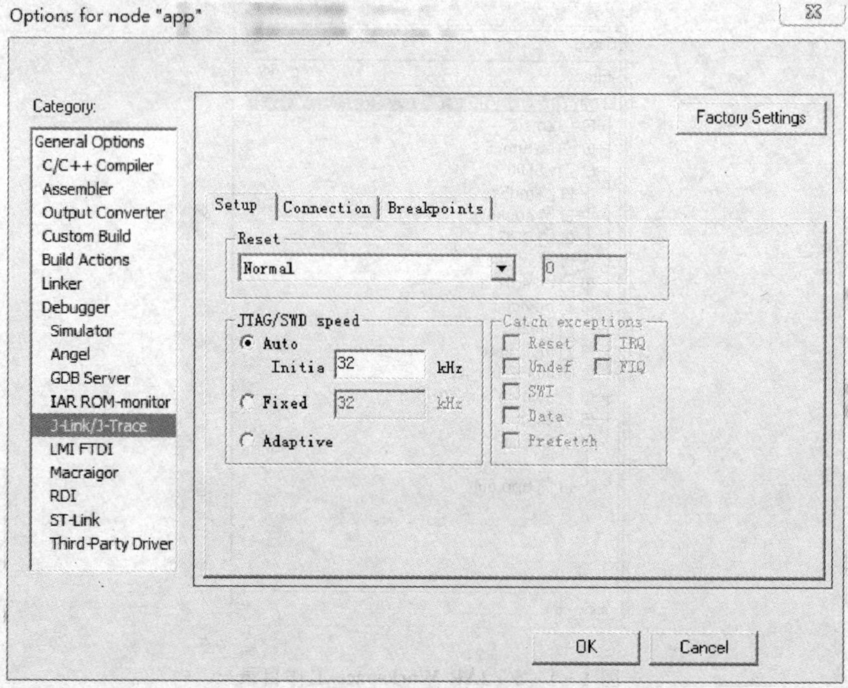


图 1-1-7　J-Link 配置窗口 1

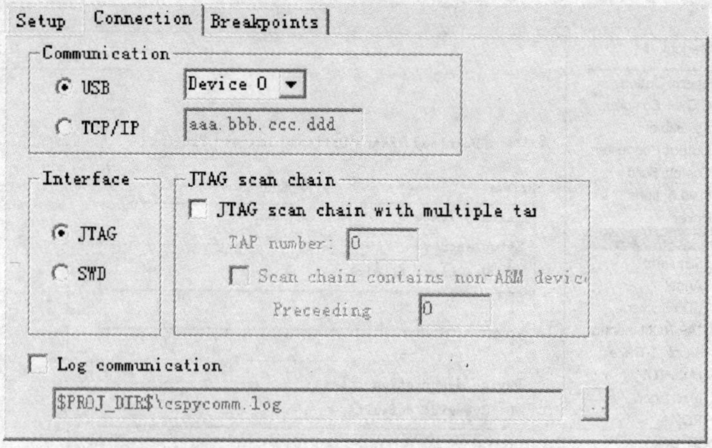

图 1-1-8　J-Link 配置窗口 2

## 1.1.3　用串口烧录程序

前文提到，W5500EVB 的 USB 接口也能作为串口进行程序文件下载。这种方式使用简单，但是只能下载，不能在线调试。下面介绍通过串口烧录程序的步骤。本书将使用 STM 的官方烧录工具 Flash Loader Demonstrator 用于为 W5500EVB 烧录程序。在烧录程序之前，需要确认 USB 转 RS232 的驱动是否正确安装。如图 1-1-9所示，用 USB 连接 W5500EVB 后，在“设备管理器”中如果能看到“USB Serial Port”，则表明驱动安装正确。

下载程序的步骤如下：

① 打开设备管理器，查看 W5500EVB 所生成的串口号，如图 1-1-9 所示。

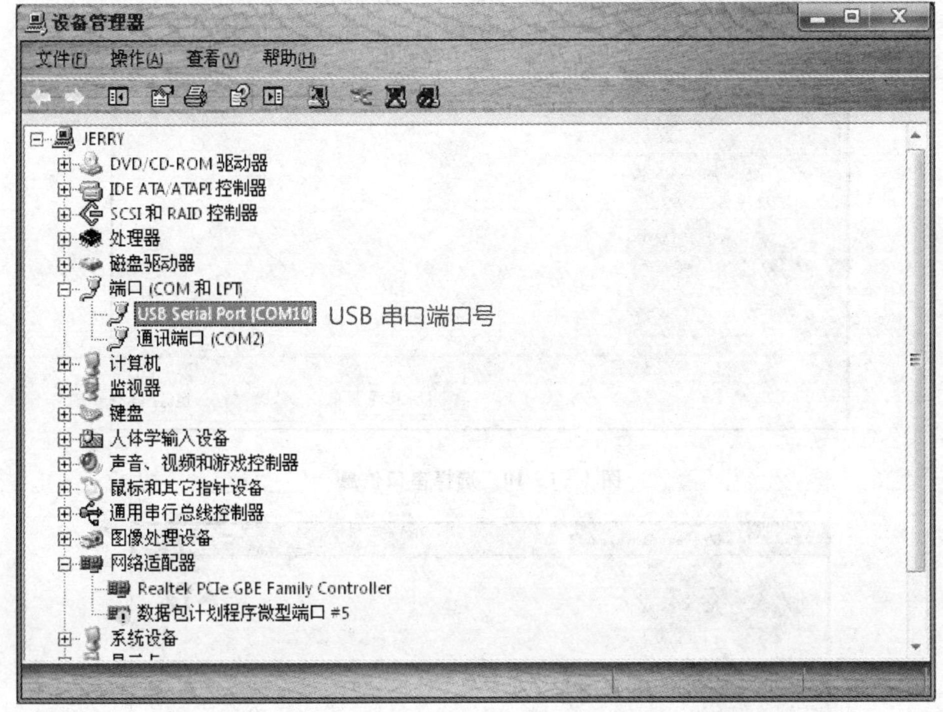


**图 1-1-9　查看串口号**

② 打开 Flash Loader Demonstrator 窗口，选择对应的串口号及配置信息，如图 1-1-10 所示。

③ 按下 W5500EVB 上的按键 SW7(Boot0)和 SW6(RESET)，然后先松开 SW6，再松开 SW7，使评估板进入编程模式。

④ 在 Flash Loader Demonstrator 中单击 Next 按钮。检查单片机的内存是否可写，如果 Flash Loader Demonstrator 报错，请检查串口设置并重复执行上述步骤③，如图 1-1-11 所示。

⑤ 单击 Next 按钮，选择目标设备，如图 1-1-12 所示。

⑥ 选择目标程序并进行烧录，烧录时应先擦除 Flash，如图 1-1-13 所示。

以上为通过串口烧录程序的方法。这里仅以 ST 官方提供的 ISP 程序为例，读者也可自行选择自己喜欢的 ISP 工具对固件进行烧录。

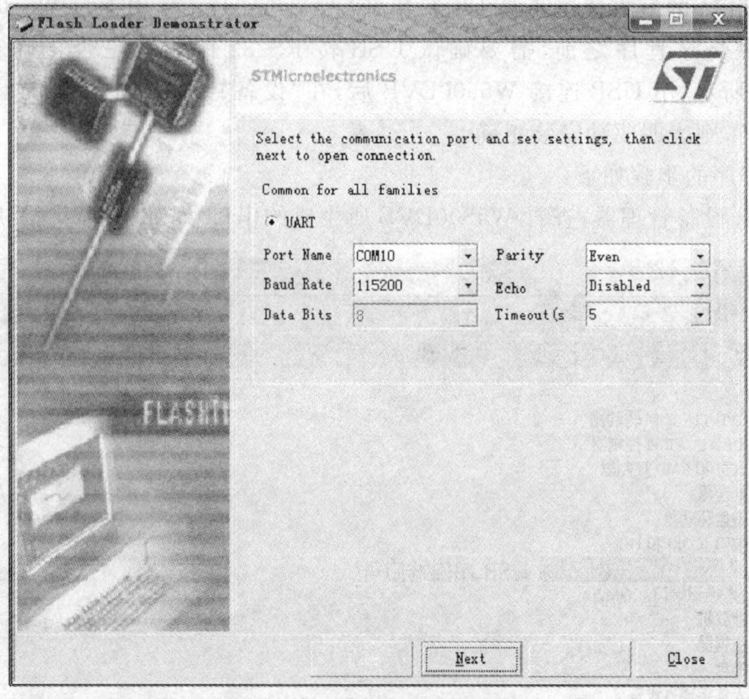


图 1-1-10　选择串口信息

图 1-1-11　烧写程序步骤 1

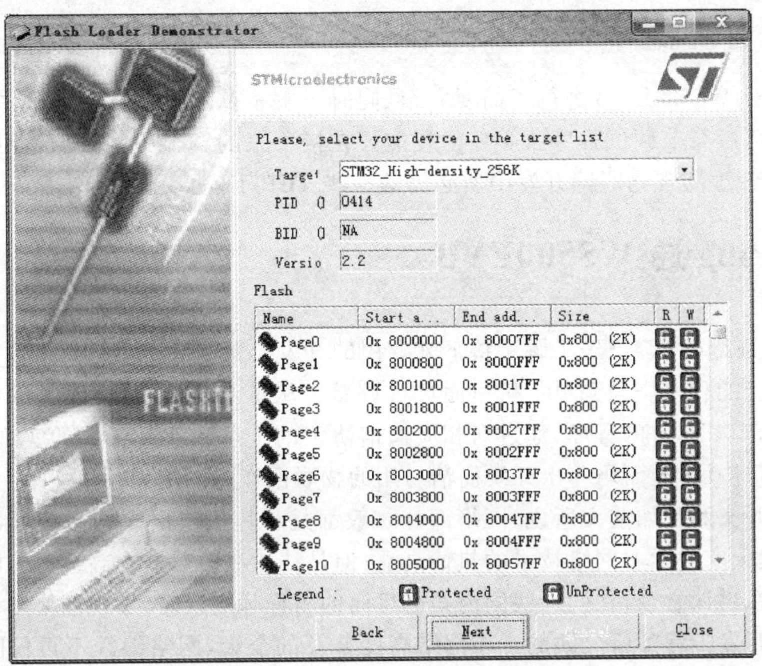


图 1-1-12　烧写程序步骤 2

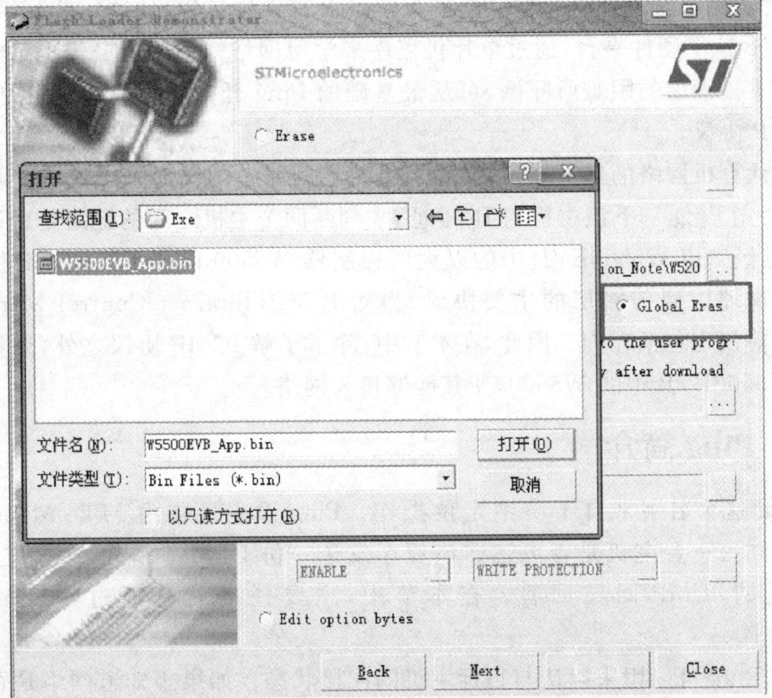


图 1-1-13　烧写程序步骤 3

### 1.1.4 小 结

本节对 W5500EVB 进行了简要介绍，同时讲解了基本的程序烧写和调试操作，这些都是后续章节调试程序所必备的技能。在接下来的章节中，将逐步介绍如何在 W5500EVB 上实现物联网开发中所必需的一些 TCP/IP 协议。

## 1.2 Ping 通 W5500EVB

通过 1.1 节内容已经了解了接下来要用的开发工具 W5500EVB，并且已经知道如何把自己的程序烧录到单片机里面进行调试。从本节开始，将由浅入深地逐步探讨基于 W5500EVB 的程序，通过对相应通信协议的了解和实际代码的实现，逐步掌握 TCP/IP 协议，进而培养出开发简洁易用的物联网产品的能力。

万事开头难！如前文所说，网络部分一般都是单片机或嵌入式系统学习的高级部分，虽然大家对学习网络技术的热情高涨，但是往往在面对这个高级部分时知难而退。编者在讲课之余，在同一些国内知名厂商的工程师交谈时，发现网络知识正是很多单片机开发工程师所欠缺的。在网络高度普及的今天，网络编程不再仅限于软件工程师学习。软件和硬件之间的界限也越来越模糊，尤其是物联网概念的提出，使得软件、硬件和网络有机地融合在一起。为了跟上时代的步伐，从这一节开始，将利用 W5500EVB 这个硬件平台，通过单片机程序来学习网络知识中所必需的 TCP/IP 协议。为了不被面前的困难所吓倒，可从最基础的 Ping 开始，来探讨物联网中所必需的 TCP/IP 协议。

熟悉计算机网络的人都知道，当我们想知道网络中的任何一个主机是否联网正常时，都会先 Ping 一下该主机的 IP 地址，来判断两个主机之间的链路是否通畅。另外，我们已经知道 W5500EVB 中的以太网控制器 W5500 内嵌了 TCP/IP 协议栈中的以太网物理层到传输层的主要协议，当然 ICMP(Internet Control Management Protocol)协议也包括在内。因此，在本节中，除了了解 ICMP 协议之外，还将学习如何配置 W5500EVB 中的 W5500，使其能够接入网络。

### 1.2.1 Ping 简介

“Ping”这个名字来自于声纳定位操作。Ping 程序最初由 Mike Muuss 编写，目的是测试另一台主机是否可达。该程序发送一份 ICMP 回显请求报文给主机，并等待返回 ICMP 回显回答。在本节中，主要任务就是通过 PC 来 Ping 通 W5500EVB。

通常，Ping 可以用来确认与目标主机的连接状态。如果想知道网络是否通畅或者网络连接速度，就可以简单地 Ping 一下它的 IP 地址或域名。如果你不能 Ping 到某台主机，那么就不能 Telnet 或者 FTP 连接到那台主机。反之，如果你不能 Telnet

到某台主机,那么通常可以用 Ping 程序来确定问题出在哪里。Ping 是一个基本的网络命令,它的机制就是利用网络上 IP 地址的唯一性,给目标 IP 地址发送一个数据包,再要求对方返回一个同样大小的数据包,来确定两台网络机器是否连通,以及其延时长短。

如图 1-2-1 所示,这就是 Ping 通 www.google.com 的过程。后面的(响应)时间=728 ms,这个时间越短,说明连接此地址的速度越快。

```
管理员: C:\Windows\system32\cmd.exe
Microsoft Windows [版本 6.1.7600]
版权所有 (c) 2009 Microsoft Corporation。保留所有权利。

C:\Users\j>ping www.google.com

正在 Ping www.google.com [173.194.72.103] 具有 32 字节的数据:
来自 173.194.72.103 的回复: 字节=32 时间=728ms TTL=36
来自 173.194.72.103 的回复: 字节=32 时间=742ms TTL=36
来自 173.194.72.103 的回复: 字节=32 时间=760ms TTL=36
来自 173.194.72.103 的回复: 字节=32 时间=904ms TTL=36

173.194.72.103 的 Ping 统计信息:
    数据包: 已发送 = 4, 已接收 = 4, 丢失 = 0 (0% 丢失),
往返行程的估计时间(以毫秒为单位):
    最短 = 728ms, 最长 = 904ms, 平均 = 783ms

C:\Users\j>
```

**图 1-2-1　Ping 通 google.com 示例**

下面讲一下 Ping 命令的使用步骤:

① 使用 ipconfig -all 检查本地网络设置是否正确。

② Ping 127.0.0.1 即 127.0.0.1 是回送地址,Ping 回送地址是检查本地 TCP/IP 协议是否设置好。

③ Ping 本机 IP 地址,是检查本机的 IP 地址是否设置有误。

④ Ping 本网网关或本网 IP 地址,是检查硬件设备是否有问题,也可以用来检查本机与本地网络连接是否正常(非局域网中可忽略此步骤)。

可见,在电脑主机间使用 Ping 命令在调试网络时的作用很大。当嵌入式网络设备调试时,由于没有像 PC 那样的输出装置,因此 Ping 的作用更加重要。下面就来看一下如何让上位 PC Ping 通 W5500EVB。

## 1.2.2　W5500 与 Ping 程序

下面介绍如何使用以太网控制芯片 W5500 来实现 Ping。W5500 的特点是用硬件逻辑实现了网络传输层及其以下各层的协议,其中就包括 ICMP 协议,所以如果想让 W5500EVB 能响应 Ping,只须配置几个 W5500 的寄存器即可,如同配置电脑网卡的 IP 地址一样简单。

先简单看一下 W5500 几个常用的寄存器(详细介绍请参考附录 A):

- SHAR(源 MAC 地址寄存器),用来设置源 MAC 地址。
- SIPR(源 IP 地址寄存器),用来设置源 IP 地址;
- GAR(网关 IP 地址寄存器),用来设置默认网关地址;
- SUBR(子网掩码寄存器),用来设置子网掩码地址;
- RTR(重试时间值寄存器),用来配置重传超时的时间值;
- RCR(重试计数寄存器),用来设置重新传送的次数。

了解了 W5500 的这些寄存器之后,再来看看如何把 MAC 地址等所必需的网络参数写入 W5500。如果读者比较熟悉单片机的寄存器操作,就可以快速略过这个部分,直接修改、调试程序即可。由于 W5500 和单片机的接口是 SPI,因此 W5500 和单片机之间的数据交互都是通过 SPI 实现。考虑到读者的基础和篇幅的限制,有关 W5500 的 SPI 操作就不在这里详细介绍了,相关程序请参考附录 B 里介绍的 W5500 驱动程序。下面就打开这本书的第一个程序,来看一下具体的程序代码。由于本书不是单片机教材,因此对单片机部分代码就不多作介绍了,具体代码请参考附录部分的单片机初始化程序。

```
void main()
{
uint8 mac[6] = {0x00,0x08,0xdc,0x01,0x02,0x03};   /* 定义 MAC 变量 */
uint8 lip[4] = {192,168,10,10};                   /* 定义 lP 变量 */
uint8 sub[4] = {255,255,255,0};                   /* 定义 subnet 变量 */
uint8 gw[4] = {192,168,10,1};                     /* 定义 gateway 变量 */
uint8ip[4];
RCC_Configuration();                              /* 配置单片机系统时钟 */
GPIO_Configuration();                             /* 配置 GPIO */
 NVIC_Configuration();                            /* 配置嵌套中断向量 */
 Systick_Init(72);                                /* 初始化 Systick 工作时钟 */
 USART1_Init();                                   /* 初始化串口通信:115200@8-n-1 */
 at24c16_init();                                  /* 初始化 EEPROM */
 printf("W5500 EVB initialization over.\r\n");
 Reset_W5500();                                   /* 硬重启 W5500 */
 WIZ_SPI_Init();                                  /* 初始化 SPI 接口 */
 printf("W5500 initialized! \r\n");
 setSHAR(mac);                                    /* 配置 MAC 地址 */
 setSUBR(sub);                                    /* 配置子网掩码 */
 setGAR(gw);                                      /* 配置默认网关 */
 setSIPR(lip);                                    /* 配置 IP 地址 */
 //Init. TX & RX Memory size of w5500
 sysinit(txsize, rxsize);                         /* 初始化 8 个 Socket 收发缓存区 */
 setRTR(2000);                                    /* 设置发送超时时间值 */
 setRCR(3);                                       /* 设置最大重新发送次数 */
```

```
26  getSIPR (ip);
27  printf("IP : %d. %d. %d. %d\r\n", ip[0],ip[1],ip[2],ip[3]);
28  getSUBR(ip);
29  printf("SN : %d. %d. %d. %d\r\n", ip[0],ip[1],ip[2],ip[3]);
30  getGAR(ip);
31  printf("GW : %d. %d. %d. %d\r\n", ip[0],ip[1],ip[2],ip[3]);
32  printf("Network is ready.\r\n");
33  while(1)
34  {
35  //可以在电脑上 Ping 我啦
36  }
37  }
```

下面逐行对代码进行解析。

第 3 行定义的 MAC 数组保存 6 字节 MAC 地址，并赋值为 0:08:DC:01:02:03；第 4～6 行定义 IP、子网掩码、网关地址并赋初始值。这里要赋给 W5500EVB 的 IP 地址是 192.168.10.10。

第 8～11 行为单片机初始化部分。其中，第 12 行把单片机的 USART1 初始化为 115200@8-n-1(波特率为 115 200，采用 8 位数据，无校验，1 位停止位)，通过 W5500EVB 与电脑连接的 USB 口向计算机输出调试信息，通过串口调试工具，便可观察输出的调试信息，便于调试程序。第 11 和 13 行分别初始化单片机时钟和用于保存网络参数的 EEPROM。

在初始化阶段，为了能使 W5500 工作，必须对 W5500 进行一次复位。第 15 行是对 W5500 进行复位操作。有两种方法可以复位 W5500：软件复位和硬件复位。这里使用硬件复位，就是把 W5500 的 RESET 脚拉低，再恢复，该引脚需要保持低电平至少 500 μs，才能重置 W5500。时序图见图 1-2-2。第 16 行初始化 SPI 接口，单片机就是通过这个接口来控制 W5500 和数据交互的。

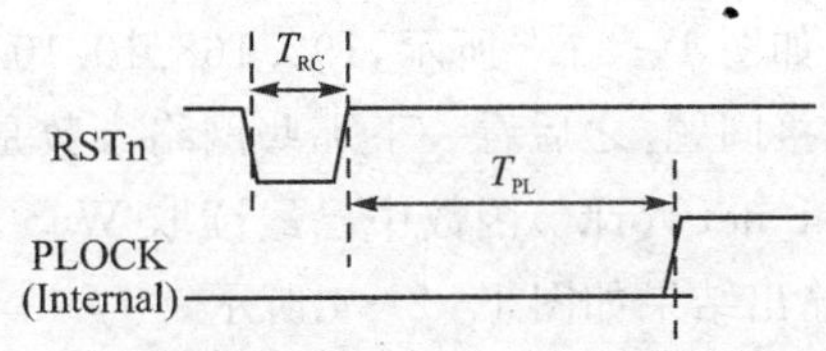


**图 1-2-2　复位时序图**

到此为止，W5500EVB 所包含的基础器件都初始化好了。上面已经简单介绍了 W5500 的几个主要的寄存器，下面的代码把事先定义好的 MAC 地址、IP 地址等连网所必需的网络参数写入 W5500 相应的寄存器中，这里所调用的库函数都定义在 W5500 的驱动程序里面，详细代码请参考附录 B。在第 18 行，调用 W5500 库里面的 setSHAR()函数来配置 MAC 地址，把事先定义好的 MAC 地址通过 SPI 写到 W5500 的 MAC 地址寄存器里面。第 19～21 行调用相关函数把 IP 地址、子网掩码和网关地址写到 W5500 相应的寄存器里面。

第 23 行是配置 W5500 中 8 个通信 Socket 的收发缓存，由于在本小节中不涉及实际的用户数据收发,因此将在 1.2.3 小节中介绍。第 24 和 25 行配置了 W5500 的数据发送超时时间和发送失败后的重发次数。详细介绍请参考附录 A。为了验证是否把定义的网络参数正确地写入了 W5500,接下来第 26～32 行执行从 W5500 寄存器中读出 MAC 地址、IP 地址等参数的命令,并通过串口打印出来用于确认。

接下来对代码进行编译,生成 Binary 或 Hex 文件,之后按照 1.1.3 小节介绍的程序下载方法,将程序烧录到 W5500EVB 中。

## 1.2.3 Ping 程序的调试与运行

连接好网线,按下 W5500EVB 的复位键,程序运行,打开电脑上的 cmd.exe 开始 Ping 192.168.10.10。第一次 Ping 的结果如图 1-2-3 所示。

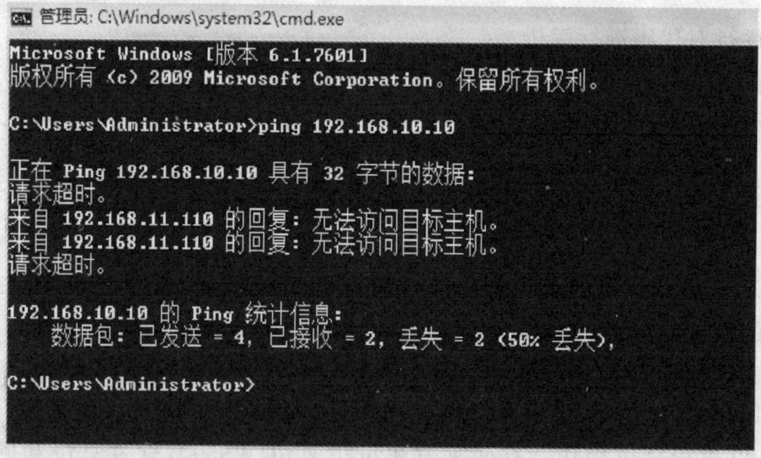

```
管理员: C:\Windows\system32\cmd.exe
Microsoft Windows [版本 6.1.7601]
版权所有 (c) 2009 Microsoft Corporation。保留所有权利。

C:\Users\Administrator>ping 192.168.10.10

正在 Ping 192.168.10.10 具有 32 字节的数据:
请求超时。
来自 192.168.11.110 的回复: 无法访问目标主机。
来自 192.168.11.110 的回复: 无法访问目标主机。
请求超时。

192.168.10.10 的 Ping 统计信息:
    数据包: 已发送 = 4, 已接收 = 2, 丢失 = 2 (50% 丢失),

C:\Users\Administrator>
```

图 1-2-3 第一次 Ping

如图 1-2-3 所示,192.168.10.10 并没有回复,下面看一下原因。首先排除硬件连接问题,之后看一下那些网络参数是否确实写到了 W5500 的寄存器里面。之前在 set_network()函数中已经读取 W5500 那几个寄存器的值,并通过串口打印了出来,输出结果如图 1-2-4 所示。

串口终端显示单片机的 IP 地址是 192.168.10.10,与写入的地址相同,由此可以排除单片机硬件的问题。接下来再排查电脑的网卡配置。我们是把 W5500EVB 和电脑的网卡直接用网线连在一起的,中间没有经过任何交换机,所以如果电脑的 IP 地址和 W5500 的 IP 地址不在同一个内网网段里面,也是不能 Ping 通的。至于是不是同一网段,可以简单地看一下 IP 地址的前 3 字节,如果一样,那就基本上说明是一个网段的。如果手头有网络交换机或路由器,可以把 W5500EVB 和电脑连在同一个交换机或路由器上进行调试,具体调试方法与上述一致。

打开电脑的网络属性,发现原来电脑的 IP 地址是 192.168.11.2,与 W5500EVB 的地址 192.168.10.10 不在同一网段。这时将电脑 IP 地址改成 192.168.10.2,把

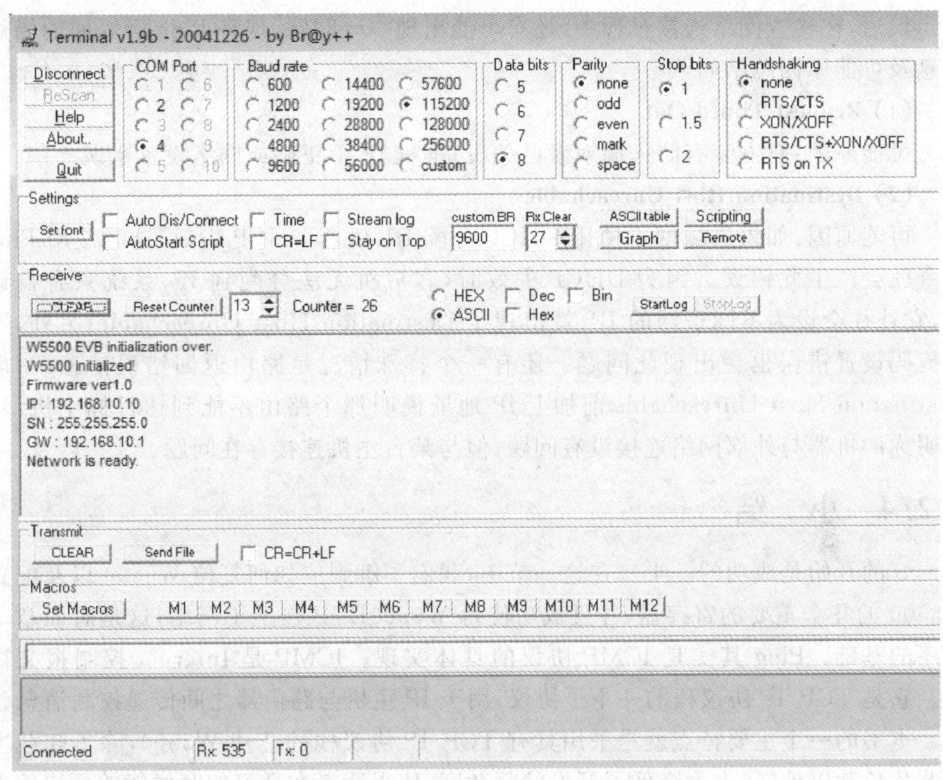


图 1-2-4 读取 W5500 寄存器串口输出结果

默认网关改成 192.168.10.1，然后单击“确定”按钮。配置信息如图 1-2-5 所示。

之后再次 Ping 192.168.10.10，终于收到来自 W5500EVB 的回复，结果如图 1-2-6所示。通过这个程序，已成功地配置了 W5500，使其接入网络，并通过电脑成功地 Ping 通了 W5500EVB，为下一步进行数据通信打下基础。

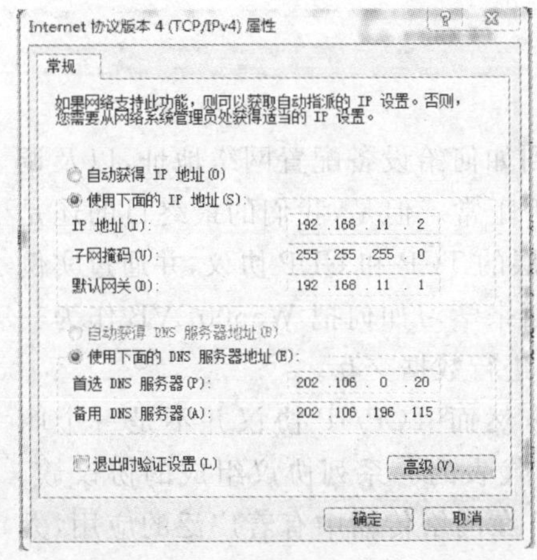


图 1-2-5 电脑 IP 地址信息

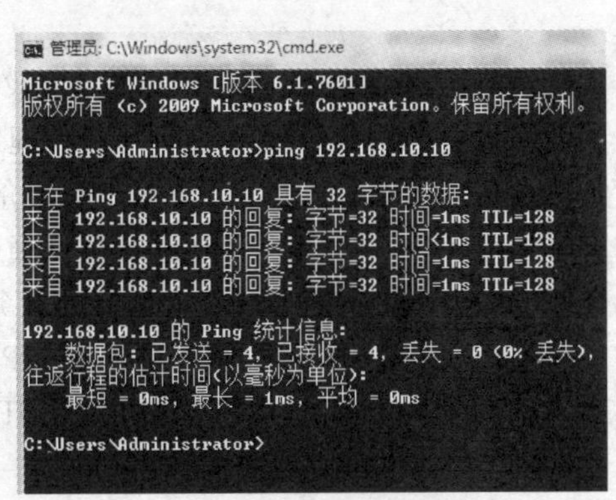


图 1-2-6 第二次 Ping

最后,在检查网络连接过程中,还有可能出现一些问题,现将 Ping 后返回的错误信息及可能原因总结如下。

**(1) Request Timed Out**

可能原因:对方装有防火墙或者已关机;本机 IP 不正确或网络设置错误。

**(2) Destination Host Unreachable**

可能原因:如果局域网中使用 DHCP 分配 IP,碰巧 DHCP 失效,这时使用 Ping 命令就会产生此错误。因为 DHCP 失效时,客户机无法分配到 IP,系统只有自设 IP,它往往会设为不同子网的 IP,就出现了 Destination Host Unreachable;另外,子网掩码设置错误也会出现此问题。还有一个特殊情况是路由返回错误信息,一般 Destination Host Unreachable 前加上 IP 地址说明那个路由不能到达目标主机,这说明你的机器与外部网络连接没有问题,但与某台主机连接存在问题。

### 1.2.4 小　结

好的开始是成功的一半!在这一节中,我们了解到应如何复位 W5500 以及配置 W5500 的几个重要的寄存器,并且成功使得 W5500EVB 连上了网络,这是后面章节程序的基础。Ping 其实是 ICMP 协议的具体实现。ICMP 是 Internet 控制报文协议。它是 TCP/IP 协议栈的一个子协议,用于 IP 主机与路由器之间传递控制消息。

本书的一个主要特点就是采用具有 TCP/IP 协议栈的芯片 W5500,除了卸载主控芯片负载以外,还大大降低了开发的复杂度,使得读者在学习的时候能够更快地上手,提高学习效率。正因为 W5500 内嵌了 ICMP 协议,因此,虽然在代码中没有看到任何实现 ICMP 协议的影子,但是 W5500EVB 已经能够响应电脑的 Ping。

在后续章节中,将从基本的 TCP 和 UDP 数据传输开始,逐步介绍一些常用的应用层协议及其实现代码,为今后开发物联网相关的产品打下基础。

## 1.3 TCP 客户端程序的实现

1.2 节 Ping 通 W5500EVB 之后,我们了解到如何给设备配置网络地址,以及调试网络设备的一个重要方法即判断物理链路是否正常。但是,我们的最终目的还是实现设备间的通信。因此,从本节开始介绍传输层的 TCP 和 UDP 协议,并通过实例讲解如何使用 TCP 和 UDP 进行数据通信。下面来学习如何把 W5500EVB 作为一个 TCP 客户端,与远程 PC 上运行的服务器程序进行数据交互。

前面我们不止一次地提到 TCP/IP 协议栈,然而 TCP/IP 协议并不是一个叫 TCP/IP 的协议,而是以 TCP 协议和 IP 协议为代表的一系列协议组成的协议簇。可见,TCP 是整个协议簇的核心协议之一。TCP 在网络传输中有着广泛的应用,尤其是应用在对数据的完整性要求较高的场景中。例如,在收发邮件过程中,由于 POP3、IMAP、SMTP 协议对数据完整性要求都很高,故一般选择 TCP 传输。因此,在实现本节程序之前，我们先来了解一下 TCP 协议。

## 1.3.1 TCP 概述

TCP 全称是 Transmission Control Protocol（传输控制协议），是 TCP/IP 体系（如表 1-3-1 所列）中面向连接的传输层协议，它使用 IP 作为网络层，提供全双工的和可靠交互的服务。使用 IP 作为网络层表明链路上传输的数据遵从 IP 协议规定；全双工服务意味着使用 TCP 的连接两端可以进行独立的数据传输；面向连接意味着数据交换在两个建立了 TCP 连接的特定主机间展开，也就是一点对一点，所以在 TCP 通信中不存在多播、广播的概念。

**表 1-3-1 TCP/IP 协议集及其主要协议**

| 协议名 | 所属层 |
| --- | --- |
| HTTP，TELNET，DNS，SMTP，FTP… | 应用层 |
| TCP/UDP | 传输层 |
| IP | 网络层 |
| 以太网，令牌环网，帧中继，ATM，X.25… | 网络接口层 |

TCP 通信的可靠性主要表现如下：

① 数据可以被分割　应用数据被分割成 TCP 认为最合适的数据块。此举是防止有数据超过某种限制而被抛弃。

② 每个报文段都有计时器　TCP 每发送一个报文段之后将开启一个计时器，等待目的端确认接收到这个报文段。若不能及时收到一个确认，则将重发这个报文段。

③ 接收成功有响应　TCP 收到来自连接另一方发送的数据时将会发送一个确认。这个确认不是立即被发送的，而是延时几分之一秒。

④ 数据出错将自动抛弃　TCP 将保持首部和数据的校验和。这是一个端到端的校验和，目的是检测数据在传输中的变化。一旦校验和出错，数据将被抛弃且不发送确认信息，TCP 希望发端定时器超时重发此消息。

⑤ 自动处理失序数据　由于 TCP 使用 IP 作为传输层协议，所以 TCP 的数据也会向 IP 一样产生失序现象，一旦有必要，TCP 可对收到的报文进行重新排序并按正确的顺序将报文提交给应用层。

⑥ 主动抛弃重复报文　IP 报文会有重复，TCP 接收端可以判断出重复数据并主动抛弃。

⑦ 可进行流量控制　TCP 可以提供流量控制。在连接的两端都提供有固定大小的缓存。TCP 接收端只允许发送端发送接收端缓存所能接收的数据，从而防止较快主机使另一方出现缓存溢出现象。

TCP 建立通信的两端，一端称为服务器端，另一端称为客户端。服务器端指网络中能为用户提供服务的计算机系统，是为客户端服务的；客户端与服务器端相对应，是接受服务的一端，为客户提供本地服务的程序。下面先来介绍一下现已广泛应用到通信中的C/S(Client/Server，客户端/服务器)模型。

C/S模型是一个最典型和最常用的通信结构。除了TCP协议外，互联网提供的Web服务、E-mail服务、FTP服务等都是以C/S模型为基础的。实际上，客户和服务器是分别指两个应用程序。客户向服务器发出服务请求，服务器对客户的请求作出响应。图1-3-1所示为一个通过互联网进行交互的C/S模型，此时服务器处于守候状态，并监听客户端的请求。客户端发出请求，并将请求经互联网送给服务器。一旦服务器接收到这个请求即可执行请求所制定的任务，并将执行的结果经互联网返回给客户端。

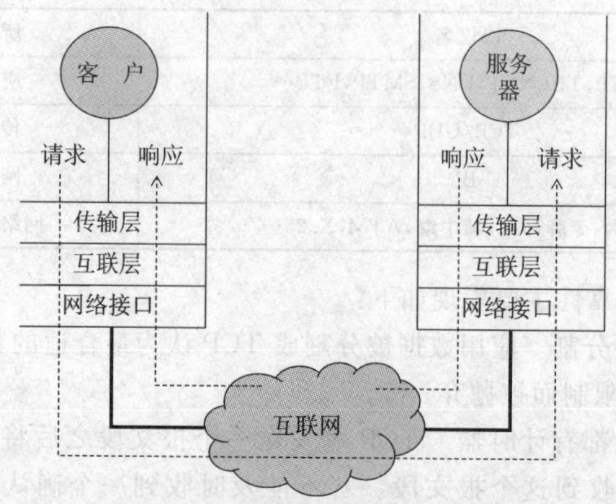


**图1-3-1　客户/服务器交互模型**

在本节中，我们将演示如何将W5500EVB配置成客户端，然后与一个电脑上运行的服务器程序进行通信。在分析W5500EVB的程序代码之前，先来介绍一下TCP协议通信时状态转化和链接建立与断开的过程。如果读者对TCP协议有一定的了解，那么请略过下面介绍TCP的部分，直接跳到程序实现部分来看W5500如何被初始化成TCP客户端、如何向服务器发出连接请求和如何发送数据部分即可。

TCP协议使用中，客户端和服务器端均处于某种确定的状态，这称为有限状态机模型。TCP的各种状态之间的迁移转化过程如图1-3-2所示。由于TCP是面向连接的协议，因此在双方数据传输之前有一个建立连接的过程，即服务器端先进入监听状态，然后由客户端发起建立连接请求；在数据传输完成之后，如果要断开连接，可由任意一方发起断开连接请求。图中实线箭头表示客户端的正常状态变迁，虚线箭头表示服务器的正常状态变迁。

如果读者是第一次接触TCP，那么图1-3-2看起来的确有些复杂。为了更清晰地展示TCP分别作为客户端和服务器模式的状态变迁，请参看图1-3-3。本书

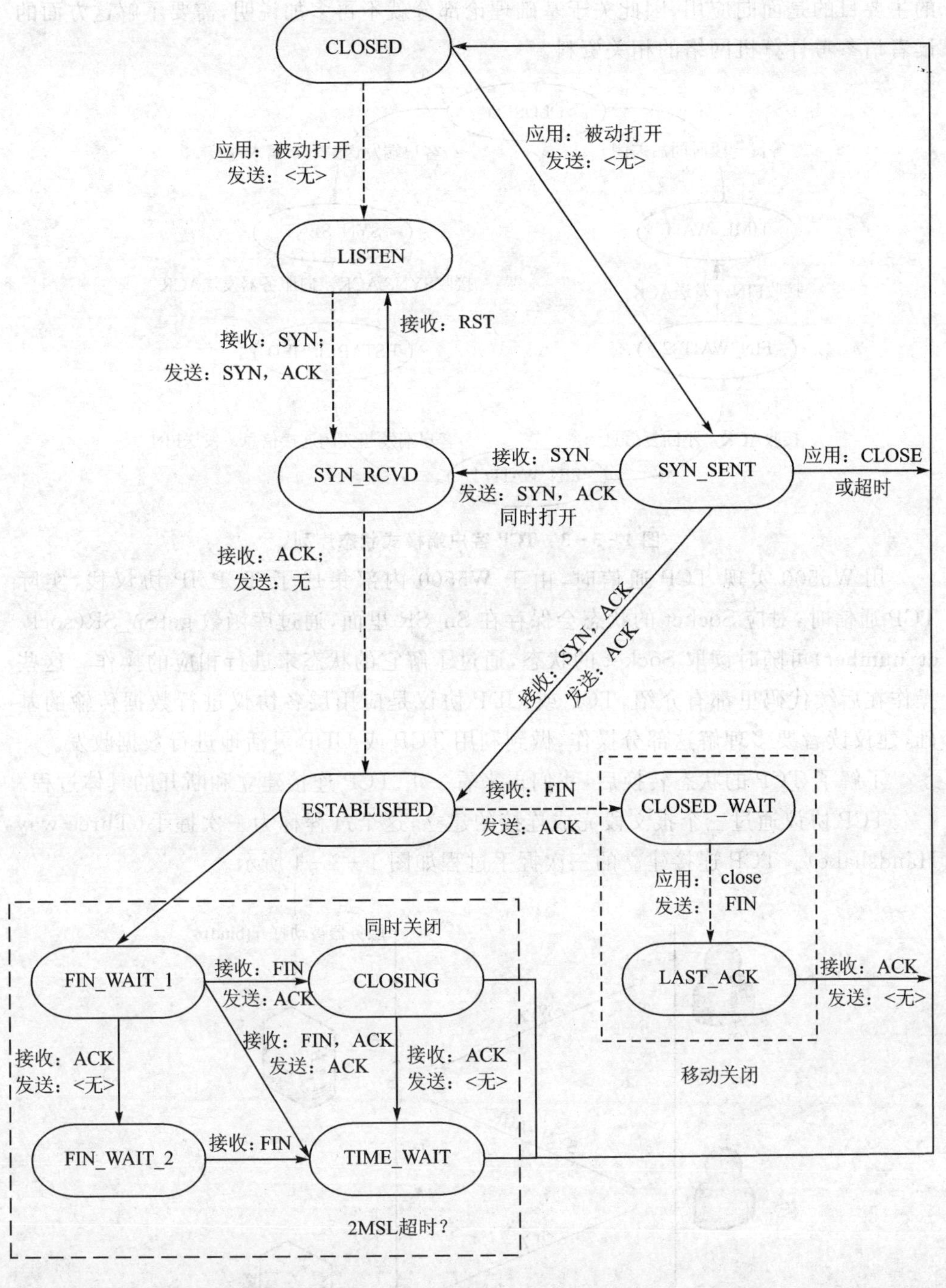


**图 1-3-2　TCP 状态转换图**

的主要目的是面向应用,因此关于基础理论部分就不再多加说明,需要了解这方面的读者请参考计算机网络的相关资料。

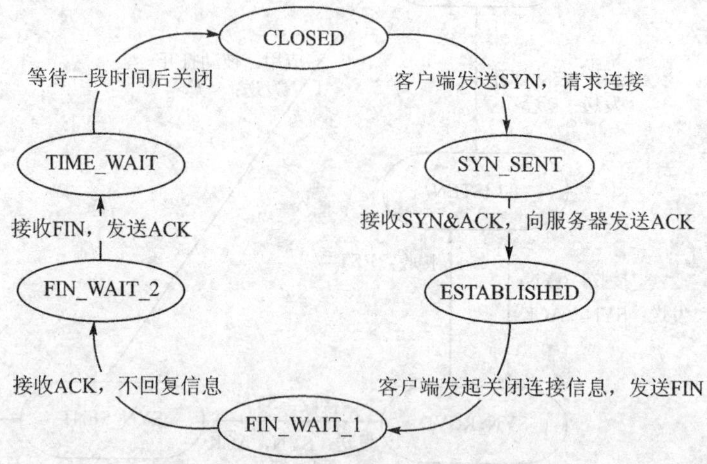


**图 1-3-3　TCP 客户端模式状态序列**

用 W5500 实现 TCP 通信时,由于 W5500 内部集成了 TCP/IP 协议栈,实际 TCP 通信时,对应 Socket 的状态会保存在 Sn_SR 里面,通过库函数 getSn_SR(socket_number)可随时读取 Socket 的状态,通过了解它的状态来进行相应的操作。这些操作在后续代码里都有介绍,TCP 或 UDP 协议是应用层各协议进行数据传输的基础,建议读者要多理解这部分操作,做到利用 TCP 或 UDP 灵活地进行数据收发。

了解了 TCP 的状态转换后,我们再来看一下 TCP 连接建立和断开的具体过程。

TCP 协议通过三个报文段完成连接的建立,这个过程称为三次握手(Three-way Handshake)。TCP 连接建立的三次握手过程如图 1-3-4 所示。

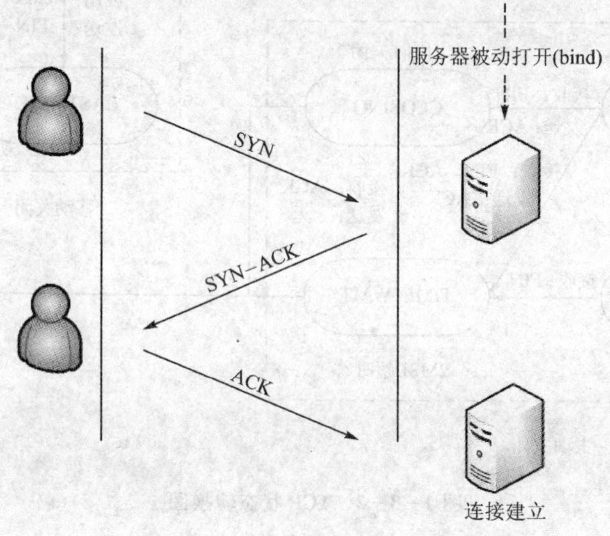


**图 1-3-4　TCP 连接建立的三次握手过程**

- 第一次握手：建立连接时，客户端发送 SYN 包(seq＝j)到服务器，并进入 SYN-SEND 状态，等待服务器确认。
- 第二次握手：服务器收到 SYN 包，必须确认客户的 SYN(ack＝j＋1)，同时自己也发送一个 SYN 包(seq＝k)，即 SYN＋ACK 包，此时服务器进入 SYN-RECV 状态。
- 第三次握手：客户端收到服务器的 SYN＋ACK 包，向服务器发送确认包 ACK(ack＝k＋1)，此包发送完毕，客户端和服务器进入 ESTABLISHED 状态，完成三次握手。

建立一个连接需要三次握手，而终止一个连接要经过四次握手，这是由 TCP 的半关闭(Half-close)造成的。

- 第一次握手：主动方发出设置了 FIN 位的报文，表示主动终止从本地到远端的单向连接；此时，主动方进入 FIN_WAIT1 状态，意思就是它在等待远端的 FIN 报文。
- 第二次握手：远端收到 FIN 后，会立即发送 ACK；主动方收到 ACK 后，进入 FIN－WAIT2 状态，所以 FIN_WAIT1 状态持续的时间非常短；此时远端进入 CLOSE－WAIT 状态，一条单向连接终止了，但另一条还没有，处于 HALF－CLOSE 连接状态。
- 第三次握手：当远端进行了必要的数据发送后，它发送 FIN 表示从它出发的单向连接也要关闭，同时它进入 LAST－ACK 状态。
- 第四次握手：主动方收到 FIN 后，回应一个 ACK；远端就此进入 CLOSED 状态，连接关闭；主动方进入 TIME－WAIT 状态；确保最后一个 ACK 没有丢失，防止新连接占用刚刚关闭的主动方的地址端口，使得网络中流浪的旧连接的分组被误认为新连接的分组。

TCP 断开连接的四次握手过程如图 1－3－5 所示。

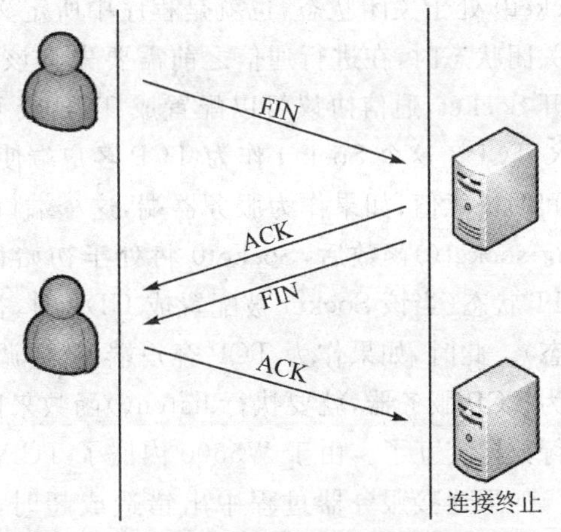


图 1－3－5　TCP 断开连接的四次握手过程

## 1.3.2　W5500 与 TCP 客户端程序

说了这么多 TCP 协议的内容，下面就来看一下用 W5500 是如何实现 TCP 通信的。在本小节中，我们将 W5500 配置成 TCP 客户端与一个 TCP 服务器程序通信。为了便于演示，本小节的示例仅将 W5500EVB 收到的 TCP 服务器端的数据重新发送给服务器端。在示例代码中，将会了解到如下内容：

- TCP 连接的建立过程；
- Socket 状态的迁移过程；
- 如何获取一个 Socket 的状态；
- 如何初始化一个 Socket；
- 如何连接一个远程服务器；
- 如何获取接收到数据的长度；
- 如何接收/发送数据。

我们已经了解到 W5500 中可以使用的 Socket 一共有 8 个，相信写过 TCP/IP 通信程序的朋友都已对 Socket 有所了解。我们把 Socket 称作"套接字"。为了方便地开发各种网络应用程序，美国伯克利大学为 UNIX 操作系统开发了一种网络编程接口，它是一种使应用程序可以访问通信协议的系统调用，也就是常说的套接字。套接字屏蔽底层通信软件和具体操作系统的差异，使任何两台安装 TCP/IP 协议软件的计算机之间可以通信。这里 W5500 库的 Socket 与传统的 Socket 用法类似，由于单片机系统资源受限，因此 W5500 的 Socket 功能比较单一，用法也更为简单，与 Socket 相关联的函数可以参考 W5500 的库函数代码，或附录 B。

图 1-3-6 所示为 TCP 客户端数据收发的过程。在程序的主循环里，我们还是以一个状态机的形式描述下文中所说的 Socket0。当 W5500EVB 初始化完成后，程序进入主循环时，可以调用 getSn_SR (Socket 号)来读取该 Socket 的状态值。此时 Socket0 处于关闭状态，也就是程序中所定义的 SOCK_CLOSED 状态。当 Socket 处于关闭状态时，在进行通信之前需要先将该 Socket 初始化，即通过 socket()函数来打开 Socket，通信协议可以配置成 TCP 或 UDP，这里我们将其配置成 TCP，即 Sn_MR_TCP。这个 Socket 作为 TCP 客户端使用时，端口号可以任意配置成 1～65 535 之间的任意值；如果作为服务器端，这个端口号要固定为要监听的端口。当程序成功执行 socket()函数后，Socket0 将处于初始化完成状态，即程序中所定义的 SOCK_INIT 状态(当该 Socket 被配置成 UDP 时，初始化完成后状态将转变成 SOCK_UDP 状态)。此时，如果作为 TCP 客户端，就要调用 connect()函数连接远程服务器；如果作为 TCP 服务器，就要执行 listen()函数来监听端口；如果是 UDP Socket，此时便可进行数据交互了。由于 W5500 内嵌了 TCP/IP 协议，连接过程是不需要单片机干预的。如果连接服务器过程中出错造成超时，该 Socket 将被关闭，重新进入 SOCK_CLOSE 状态。待 TCP 连接的三次握手完成后，Socket0 的状态将会转变为连接建立状态，即代码中定义的 SOCK_ESTABLISHED 状态。在进入 SOCK_ESTABLISHED 状态后，便可进行数据收发。数据通信完毕之后，可以由 W5500 先发起断开连接请求，即执行 disconnect()函数，在收到对方 FIN 数据包之前，该 Socket 将进入 SOCK_CLOSE_WAIT 状态，在此状态下需要判断是否收到对方数据，如果没有，便可关闭 Socket，即执行 close()函数。如前所述，在连接的建立和断开的过程中，只

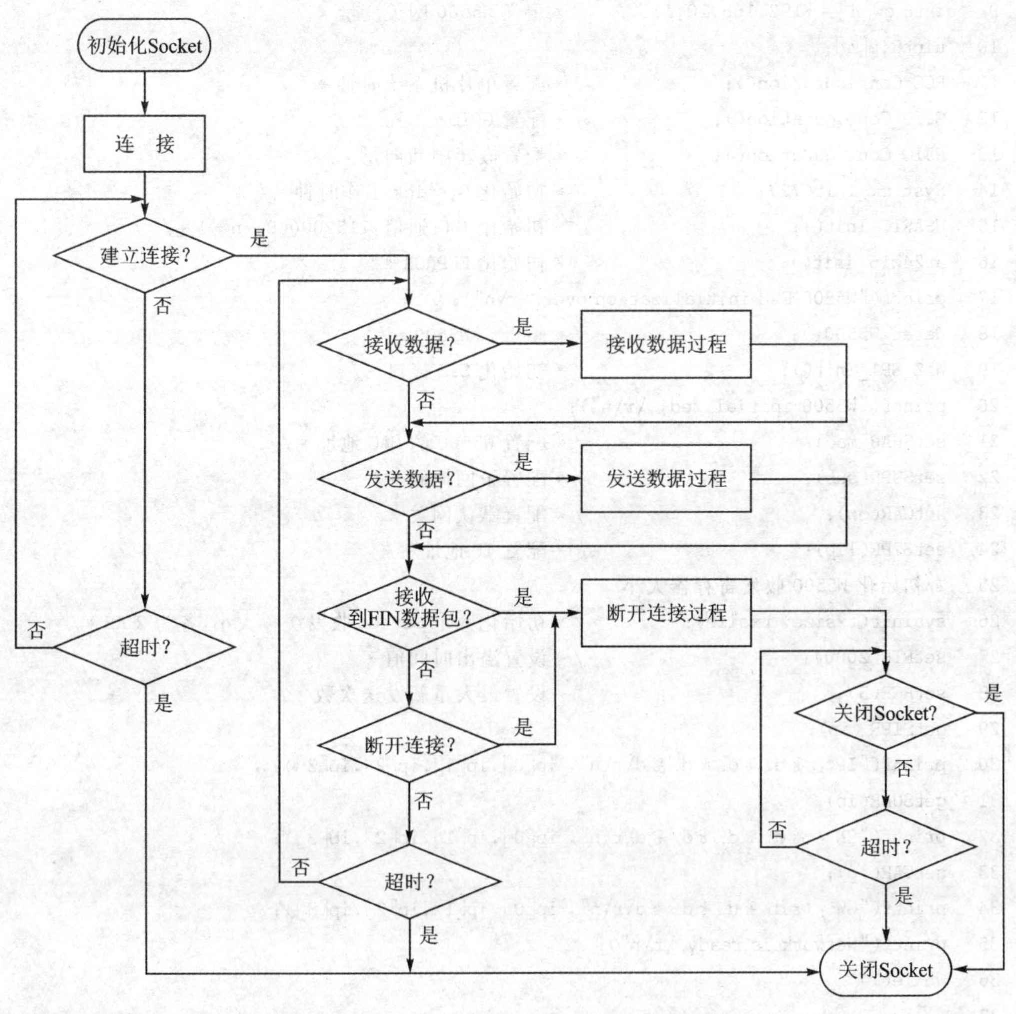


**图 1-3-6　TCP 客户端收发数据流程图**

要出现错误，Socket 都会进入关闭状态。

了解了 W5500 的 Socket 工作原理和状态迁移过程，下面来看看实际的程序代码：

```
void main()
{
uint8 pc_ip[4] = {192,168,1,100}; /＊服务器的 IP 地址，须根据自己的网络配置进行修改＊/
uint16 anyport = 3000;              /＊定义一个任意端口并初始化＊/
uint16len = 0;
uint8 mac[6] = {0x00,0x08,0xdc,0x11,0x11,0x11};  /＊定义 MAC 变量＊/
uint8 lip[4] = {192,168,1,10};      /＊定义 W5500 的 IP 地址变量＊/
uint8 sub[4] = {255,255,255,0};     /＊定义 W5500 子网掩码变量＊/
```

```
uint8 gw[4] = {192,168,10,1};          /* 定义 W5500 网关变量 */
  uint8ip[4];
  RCC_Configuration();                 /* 配置单片机系统时钟 */
  GPIO_Configuration();                /* 配置 GPIO */
  NVIC_Configuration();                /* 配置嵌套中断向量 */
  Systick_Init(72);                    /* 初始化 Systick 工作时钟 */
  USART1_Init();                       /* 初始化串口通信:115200@8-n-1 */
  at24c16_init();                      /* 初始化 EEPROM */
  printf("W5500 EVB initialization over.\r\n");
  Reset_W5500();                       /* 硬重启 W5500 */
  WIZ_SPI_Init();                      /* 初始化 SPI 接口 */
  printf("W5500 initialized! \r\n");
  setSHAR(mac);                        /* 配置 W5500 的 MAC 地址 */
  setSUBR(sub);                        /* 配置子网掩码 */
  setGAR(gw);                          /* 配置默认网关 */
  setSIPR(lip);                        /* 配置 IP 地址 */
  //初始化 W5500 收发寄存器大小
  sysinit(txsize, rxsize);             /* 初始化 8 个 Socket 收发缓存大小,各为 2 KB */
  setRTR(2000);                        /* 设置溢出时间值 */
  setRCR(3);                           /* 设置最大重新发送次数 */
  getSIPR (ip);
  printf("IP : %d.%d.%d.%d\r\n", ip[0],ip[1],ip[2],ip[3]);
  getSUBR(ip);
  printf("SN : %d.%d.%d.%d\r\n", ip[0],ip[1],ip[2],ip[3]);
  getGAR(ip);
  printf("GW : %d.%d.%d.%d\r\n", ip[0],ip[1],ip[2],ip[3]);
  printf("Network is ready.\r\n");
  while(1)
  {
    switch(getSn_SR(0))                /* 获取 Socket0 的状态 */
    {
        case SOCK_INIT:                /* Socket 初始化完成状态 */
        connect(0, pc_ip ,6001);       /* 在 TCP 模式下向服务器发送连接请求 */
          break;
        case SOCK_ESTABLISHED:         /* TCP 连接建立状态 */
        if(getSn_IR(0) &Sn_IR_CON)
        {
        setSn_IR(0, Sn_IR_CON);        /* 清 Socket0 中断 */
        }
        len = getSn_RX_RSR(0);         /* len 为已接收数据的长度 */
        if(len>0)
        {
```

```
51        recv(0,buffer,len);             /* W5500 接收来自 Server 的数据 */
52        send(0,buffer,len);             /* W5500 向 Server 发送数据 */
53        }
54        break;
55        case SOCK_CLOSE_WAIT:           /* Socket 等待关闭状态 */
56        break;
57        case SOCK_CLOSED:               /* Socket 关闭状态 */
58        socket(0,Sn_MR_TCP,anyport ++ ,Sn_MR_ND);/* 打开 Socket0 的一个端口 */
59        break;
60        }
61    }
62  }
```

本小节的程序代码是实现一个 TCP 客户端与一个服务器测试程序进行通信，这里的服务器程序可以根据自己的喜好选择测试程序。这个示例中服务器的 IP 地址是 192.168.1.100，其所监听的端口号是 6001，这些在代码中都可以看得到。我们可以根据自己网络的情况修改这些参数。

代码中所声明的 anyport 是 W5500 作 TCP 客户端时的本地端口号。第 7～10 行定义了 W5500 的 MAC 地址、IP 地址等所必需的网络参数，这些参数将被写入 W5500 响应的寄存器中。通过代码可以清楚地了解到，我们为 W5500 所配置的 IP 地址为 192.168.1.10。接下来的代码是对 W5500EVB 进行初始化，第 26～29 行代码是把上面定义的网络参数写入 W5500 响应的寄存器中，这些在前面已经讲过，这里不再赘述。

第 26 行 sysinit(txsize, rxsize)函数是初始化 W5500 内部 8 个 Socket 的收发缓存的大小，用户可以 1 KB 为单位来设置各个 Socket 的收发缓存的大小，8 个 Socket 的收发缓存大小分别定义在 txsize[8]和 rxsize[8]两个数组中，在代码中这两个数组的初始值都为{2,2,2,2,2,2,2,2}，也就是说这 8 个 Socket 的收发缓存均为 2 KB，具体 W5500 的缓存分配机制，请参考附录 A。setRTR(2000)是配置 W5500 数据发送失败的溢出时间，单位为 0.1 ms，RTR 寄存器的默认值为 2 000，溢出时间也就是 200 ms。这个时间主要是指 W5500 发送数据时，如果在这个时间内数据没有成功送出，就会产生发送超时中断。发生错误后，W5500 还会进行重传，这时需要定义重传的次数，这个次数保存在 RCR 寄存器中，这里调用 setRCR(3)函数把 RCR 的值配置成了 3，也就是在发送超时后，最多将会进行 3 次重传，在 3 次重传之后，如果数据还没成功送出，该 Socket 将会被关闭。大家都知道，TCP 协议具有重传机制，如果 W5500 数据发出后，在一定时间内没有收到对方的 ACK，W5500 会认为对方没有收到该数据包，将会重发该数据包。这个溢出时间的计算请参考附录 A 或 W5500 的数据手册。

为了验证 IP 地址等网络参数是否正确地写入了 W5500 的寄存器中，可以读一下 W5500 的这些寄存器,然后把读到的结果通过串口打印出来,以便调试并及时发现错误。接下来的代码就是完成这个任务。

W5500EVB 初始化和网络配置已经完成,板子进入工作状态。万事俱备,只欠东风。下面代码就要进入 while 主循环,在主循环里面,主要完成了一个 Socket 的初始化,然后连接一个 IP 地址为 192.168.1.100,端口号为 6001 的服务器;在连接建立后,W5500 把收到的服务器数据再原封不动地回发过去,简单地验证一下 W5500 的数据收发。其实,在这个主循环中,主要完成的就是前面所讲的 Socket 状态的变迁,以及在各个状态下所需要完成的任务。

在第 38 行 switch 语句中,我们获取 Socket0 的状态,Socket0 即为本节完成 TCP 通信的 Socket。同所了解的一样,这里主要处理 Socket 初始化完成、Socket 连接建立、Socket 等待关闭、Socket 关闭四个状态。这个主循环就是状态机模型。当然,也可以不采取这样的模式,而是完全可以让程序等待直到 Socket 迁移到下一个状态。

第 40 行表示 Socket0 进入了初始化完成状态,表明已可以进行下一步操作了,由于这一节的任务是完成一个 TCP 客户端,因此在这里需要调用 connect()函数,使 W5500 向服务器(即 192.168.1.100)的 6001 端口发出连接请求。此时 W5500 将会与服务器进行上面介绍的三次握手建立连接,这个过程不需要单片机干预,W5500 将自动完成。之后 Socket 的状态将进入 SOCK_ESTABLISHED 状态。与服务器的连接已经建立了,接下来就可以进行数据收发了。其中,第 53～55 行是清除 Sn_IR 中断标志位,注意这里的 if 只进入一次。接下来的代码就是从 Sn_RX_RSR 中读出来已接收数据的长度。当 len>0 时,调用 recv()函数,把数据从 W5500 的接收缓存中读到所定义的 buffer 中,然后再将接收到的数据原封不动地回发给服务器,这个发送工作是由 send()函数完成的。这样就完成了数据的收发,是不是很简单呢?

第 55 行是 Socket 进入等待关闭状态,也就是说该 Socket 接收到了来自对方的 FIN 数据包,这时 TCP 连接处于半关闭状态。在 TCP 连接完全断开之前,还时可能收到数据,因此在 SOCK_CLOSE_WAIT 状态下,应先判断是否有接收数据,如果有数据,则需要在数据处理完成后执行断开连接命令,即调用 disconnect()函数,来完成断开连接的四次握手。当然,也可以直接调用 close()函数关闭该 Socket,虽然最终的结果是一样的,但是这样会导致断开 TCP 连接的四次握手不完整,抓包时会看不到 W5500 的 FIN 数据包。第 66 行就是 Socket 关闭状态,此时在第 67 行需要初始化一个 Socket,并进行套接字初始化,这里打开了 Socket0,并设置为 TCP 协议模式,同时由于 TCP 通信时客户端默认为任意端口,本地的通信端口号可以任意设置一个。

操作过程如下:

① 为了顺利调试程序,需要准备一个简单的测试工具。这里演示用的是一个免费的 TCP 调试程序 Socket Tester。读者可到下面的地址下载:http://wizwiki.net/

forum/viewtopic. php? f=93&t=649。

② 连接好线路之后，把上面写好的程序烧录到 W5500EVB，重新启动后 W5500 将会向服务器发起连接请求。

③ 打开 Socket Tester，监听端口设置为 6001（请根据自己的程序代码配置），选择 Listen on a port(become a server)，当收到 W5500 的回应时，就可以进行通信了，如图 1-3-7 所示。

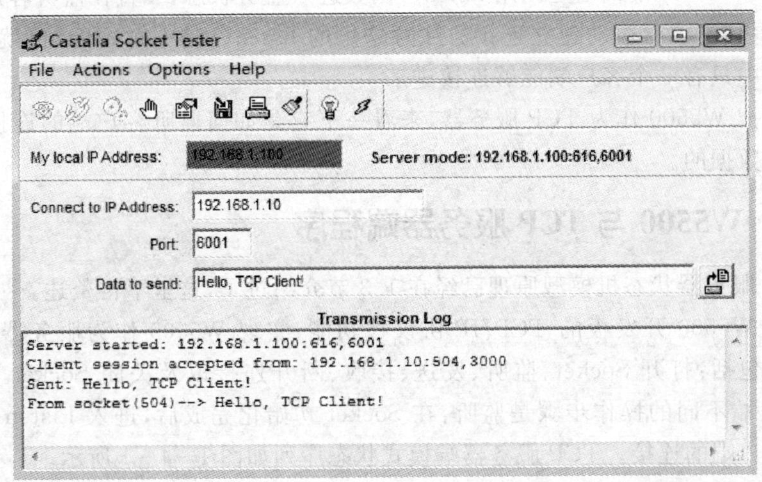


图 1-3-7 TCP 客户端通信

在 Data to send 中输入“Hello,TCP Client!”，即向客户端发送数据后就收到了来自 W5500 的“Hello,TCP Client!”。至此这一小节要讲的 TCP 客户端通信就这样实现了。

### 1.3.3 小 结

本节我们完成了一个最基本的 TCP 数据收发，W5500EVB 作为一个 TCP 客户端，自动向指定的服务器发起连接请求，TCP 连接建立后，把接收到的数据又回发给服务器端。这一节的内容是后面章节的基础，为了顺利完成后面章节的学习，需要熟练掌握本节中所提到的这些知识点。

到目前为止，读者已经了解了如何配置 W5500 的各个网络参数、TCP 的基础知识以及如何收发数据。在接下来的小节中，将介绍如何让 W5500EVB 作为一个服务器端工作，让一个 PC 测试程序充当客户端来连接 W5500EVB。

## 1.4 TCP 服务器端程序的实现

关于 TCP 建立连接的过程，我们已经知道需要一个 TCP 客户端(Client)和一个

TCP 服务器(Server)。1.3 节介绍了 W5500 作为客户端的通信程序，本节就来探索一下 W5500 作为 TCP 服务器的程序。

TCP 服务器的角色是绑定某个特定的端口，并且监听客户端的连接。客户端是在需要的时候工作，但是服务器程序必须不间断地监听客户端的连接请求，直到建立连接。在整个通信过程中 TCP 服务器和 TCP 客户端的区别不大，只是在 Socket 初始化完成后建立连接的时候，TCP Client 模式是调用 connect()函数请求与服务器连接，而 TCP Server 模式则是调用 listen()函数进入监听状态，一直在监听客户端发来的请求，得到请求后被动建立连接。注意这里的 listen()是一对一的，也就是说，在监听过程中只有一个客户端能够连接进来。

下面把 W5500 作为 TCP 服务器，来看一下它是如何监听客户端的连接请求和接收发送数据的。

## 1.4.1 W5500 与 TCP 服务器端程序

TCP 服务器状态机模型原理已经在 1.3 节介绍过了，这里不再赘述。

使用 W5500 开发板的 TCP/IP 协议栈功能，实现 W5500 作为服务器的应用。具体操作包括：打开 Socket、监听、发送、接收、断开连接以及关闭 Socket。与作为 TCP 客户端不同的操作步骤是监听：在 Socket 初始化完成后，进入 Listen 状态，一直等待客户端的连接。TCP 服务器端模式状态序列如图 1-4-1 所示。

TCP 服务器模式工作流程如图 1-4-2 所示。

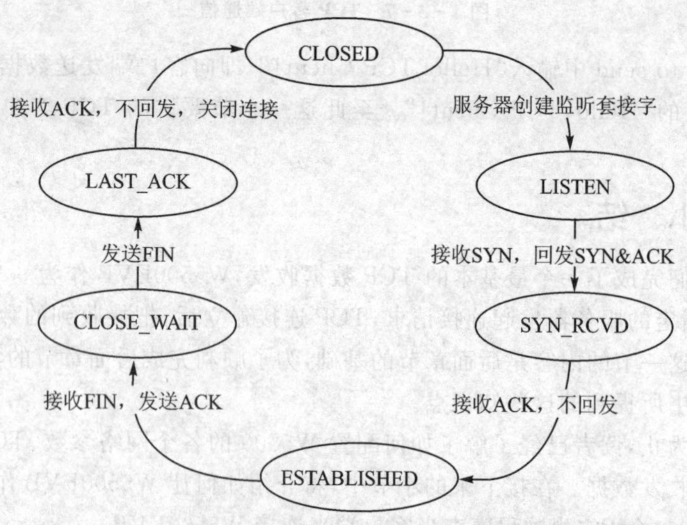


**图 1-4-1　TCP 服务器端模式状态序列**

以下是代码实现。main 函数中，在定义所需变量、初始化网络参数和 Socket 之后，程序在一个 while 循环中使用 switch…case…实现了 TCP 服务端的有限状态机。

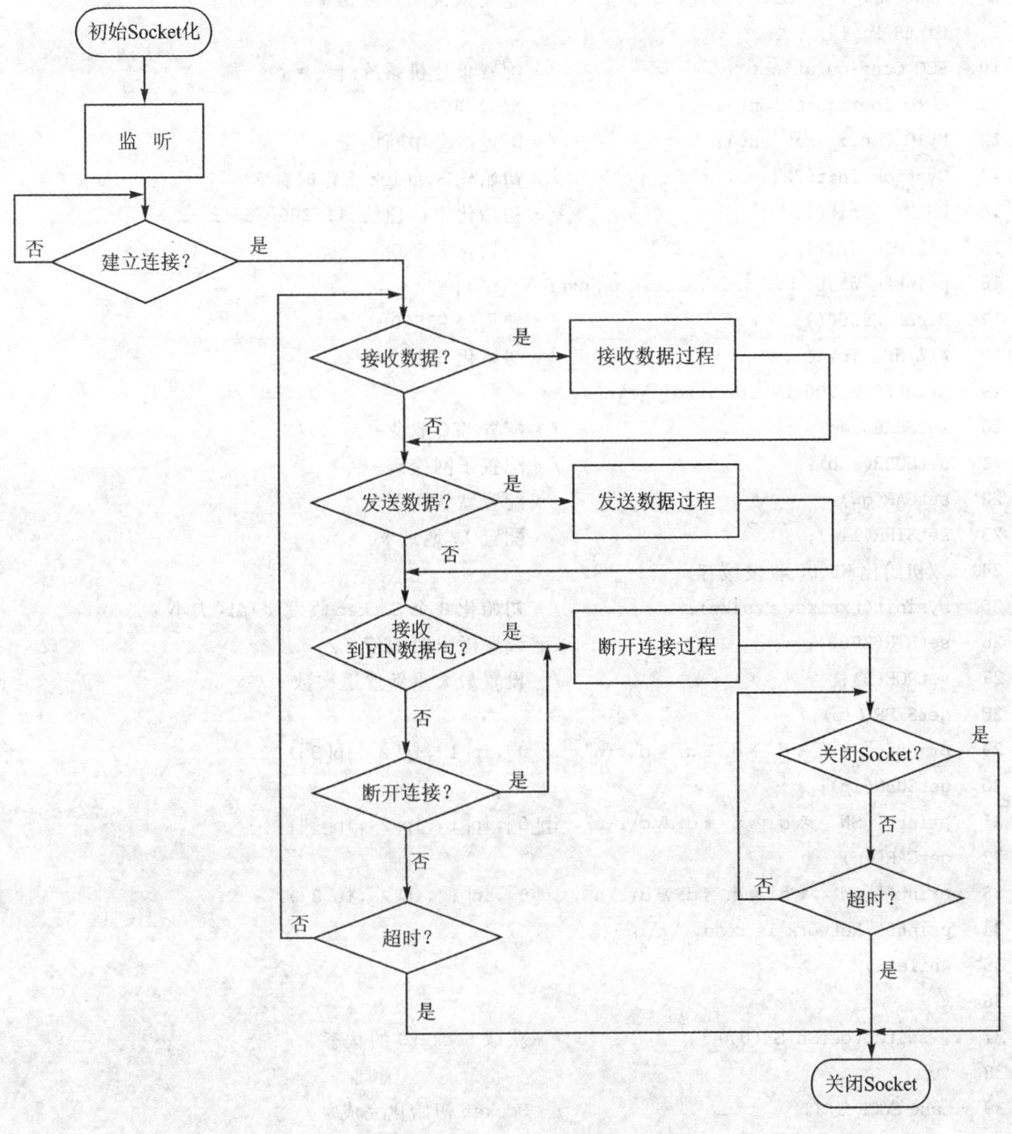


**图 1－4－2　TCP 服务器端流程图**

```
void main()
{
uint16 port = 30000;                    /＊定义一个端口并初始化＊/
uint16 len = 0;
uint8 mac[6] = {0x00,0x08,0xdc,0x11,0x11,0x11};   /＊定义 MAC 变量＊/
uint8 lip[4] = {192,168,10,111};        /＊定义本地 IP 地址(W5500 的 IP 地址)＊/
uint8 sub[4] = {255,255,255,0};         /＊定义子网掩码变量＊/
```

```
uint8 gw[4] = {192,168,10,1};           /* 定义默认网点变量 */
uint8 ip[4];
RCC_Configuration();                    /* 配置单片机系统时钟 */
GPIO_Configuration();                   /* 配置 GPIO */
NVIC_Configuration();                   /* 配置嵌套中断向量 */
Systick_Init(72);                       /* 初始化 Systick 工作时钟 */
USART1_Init();                          /* 初始化串口通信:115200@8-n-1 */
at24c16_init();                         /* 初始化 EEPROM */
printf("W5500 EVB initialization over.\r\n");
Reset_W5500();                          /* 硬重启 W5500 */
WIZ_SPI_Init();                         /* 初始化 SPI 接口 */
printf("W5500 initialized! \r\n");
setSHAR(mac);                           /* 配置 MAC 地址 */
setSUBR(sub);                           /* 配置子网掩码 */
setGAR(gw);                             /* 配置默认网关 */
setSIPR(lip);                           /* 配置 IP 地址 */
//初始化 W5500 收发缓存
sysinit(txsize, rxsize);                /* 初始化 8 个 Socket 收发缓存区大小 */
setRTR(2000);                           /* 设置溢出时间值 */
setRCR(3);                              /* 设置最大重新发送次数 */
getSIPR (ip);
printf("IP : %d.%d.%d.%d\r\n", ip[0],ip[1],ip[2],ip[3]);
getSUBR(ip);
printf("SN : %d.%d.%d.%d\r\n", ip[0],ip[1],ip[2],ip[3]);
getGAR(ip);
printf("GW : %d.%d.%d.%d\r\n", ip[0],ip[1],ip[2],ip[3]);
printf("Network is ready.\r\n");
while(1)
{
  switch(getSn_SR(0))                   /* 获取 Socket0 的状态 */
{
case SOCK_INIT:                         /* Socket 初始化完成 */
listen(0);                              /* 开始监听 */
break;
case SOCK_ESTABLISHED:                  /* Socket 连接建立 */
if(getSn_IR(0) &Sn_IR_CON)
{
setSn_IR(0, Sn_IR_CON);                 /* 清除 Socket0 中断 */
}
len = getSn_RX_RSR(0);                  /* len 为已接收数据的长度 */
if(len>0)
{
```

```
50 recv(0,buffer,len);                    /* W5500 接收来自客户端的数据 */
51 send(0,buffer,len);                    /* W5500 向客户端发送数据 */
52 }
53 break;
54 case SOCK_CLOSE_WAIT:                  /* Socket0 等待关闭状态 */
55 break;
56 case SOCK_CLOSED:                      /* Socket 关闭 */
57 socket(0,Sn_MR_TCP,port,Sn_MR_ND);     /* 打开 Socket0 的一个端口 */
58 break;
59 }
60 }
61 }
```

当 W5500EVB 初始化完成后，程序进入主循环时，此时调用 getSn_SR（Socket号）来读取该 Socket 的状态值。此时 Socket0 处于关闭状态，也就是程序中所定义的 SOCK_CLOSED 状态。当 Socket 处于关闭状态时，在进行通信之前，先将该 Socket 初始化，即通过 Socket(Socket 序号，协议，端口号，参数）来打开 Socket，这里通信协议配置成 TCP，即 Sn_MR_TCP。这个 Socket 作为服务器端，端口号要固定为要监听的端口。当程序成功执行 socket()函数后，Socket 将处于初始化完成状态，即程序中所定义的 SOCK_INIT 状态，此时，作为 TCP 服务器，就要执行 listen()函数来监听端口。由于 W5500 内嵌了 TCP/IP 协议，连接过程是不需要单片机干预的。如果连接过程中出错造成超时，该 Socket 将会被关闭，重新进入 SOCK_CLOSE 状态。待 TCP 连接的 3 步握手完成后，Socket 的状态将会转变为连接建立状态，即代码中定义的 SOCK_ESTABLISHED 状态。在进入 SOCK_ESTABLISHED 状态后，便可进行数据收发。数据通信完毕之后，可以由 W5500 先发起断开连接请求，即执行 disconnect()函数，在收到对方 FIN 数据包之前，该 Socket 将进入 SOCK_CLOSE_WAIT 状态，在此状态下，需要判断是否收到对方数据，如果没有，便可关闭 Socket，即执行 close()函数。如前所述，在连接的建立和断开过程中，只要出现错误，Socket 就会进入关闭状态。

在这里，简单介绍一下 W5500 作为服务器端与作为客户端两者实现方式的不同，相同的部分请参考 1.3 节内容。第一，先看一下程序，第 40 行是一个监听函数，W5500EVB 作为服务器端，它要做的工作就是打开一个端口用来监听客户端的连接请求也就是我们的计算机发来的请求。所以初始化完成后，将 W5500 设置为监听状态。第 57 行是 Socket 初始化，和 1.3 节一样，设置打开 Socket0，设置为 TCP 模式下通信。而当 W5500 作为客户端时，当打开一个端口时，要发起与服务器的连接请求。第二，与 W5500 作为客户端不同的是，W5500 打开的端口是固定的，因为客户端发起连接时，连接固定的 IP 地址和端口号，因此 TCP 服务器端监听端口必须是固定的，设置好后就不能改变，以等待客户端的连接请求。作为客户端，W5500 打开的端口是可以改变的，因为是客户端连接服务器端，只要服务器的 IP 地址与端口号没有改变，就可以实现连接。

接下来就是把程序下载到 W5500EVB 中运行了。连接好线路之后，把上面写好的程序下载到 W5500EVB，重启板子运行程序。这时打开电脑的 Socket Tester，端口设置为 30 000，选择 Connect to a server，那么 PC 现在显示“Client Mode”，连接成功后就可以进行通信了。

如图 1-4-3 所示，当在 Data to send 中输入“Listen to me carefully!”之后就收到了来自 W5500 同样的“Listen to me carefully!”。TCP 服务器端通信完美实现。

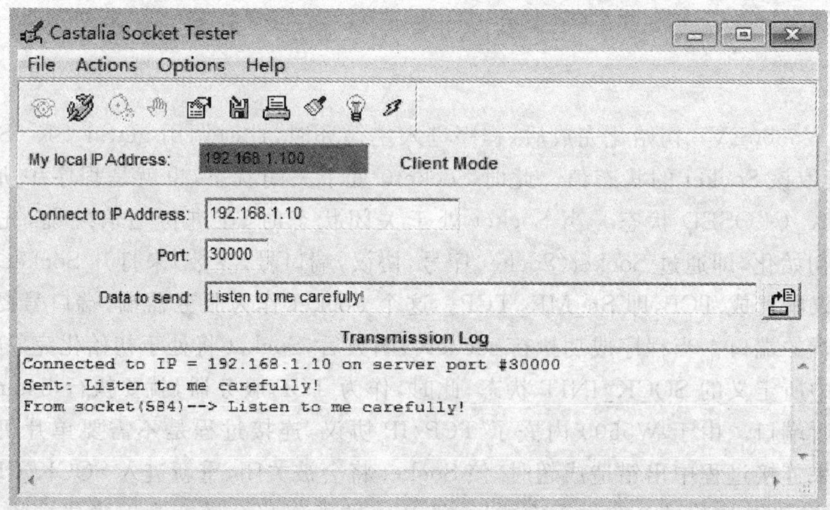


**图 1-4-3　TCP 服务器端通信**

总结一下，TCP 客户端的建立过程如下：

① 调用 getSn_SR(0)，获取 Socket0 的状态；

② 初始化 Socket，调用“socket(0,Sn_MR_TCP,port,Sn_MR_ND);”函数，绑定 IP 地址端口等信息到 Socket；

③ 初始化完成，调用函数 connect()请求连接服务器；

④ 连接服务器，进入 SOCK_ESTABLISHED 状态；

⑤ 收发数据，调用 recv()和 send()函数；

⑥ 关闭网络连接，进入 SOCK_CLOSED 状态。

建立 TCP 服务器端的一般步骤如下：

① 获取 Socket0 的状态，调用 getSn_SR(0)；

② 初始化 Socket，调用“socket(0,Sn_MR_TCP,anyport,Sn_MR_ND);”函数，绑定 IP 地址端口等信息到 Socket；

③ 作为 TCP 服务器，开启监听，调用函数 listen()；

④ 接收客户端的连接进入 SOCK_ESTABLISHED 状态；

⑤ 收发数据，调用 recv()和 send()函数；

⑥ 关闭网络连接，进入 SOCK_CLOSED 状态；

⑦ 关闭监听。

### 1.4.2 小 结

1.3 节和 1.4 节中的两个例子，分别用 W5500 实现了简单的 TCP 服务器端和客户端应用程序，并讲解了 TCP 通信的基本原理。TCP 的部分就此告一段落，1.5 节将讲解与 TCP 有较大差别的 UDP 通信。

## 1.5 使用 UDP 发送数据

现在了解了 TCP 协议，并且用 W5500EVB 分别完成了 TCP 客户端和 TCP 服务器端的通信实例。在 TCP/IP 协议栈的传输层中，除了面向连接的 TCP 协议，还有一个面向非连接的 UDP 协议。本节就在 W5500 开发板上实现 UDP 程序。

### 1.5.1 UDP 简介

UDP 的全称是 User Datagram Protocol（用户数据报协议）。在网络中它与 TCP 协议一样，处于 TCP/IP 协议体系中的传输层，处于 IP 协议的上一层（协议结构见表 1-3-1），用于处理数据包。与 TCP 不同的是，UDP 是一种无连接的协议。也就是说，UDP 发送数据之前不需要先建立连接（当然发送数据结束时也没必要释放连接），因此减少了时间上的开销。同时，UDP 不使用拥塞控制，也不保证可靠交付，因此主机不需要维持具有许多参数的、复杂的连接状态表。总体来说，UDP 是一种不可靠的数据传输协议，能提供比较快速的数据传输速度，但是并不保证数据的正确性。这些特性与 TCP 刚好相反。表 1-5-1 清晰地展示了 TCP 与 UDP 的区别。

**表 1-5-1 TCP 与 UDP 特性对比**

| 项 目 | TCP | UDP |
| --- | --- | --- |
| 是否连接 | 面向连接 | 非面向连接 |
| 传输可靠性 | 可靠 | 不可靠 |
| 应用场合 | 数据完整性要求高 | 数据完整性要求不高 |
| 速度 | 慢 | 快 |

UDP 协议支持单播、广播和多播（组播）的通信。

网络之间的节点就好像人们在通话一样，如果一个人跟另外一个人说话，那么就可以称作是“单播”，单播是“一对一”通信，一次只能将数据传输给一个目的地址。网络上绝大部分的数据是以单播形式传输的，比如收发电子邮件、浏览网页。

广播通信则可理解为，一个人通过广播喇叭对在场所有人讲话，是“一对多”。这样做的好处是提高效率，信息一下子就散播开来。广播通信使用广播地址（255.255.

255.255)，将数据发送给所有的可接收的目的地址。

网络中的应用也很多，比如客户机通过 DHCP 自动获得地址的过程就是通过广播来实现的。但在网络中不能长时间出现大量广播包，否则就会出现所谓的“广播风暴”①。

多播，又叫组播。与广播不同，它是把信息同时传递给一组目的地址，即与多个在多播组注册的目的地址进行通信。

但广播和多播仅应用于 UDP，它们对须将报文同时传往多个接收者的应用来说十分重要。既然 UDP 是一种不可靠的网络协议，那么还有什么使用价值或必要呢？其实不然，在某些情况下，UDP 协议可能会变得非常有用。因为 UDP 具有 TCP 所望尘莫及的速度优势。虽然 TCP 协议中植入了各种安全保障功能，但是在实际执行的过程中会占用大量的系统开销，无疑使速度受到严重影响。反观 UDP，由于排除了信息可靠传递机制，将安全和排序等功能移交给上层应用来完成，极大缩短了执行时间，使通信速率得到了保证；在给定的主机上能识别多个目的地址，同时允许多个应用程序在同一台主机上工作，并能独立地进行数据报的发送和接收，包括视频会议、网络电话在内的众多网络应用都需要使用 UDP。使用 UDP 协议的应用层协议有：TFTP、SNMP、NFS、DNS、BOOTP 等。

UDP 协议从问世至今已经被使用了很多年，虽然其最初的光彩已经被一些类似协议所掩盖，但是即使是在今天 UDP 仍然不失为一项非常实用和可行的网络传输层协议。

## 1.5.2 W5500 与 UDP

接下来我们将使用 W5500EVB 演示如何使用 UDP 发送和接收数据。根据上面了解到的 UDP 协议的特点，UDP 通信过程相对 TCP 就简单了很多。在 W5500 中，只要把一个 Socket 初始化成一个 UDP 的 Socket 之后，该 Socket 的状态便转换成了 SOCK_UDP 状态，在这个状态下，便可以调用 sendto() 和 recvfrom() 函数进行数据发送和接收。

下面就用代码来介绍 W5500 最基本的 UDP 通信，也就是端口对端口单播通信。具体如下：

```
void main()
{
uint8 pc_ip[4] = {192,168,1,100};          /* 配置服务器的 IP 地址 */
uint16 pc_port = 3000;                     /* 定义计算机的一个端口并初始化 */
uint16len = 0;
```

① 广播风暴是指网络长时间被大量的广播数据包所占有，正常的点对点通信无法正常进行。出现广播风暴的原因有很多，一块有故障的网卡，就可能长时间向网络上发送广播包而导致广播风暴。

```
6   uint8 mac[6] = {0x00,0x08,0xdc,0x11,0x11,0x11};  /*定义 MAC 变量*/
7   uint8 lip[4] = {192,168,1,10};                    /*定义本地 IP 地址*/
8   uint8 sub[4] = {255,255,255,0};                   /*定义子网掩码变量*/
9   uint8 gw[4] = {192,168,1,1};                      /*定义默认网点变量*/
10   uint8ip[4];
11   RCC_Configuration();                             /*配置单片机系统时钟*/
12   …
13   while(1)
14    {
15     switch(getSn_SR(0))                            /*获取 Socket0 的状态*/
16      {
17         case SOCK_UDP:                             /*Socket 的套接字初始化完成*/
18         if((len = getSn_RX_RSR(0))>0)
19         {
20           recvfrom(0, buffer, len, pc_ip,&pc_port);
                                                      /*W5500 接收计算机发送来的数据*/
21           sendto(0, buffer,len, pc_ip, pc_port);
                                                      /*W5500 把接收到的数据发送给计算机*/
22         }
23         break;
24         case SOCK_CLOSED:                          /*Socket 关闭*/
25         socket(0,Sn_MR_UDP,30000,0);               /*初始化 Socket0 的套接字*/
26         break;
27    }
28      }
29    }
```

详看程序，前面完成计算机和单片机配置过程与前几节所述相同，这里略过。由于这里 UDP 是端口对端口的通信，我们的主要工作是配置 W5500 的 IP 地址、端口和单片机的 IP 地址、端口。第 15 行是获取 Socket0 的状态，序号为 0 的 Socket 进入状态机的模式。UDP 通信时 Socket 为两个状态：Socket 的套接字初始化完成和 Socket 关闭。第 17 行 Socket0 处于套接字初始化完成状态。第 18 行：如果接收到的数据大于 0，就继续运行程序。从第 20 行、第 21 行可以看到，是 W5500 接收来自计算机的 3 000 端口发来的数据，然后通过 sendto 函数把接收到的数据发送给计算机，实现计算机的 5 000 端口和 W5500 的 30 000 端口的通信。第 24 和 25 行是当 Socket 处于关闭状态下定义 Socket0 的 UDP 模式，打开 Socket0 的 30 000 端口。

这里可以清晰地看到，UDP 的状态机模式省去了 1.3 节和 1.4 节中 TCP 的双方建立连接的过程，而直接进行通信。下载程序到 W5500EVB，复位 W5500EVB 运行程序模式。我们使用网络和串口调试工具来验证程序，选择 UDP 模式选项卡，设置 Module IP 为单片机的 IP：192.168.1.10，Port 为 30 000；Local port 设置为计算机的端口 3 000。现在单击 Listen 后进入监听的状态如图 1-5-1 所示,此时就可以进行通信了。

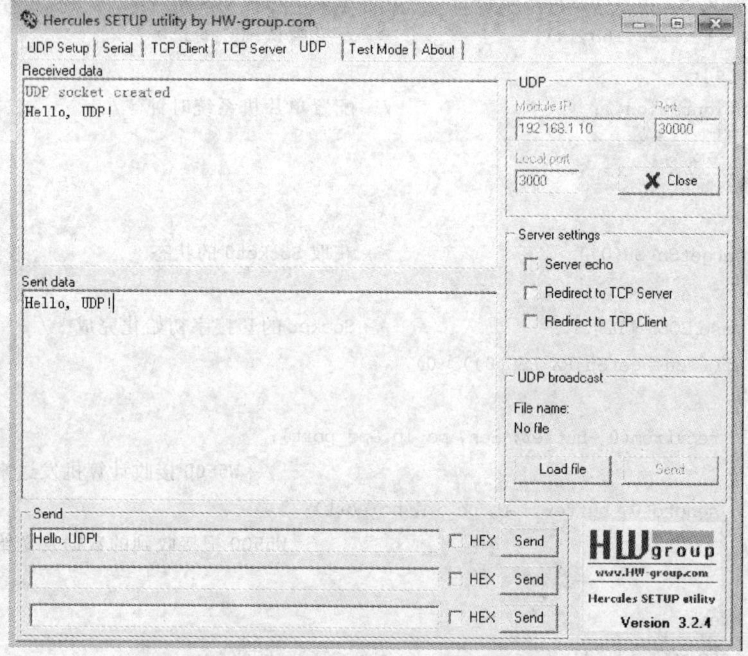


图 1-5-1 实现 UDP 通信

在 Send 框中输入"Hello,UDP!"之后,Sent data 框和 Received data 框中几乎同时出现了"Hello,UDP!",这就说明 W5500 已经迅速实现了数据的收发。UDP 通信完美实现。

## 1.5.3 小 结

从 Ping 到 TCP 再到 UDP,这些都是网络课程中最基础也是必须掌握的内容。Ping 程序是对网络系统连通性进行测试的基本工具。TCP 和 UDP 都是传输层的网络协议,TCP 是面向连接的,提供可靠的数据交互;UDP 是非面向连接的,提供快速的但非可靠的数据交互,它们都有各自的广泛应用场景。而本章所使用的 W5500 芯片通过全硬件支持 TCP/IP 协议栈,大大简化了软件层面上的编程工作,能够方便高效地实现 Ping、TCP 和 UDP 的网络编程。

当然,要想真正理解还需要更多的动手实践。W5500 所能实现的功能还远不止这些,让我们通过后面的章节来进一步了解它更丰富的功能吧!

# 第 2 章

# 应用协议篇

本章将介绍一些在物联网中常用的 TCP/IP 应用层协议(如 DHCP、DNS、SMTP、NTP、FTP 和 HTTP 等常见的应用协议)在 W5500EVB 上的实现方法。通过实例代码的介绍,使读者对这些应用协议的理解更加深入,从而达到在实际项目开发中灵活应用的目的。

## 2.1 通过 DHCP 自动获取 IP 地址

在常见的小型网络中(如学生宿舍或者实验室机房网络),网络管理员都是采用手工分配 IP 地址的方法。但在中、大型网络中,手动分配 IP 地址的方法就不太实际了。为了避免多台机器分配 IP 的困扰,引出了一种高效的 IP 地址分配方法——DHCP 自动分配 IP 地址。

在日常生活中,家庭无线路由器都内嵌了 DHCP 服务器。因此,当 PC 或智能手机通过路由器联网的时候,无须手工输入 IP 地址、网关、子网掩码和 DNS 服务器 IP 地址等网络参数。PC 或智能手机都可通过路由器自动获得这些必要的网络配置信息。这里的 PC 或智能手机在联网时都会先执行 DHCP 客户端线程和 DHCP 服务器通信。在本节中,将用 W5500EVB 来了解通过 DHCP 协议从 DHCP 服务器获取 IP 地址的过程。

在介绍 DHCP 示例之前,先来简要地看看 DHCP 协议。

### 2.1.1 DHCP 协议简介

DHCP 是 Dynamic Host Configuration Protocol 的缩写,它是 TCP/IP 协议簇中的一种,使用 UDP 协议进行数据报传递,端口号是 67。使用 DHCP 时必须在网络上有一台 DHCP 服务器,而其他机器执行 DHCP 客户端。当 DHCP 客户端程序发出一个信息,请求一个动态的 IP 地址时,DHCP 服务器会根据目前已经配置的地址,提供一个可供使用的 IP 地址和子网掩码给客户端。这些被分配的 IP 地址都是 DHCP 服务器预先保留的一个由多个地址组成的地址集,并且它们一般是一段连续的地址。

DHCP 使服务器能够动态地为网络中的其他服务器提供 IP 地址,通过使用

DHCP,就可以不给局域网中除 DHCP、DNS 和 WINS 服务器外的任何服务器设置和维护静态 IP 地址。使用 DHCP 可以大大简化配置客户机的 TCP/IP 的工作,尤其是当某些 TCP/IP 参数改变时,如网络的大规模重建而引起的 IP 地址和子网掩码的更改。人工配置 IP 与 DHCP 自动配置 IP 的优缺点比较见表 2-1-1。

**表 2-1-1　人工配置 IP 与 DHCP 自动配置 IP 的优缺点比较**

| 人工配置(缺点) | 自动配置(优点) |
|---|---|
| 必须在每一个客户机上输入一个 IP 地址 | DHCP 服务器为 DHCP 客户机自动提供所有必要的配置信息 |
| 用户可能输入错误的或非法的 IP 地址 | 可以确保网络客户机使用正确的配置信息 |
| 用了错误的 IP 地址可能导致网络问题 | 消除了网络问题的一个常见来源 |
| 计算机频繁地在子网间移动,也会加大对网络进行日常管理所需要的开销 | DHCP 还自动更新客户机配置信息,以反映网络结构的变化 |

下面我们来看看 DHCP 请求 IP 地址的过程。

**发现阶段:**

当 DHCP 客户端第一次登录网络的时候,客户端发现本机没有任何 IP 数据设定,它会向网络发出一个 DHCPDISCOVER 广播封包,只有 DHCP 服务器才会响应,如图 2-1-1 所示。

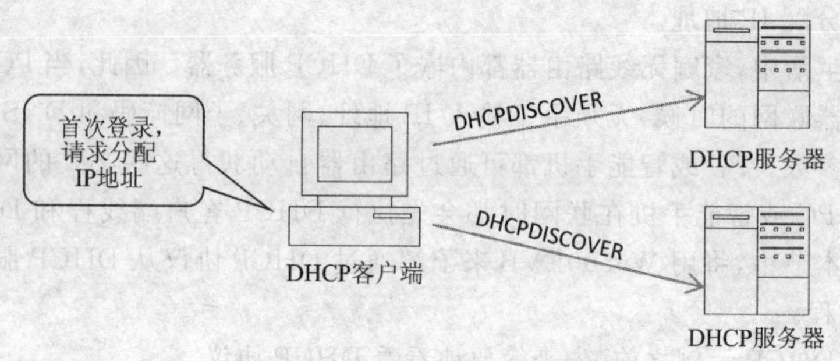


**图 2-1-1　DHCP 发现阶段**

**提供阶段:**

即 DHCP 服务器提供 IP 地址的阶段。DHCP 服务器接收到客户端的 DHCP-DISCOVER 报文后,从 IP 地址池中选择一个尚未分配的 IP 地址分配给客户端,DHCP 服务器发送包含租借的 IP 地址和其他配置信息的 DHCPOFFER 包,如图 2-1-2 所示。

**选择阶段:**

即 DHCP 客户端选择 IP 地址的阶段。如果有多台 DHCP 服务器向该客户端发送 DHCPOFFER 包,客户端从中随机挑选,然后以广播的形式向各 DHCP 服务器回应 DHCPREQUEST 包,宣告使用它挑中的 DHCP 服务器提供的地址,并正式请求

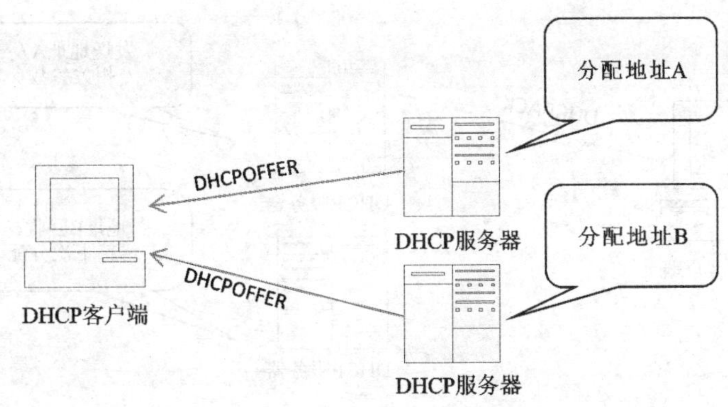


图 2-1-2 DHCP 提供阶段

该 DHCP 服务器分配地址。其他所有发送 DHCPOFFER 包的 DHCP 服务器接收到该数据包后，将释放已经预分配（OFFER）给客户端的 IP 地址。如果发送给 DHCP客户端的 DHCPOFFER 包中包含无效的配置参数，客户端会向服务器发送 DHCPCLINE 包拒绝接受已经分配的配置信息，如图 2-1-3 所示。

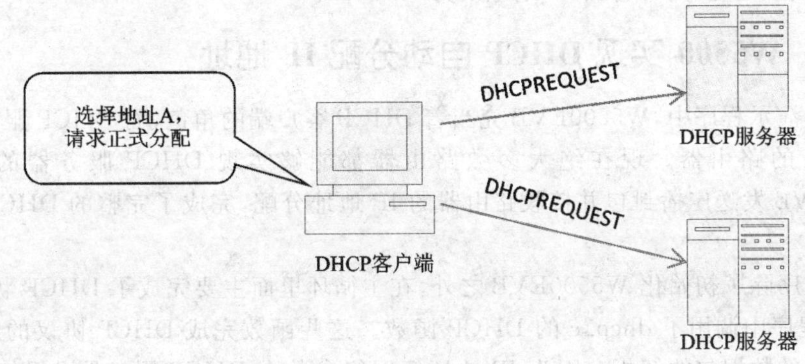


图 2-1-3 DHCP 选择阶段

**确认阶段：**

即 DHCP 服务器确认所提供 IP 地址的阶段。当 DHCP 服务器收到 DHCP 客户端回答的 DHCPREQUEST 包后，便向客户端发送包含它所提供的 IP 地址及其他配置信息的 DHCPACK 确认包。然后，DHCP 客户端将接收并使用 IP 地址及其他 TCP/IP 配置参数，如图 2-1-4 所示。

DHCP 服务器分配给客户端的动态 IP 地址通常有一定的租借期限，期满后服务器会收回该 IP 地址。如果 DHCP 客户端希望继续使用该地址，则需要更新 IP 租约。实际使用中，在 IP 地址租约期限达到一半时，DHCP 客户端会自动向 DHCP 服务器发送 DHCPREQUEST 包，以完成 IP 租约的更新。如果此 IP 地址有效，则 DHCP 服务器回应 DHCPACK 包，通知 DHCP 客户端已经获得新 IP 租约。

如果 DHCP 客户端续租地址时发送的 DHCPREQUEST 包中的 IP 地址与

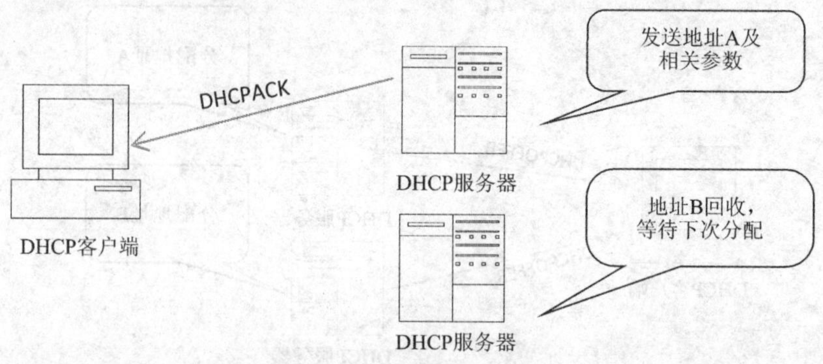


**图 2-1-4 DHCP 确认阶段**

DHCP服务器当前分配给它的 IP 地址(仍在租期内)不一致,则 DHCP 服务器将发送 DHCPNAK 消息给 DHCP 客户端。

DHCP 客户端已经从 DHCP 服务器获得地址,并在租期内正常使用,如果该 DHCP客户端不想再使用该地址,则须主动向 DHCP 服务器发送 DHCPRELEASE 包,以释放该地址,同时将其 IP 地址设为 0.0.0.0。

## 2.1.2 W5500 实现 DHCP 自动分配 IP 地址

在本演示程序中,W5500EVB 充当着 DHCP 客户端的角色,而 DHCP 服务器则是要连接的路由器。现在绝大多数路由器都能够实现 DHCP 服务器的功能。W5500EVB 发送广播封包并接收路由器的 IP 地址分配,完成了完整的 DHCP 工作过程。

主程序除了初始化 W5500EVB 之外,在主循环里面主要完成了 DHCP 状态机。main.c 程序中调用了 dhcp.c 的 DHCP 函数。这些函数完成 DHCP 协议的组包及对接收到的数据包的解析。因为 IP 地址等网络参数由 DHCP 服务器分配,在进入主循环之前,初始化 DHCP 客户端时需要把 W5500EVB 的 IP 地址、网关和子网掩码等网络参数初始化成 0.0.0.0。在初始化 DHCP 客户端的函数中,因为 DHCP 服务器端监听了 UDP 的 67 端口,DHCP 客户端需要打开本地 68 端口与服务器通信。下面先看一下主函数。

```
void main()
{
RCC_Configuration();            /*配置单片机系统时钟*/
GPIO_Configuration();           /*配置 GPIO*/
NVIC_Configuration();           /*配置嵌套中断向量*/
USART1_Init();                  /*初始化串口通信:115200@8-n-1*/
Reset_W5500();                  /*复位 W5500*/
WIZ_SPI_Init();                 /*初始化 SPI 接口*/
```

```
9   init_dhcp_client();                /* 初始化 DHCP 客户端 */
10   while(1)
11    {
12     uint8 dhcpret = 0;              /* 声明并初始化 DHCP 状态标志值 */
13     dhcpret = check_DHCP_state(SOCK_DHCP);     /* 开始 DHCP 处理,返回 DHCP 过程的状态 */
14     switch(dhcpret)                 /* 返回状态,用户自行处理 */
15       {
16        case DHCP_RET_NONE:          /* NONE 状态 */
17          break;
18        case DHCP_RET_TIMEOUT:       /* 获取 IP 超时 */
19          break;
20        case DHCP_RET_UPDATE:        /* 获取 IP 成功 */
21          break;
22        case DHCP_RET_CONFLICT:      /* 获取的 IP 地址与网络中其他设备的 IP 地址冲突 */
23          break;
24        default:                     /* 其他状态 */
25          break;
26       }
27    }
28  }
```

第 3～8 行完成 W5500EVB 的初始化工作,第 9 行是初始化 DHCP 客户端的函数,这个函数配置了单片机的 MAC 地址,并通过串口打印出来,并且将单片机的 IP 地址、子网掩码和默认网关等配置为 0;同时这个函数还完成了 Socket 端口的初始化工作。第 13 行检查 DHCP 的状态,其实就是通过 check_DHCP_state 函数取得单片机动态,获取 IP 过程中返回的状态值,并赋值给变量 dhcpret。第 14～25 行其实就是一个状态机模式,DHCP 的状态分为:DHCP_RET_NONE、DHCP_RET_TIMEOUT、DHCP_RET_UPDATE、DHCP_RET_CONFLICT、DHCP_RET_ERR 5 个状态,分别代表 DHCP 客户端获取 IP 过程中,返回 NONE 的状态,重试超时状态,更新 IP 地址成功状态,IP 地址冲突及 DHCP 过程发生错误状态。通过 switch 语句完成所有状态的转换。对于 DHCP 完成后返回状态的处理,因为不同的系统出错处理要求不一样,用户按照自己需要进行编程处理即可。例如,DHCP 获取地址超时之后重新使用 DHCP 获取网络参数,或者使用默认固定网络参数。

check_DHCP_state()函数实现了单片机作为 DHCP 客户端的详细工作过程,代码如下:

```
uint8 check_DHCP_state(SOCKET s)
{
uint16 len;                                /* 定义一个表示接收数据大小的变量 */
```

```
uint8   type;                             /*定义一个表示封包类型的变量*/
type = 0;
if(getSn_SR(s)!= SOCK_CLOSED)   /* Socket 打开 */
  {
    if ((len = getSn_RX_RSR(s)) > 0)  /* Socket 处于通信状态,则看有没有收到数据 */
      {
          type = parseDHCPMSG(len);/*解析接收到的封包类型函数*/
      }
  }
 else
    {/* Socket 处于关闭状态,则重新初始化 Socket */
      if(dhcp_state == STATE_DHCP_READY)        /* DHCP 初始化状态,状态机置于初始值*/
      {
      printf("state : STATE_DHCP_READY\r\n");
      }
      if(!Socket(SOCK_DHCP,Sn_MR_UDP,DHCP_CLIENT_PORT,0x00))/*初始化 Socket 和端口*/
      {
      printf("Fail to create the DHCPC_SOCK(%u)\r\n",SOCK_DHCP);
      return DHCP_RET_ERR;          /* Socket 初始化错误返回*/
      }

 switch ( dhcp_state )
 {
      case STATE_DHCP_READY:       /* DHCP 初始化状态*/
        DHCP_timeout = 0;          /* DHCP 超时标志设置为 0 */
        reset_DHCP_time();         /*复位超时时间*/
        send_DHCP_DISCOVER();      /*发送 DISCOVER 封包*/

        dhcp_state = STATE_DHCP_DISCOVER;      /* DHCP 的 DISCOVER 状态*/
        break;
      case STATE_DHCP_DISCOVER :  /* DHCP 的 DISCOVER 状态*/
        if (type == DHCP_OFFER)  /*接收到 DHCP 服务器回应的 OFFER 封包*/
          {
            reset_DHCP_time();
            send_DHCP_REQUEST();  /*发送 REQUEST 封包*/
            dhcp_state = STATE_DHCP_REQUEST;      /* DHCP 的 REQUEST 状态*/
            printf("state : STATE_DHCP_REQUEST\r\n");
          }
```

```
else
check_DHCP_Timeout();        /* 检查时间是否超时 */
break;
case STATE_DHCP_REQUEST :    /* DHCP 的 REQUEST 状态 */
if (type == DHCP_ACK)        /* 当接收到 ACK 封包时 */
{
  reset_DHCP_time();         /* 复位超时时间 */
  if (check_leasedIP())      /* 确认已经获取的 IP 地址是否冲突 */
  {
    printf("state : STATE_DHCP_LEASED\r\n");
/* 把获得的 IP 地址、MAC 地址、子网掩码和默认网关等信息写入单片机存储器中,并通过串
   口打印出来 */
      setSHAR(SRC_MAC_ADDR);
      setSUBR(GET_SN_MASK);
      setGAR(GET_GW_IP);
      setSIPR(GET_SIP);
      printf("mac = %02x: %02x: %02x: %02x: %02x: %02x\r\n",SRC_MAC_ADDR[0],
      SRC_MAC_ADDR[1],SRC_MAC_ADDR[2],SRC_MAC_ADDR[3],SRC_MAC_ADDR[4],SRC_MAC
      _ADDR[5]);
      printf("IPaddress: %u. %u. %u. %u\r\n",GET_SIP[0],GET_SIP[1],GET_SIP
      [2],GET_SIP[3]);
      printf("subnetMask: %u. %u. %u. %u\r\n",GET_SN_MASK[0],GET_SN_MASK[1],
      GET_SN_MASK[2],GET_SN_MASK[3]);
      printf("DefaultGateway: %u. %u. %u. %u\r\n",GET_GW_IP[0],GET_GW_IP[1],
      GET_GW_IP[2],GET_GW_IP[3]);
      printf("DHCP server IPaddress: %u. %u. %u. %u\r\n", DHCP_REAL_SIP[0], DH-
      CP_REAL_SIP[1], DHCP_REAL_SIP[2], DHCP_REAL_SIP[3]);
      printf("DNS server IP address: %u. %u. %u. %u\r\n", DHCP_SIP[0], DHCP_SIP
      [1], DHCP_SIP[2], DHCP_SIP[3]);
      printf("dhcpIPaddrLeaseTime : %d\r\n", dhcp_lease_time);
      dhcp_state = STATE_DHCP_LEASED;   /* DHCP 的绑定 IP 地址状态 */
      return DHCP_RET_UPDATE;           /* 返回更新 IP 地址的状态值 */
      }
    else                                /* 如果 IP 地址冲突 */
    {
      printf("state : STATE_DHCP_READY\r\n");
      dhcp_state = STATE_DHCP_READY;    /* 返回到 DHCP 的 READY 状态 */
      return DHCP_RET_CONFLICT;         /* 返回 IP 地址冲突的状态值 */
```

```
      }
    }
    else if (type == DHCP_NAK)                /* 没有收到 DHCP ACK    */
    {
      reset_DHCP_time();
      dhcp_state = STATE_DHCP_READY;          /* 返回到 DHCP 的 READY 状态 */
      printf("state : STATE_DHCP_READY\r\n");
    }
    else
    check_DHCP_Timeout();                     /* 检查 DHCP 是否超时 */
    break;
  case STATE_DHCP_LEASED :                /* 如果已租用地址，并且租约期限达到一半 */
  if ((dhcp_lease_time!= 0xffffffff) && (dhcp_time>(dhcp_lease_time/2)))
  {
    type = 0;
    memcpy(OLD_SIP,GET_SIP,4);
    DHCP_XID ++ ;
    send_DHCP_REQUEST();                      /* 发送 REQUEST 封包 */
    dhcp_state = STATE_DHCP_REREQUEST;        /* DHCP 的更新租约 IP 租约状态 */
    printf("state : STATE_DHCP_REREQUEST\r\n");
    reset_DHCP_time();
  }
  break;
case STATE_DHCP_REREQUEST :                   /* 重新发起请求 */
  if (type == DHCP_ACK)                       /* 如果接收到 ACK 封包 */
  {
    if(memcmp(OLD_SIP,GET_SIP,4)!= 0)         /* 如果有新的 IP 租约 */
    {

    /* 把获得的 IP 地址、MAC 地址、子网掩码和默认网关等信息写入单片机存储器中，并
       通过串口打印出来 */
    setSHAR(SRC_MAC_ADDR);
    setSUBR(GET_SN_MASK);
    setGAR(GET_GW_IP);
    setSIPR(GET_SIP);
    printf("mac = %02x: %02x: %02x: %02x: %02x: %02x\r\n",SRC_MAC_ADDR[0],SRC_
    MAC_ADDR[1],SRC_MAC_ADDR[2],SRC_MAC_ADDR[3],SRC_MAC_ADDR[4],SRC_MAC_ADDR
    [5]);
```

```
        printf("IP address：%u.%u.%u.%u\r\n",GET_SIP[0],GET_SIP[1],GET_SIP[2],GET
        _SIP[3]);
        printf("subnetMask：%u.%u.%u.%u\r\n",GET_SN_MASK[0],GET_SN_MASK[1],GET_SN
        _MASK[2],GET_SN_MASK[3]);
        printf("DefaulGateway：%u.%u.%u.%u\r\n",GET_GW_IP[0],GET_GW_IP[1],GET_GW_
        IP[2],GET_GW_IP[3]);
        printf("DHCPserverIPaddress：%u.%u.%u.%u\r\n", DHCP_REAL_SIP[0], DHCP_REAL
        _SIP[1], DHCP_REAL_SIP[2], DHCP_REAL_SIP[3]);
        printf("DNS server IP address：%u.%u.%u.%u\r\n", DHCP_SIP[0], DHCP_SIP[1],
        DHCP_SIP[2], DHCP_SIP[3]);
        printf("dhcpIPaddrLeaseTime：%d\r\n", dhcp_lease_time);
        return DHCP_RET_UPDATE;                    /* 返回 DHCP 的 IP 更新的状态值 */
      }
      else
      {
        printf("state:STATE_DHCP_LEASED:same IP\r\n");
      }
      reset_DHCP_time();
      dhcp_state = STATE_DHCP_LEASED;             /* 返回 DHCP 的绑定 IP 地址状态 */
    }
    else if (type == DHCP_NAK)
    {
      reset_DHCP_time();
      dhcp_state = STATE_DHCP_READY;              /* 返回 DHCP 的 DISCOVER 状态 */
      printf("state : STATE_DHCP_READY\r\n");
    }
    else
      check_DHCP_Timeout();
    break;
    default :
    dhcp_state = STATE_DHCP_READY;
    break;
  }
  if (DHCP_timeout == 1)                          /* 如果 DHCP 处于超时状态 */
  {
    dhcp_state = STATE_DHCP_READY;                /* 返回 DHCP 的初始化状态 */
    return DHCP_RET_TIMEOUT;                      /* 返回 DHCP 超时的状态值 */
  }
```

```
118     return DHCP_RET_NONE;                        /*返回 NONE*/
119   }
```

DHCP协议客户端也是一个状态机的实现，它的工作过程如下。W5500EVB作为客户端初始化时，设定DHCP的状态为STATE_DHCP_READY。如果现在DHCP Socket处于打开状态，解析获得的数据包类型，并存入变量Type中；如果现在DHCP Socket处于关闭状态，初始化DHCP Socket，第19行打开了一个DHCP Socket的端口，端口号为了方便辨识，命名为DHCP_CLIENT_PORT，即68，协议类型为UDP模式。之后就开始了状态机模式。

第27行，当处于STATE_DHCP_READY状态时，超时标志位置0，DHCP时间和重试次数全部清0（这个动作在客户端每次发送数据包同时进行，以后不再赘述）。第30行就是发送DISCOVER封包，然后客户端就跳转到STATE_DHCP_DISCOVER状态。第34行，当处于DISCOVER状态时，如果接收到Offer封包，客户端就会发送REQUEST封包，然后进入STATE_DHCP_REQUEST状态，如果没有接收到，就检查时间是否超时，跳出循环。第45行，当处于REQUEST状态时，如果接收到ACK封包，确认是不是自己的IP地址，如果确认是IP租约，就跳转到IP租约（租约时间由路由器自动分配或设置）绑定状态，返回DHCP的IP更新的状态值，并把获得的IP地址等信息写入单片机程序的变量中，并给W5500配置。然后通过串口打印出来，我们就能看到所获得的信息；如果和先前的IP租约不一致或者接收到NAK[①]封包，返回到READY状态，并返回IP地址冲突的值。这就是DHCP中一个典型的获取IP的流程。

此外，DHCP还有对网络参数的分配的管理，也就是状态机中的"续租"处理部分。第71行，当处于绑定IP地址的状态时，如果租约时间超过一半，第75行会把现在客户端的IP地址复制到原来的IP地址处，并再次发送REQUEST封包进入STATE_DHCP_REREQUEST状态，跳出循环，相当于发出一个"续租"的请求。第83行，当处于REREQUEST状态时，可分以下情况：当接收到ACK封包的情况下，如果IP地址与原来的不同，则IP地址更新，返回IP更新的状态值；如果相同，则完成IP续租的过程，仍然使用原来的IP地址。当接收到NAK封包，直接跳转到READY状态。默认状态设置为STATE_DHCP_READY状态。第113行，如果DHCP等待时间超时，返回到初始化READY状态，并返回DHCP超时的状态值。如果以上状态都没有，返回NONE。总之，当接收到NAK封包或者IP地址冲突时，都返回到STATE_DHCP_READY初始化状态。

连接线路，把上面写好的程序下载到W5500EVB中。这时打开串口工具，状态置于"connected"，再将W5500EVB复位至运行状态，就会看到通过DHCP协议动态

---

① NAK在面向字符的控制规程中，表示"确认响应"的字符。NAK是否定应答或者非应答的缩写，全拼为Negative Acknowlegment，没有应答。它是一个用于数字通信中确认数据收到但是有小错误的信号。

获取 IP 地址的全过程，如图 2-1-5 所示。

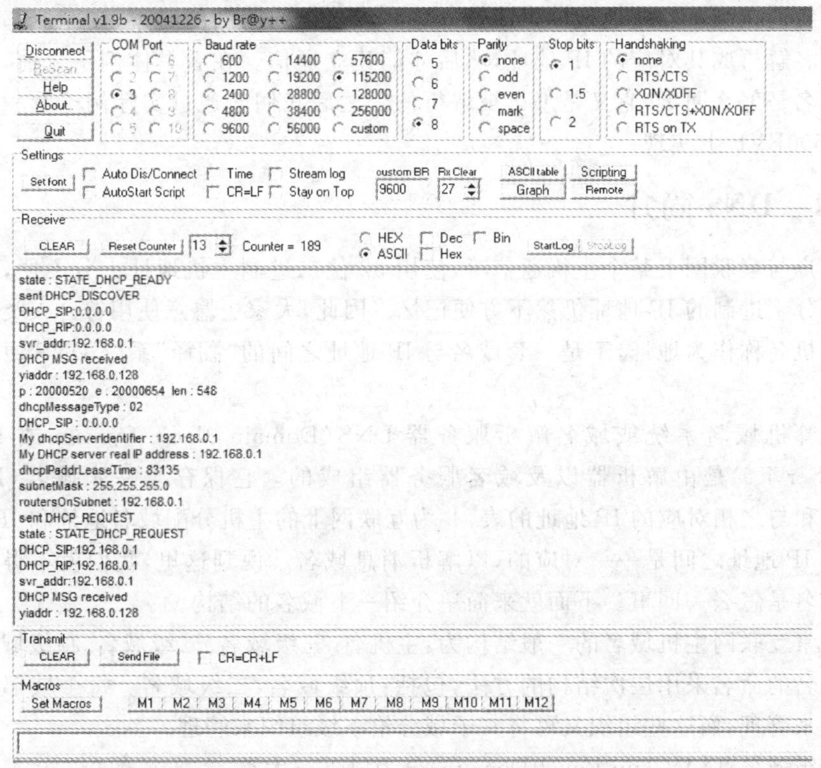


**图 2-1-5 DHCP 动态获取 IP 地址**

### 2.1.3 小 结

DHCP 广泛应用于现代局域网中，实现了 IP 地址的动态分配。它是 TCP/IP 体系中应用层的重要协议，基于传输层 UDP 协议工作。由于 W5500 芯片是全硬件 TCP/IP 协议栈，所以依照本节所述内容实现 W5500 DHCP 客户端很容易，实现了 DHCP 协议，可以使 W5500 设备更加容易地加入 TCP/IP 网络中去，使物联网设备更加易用，更加智能。

## 2.2 通过 DNS 实现域名解析

2.1 节介绍了怎么使用 W5500EVB 通过 DHCP 自动获取 IP 地址。获取了 IP 地址后，W5500EVB 就可以接入网络进行通信了。在网络通信中，设备是需要知道对方 IP 地址的。那么在本节中，就来看一下 W5500EVB 如何解析一个域名，以获取该域名所对应的 IP 地址。

域名应该是我们平时上网时最常使用的了，比如谷歌的域名是 www.google.

com,雅虎的域名是 www.yahoo.com,厦门理工学院的域名是 www.xmut.edu.cn 等。当我们在浏览器的地址栏里面输入这些域名访问网站的时候,浏览器都会先把这些域名解析成其对应的 IP 地址,然后才能建立通信。在看具体例子之前,先来看一下域名是怎么回事,它又是怎么被解析的。之后我们会通过实际例子看一下如何在 W5500EVB 上实现。

### 2.2.1 DNS 简介

用户与互联网上某个主机通信时,使用 32 位二进制主机地址十分不便,即使转换成点分十进制的 IP 地址仍然不方便记忆。因此,大家更愿意使用符合人类语言习惯的主机名称作为地址,于是一套域名与 IP 地址之间的"翻译"系统 DNS 便应运而生了。

计算机域名系统或域名解析服务器 DNS(Domain Name System 或 Domain Name Service)是由解析器以及域名服务器组成的。它保存了一张域名(Domain Name)和与之相对应的 IP 地址的表,并为互联网上的主机分配域名地址和 IP 地址,域名和 IP 地址之间是一一对应的,以解析消息域名。说到这里,我们就不得不先看一下域名是怎么一回事。下面就来简单介绍一下域名的结构。

通常互联网主机域名的一般结构为:主机名.三级域名.二级域名.顶级域名。

域名的命名采用层次结构的方法,包括:顶级域名,二级域名。每个域都由不同的组织来管理,而这些组织又可将其子域分给下级组织来管理。

顶级域名 TLD(Top Level Domain)分为以下三大类:

- 国家顶级域名 nTLD(cn—中国、uk—英国、us—美国等);
- 国际顶级域名 iTLD(.int,国际性组织可在.int 下注册);
- 通用顶级域名 gTLD(.com—商业组织、.edu—教育机构、.org—非盈利性组织、.gov—政府部门、.biz—公司或企业等)。

更多通用顶级域名如表 2-2-1 所列。

**表 2-2-1 通用顶级域名**

| 通用顶级域名 | 描 述 | 通用顶级域名 | 描 述 |
|---|---|---|---|
| aero | 航空机构 | int | 国际机构 |
| biz | 公司或企业 | mil | 军事机构 |
| com | 商业机构 | museum | 博物馆 |
| coop | 合作机构 | name | 个人网站 |
| edu | 教育机构 | net | 网络服务机构 |
| gov | 政府部门 | org | 非盈利性组织 |
| info | 信息提供 | pro | 专业机构 |

二级域名:我国将二级域名划分为"类别域名"和"行政域名"两大类。

① 类别域名(ac—科研机构、com—商业组织、edu—教育机构、gov—政府部门、

net—网络服务机构、org—各种非赢利组织)。

② 行政域名(bj—北京、sh—上海、nm—内蒙等)。

组织内域名:当一个组织拥有一个域的管理权后,它可以决定是否需要进一步划分层次。例如:CERNET 网络中心将". edu"域划分为多个三级域,将三级域名分配给各个大学与教育机构。同时某大学也可以决定是否将自己得到的三级域划分为多个四级域,将四级域分配给下属部门或主机。例如,厦门理工学院计算机学院,域名为 cs. xmut. edu. cn,其中. cn 为顶级域名,. edu 为二级域名,. xmut 为分配给厦门理工学院的三级域名,cs 则为分配给计算机学院的四级域名。

关于域名的结构和命名,这里就不多说了。如果需要了解更详细的内容,请查阅相关的资料。这里主要谈一下如何解析一个域名。

当某一个应用进程需要将主机名解析为 IP 地址时,该应用进程就成为域名系统 DNS 的一个客户,并把待解析的域名放在 DNS 请求报文中,以 UDP 数据方式发给本地域名服务器。正如前面所说,UDP 协议相对比较简单,在这里使用 UDP 可提高通信效率,降低网络宽带。本地域名服务器在查找域名后,将对应的 IP 地址放在回答报文中返回。应用进程捕获目的主机的 IP 地址后即可进行通信。

若本地域名服务器不能回答该请求,则此域名服务器就暂时成为 DNS 中的另一个客户,并向其他域名服务器发出查询请求。这种过程将持续直至找到能够回答该请求的域名服务器为止。

下面以厦门理工学院计算机学院为例,若其中的某台主机发起 DNS 请求,其请求过程如图 2-2-1 所示。

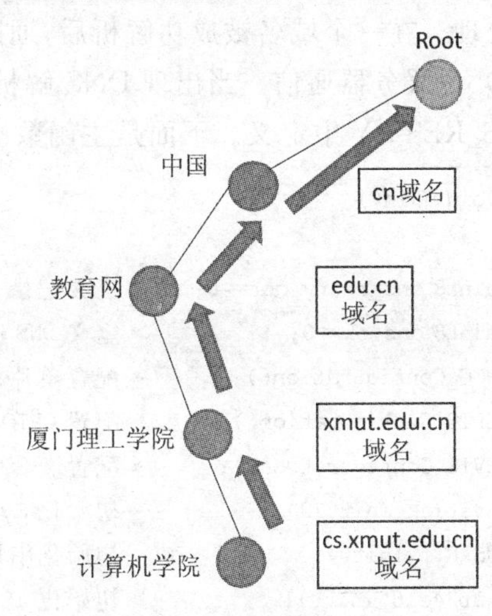


**图 2-2-1 DNS 域名解析过程**

DNS 是一个采用客户服务器方式的联机分布式数据库系统。它使得大多数域名都在本地解析,仅少量解析需要在互联网上通信,因此系统效率很高。由于 DNS 是分布式的系统,即使系统中某台计算机出现故障,也不会妨碍整个系统的正常运行。

到这里,我们已经了解了一个域名是如何解析到其对应的 IP 地址了。那么,当一个数据包到达内网后,还须把 IP 地址和网卡地址对应起来(也就是 MAC 地址),这个工作是由 ARP 协议来完成的。下面简单介绍一下 ARP 协议。

地址解析协议 ARP 是 Address Resolution Protocol 的缩写。在局域网中,网络中实际传输的是"帧",帧里面是有目标主机的 MAC 地址的。在以太网中,一个主机要与另一个主机进行直接通信,必须要知道目标主机的 MAC 地址。这个地址是通过地址解析协议获得的。所谓“地址解析”就是主机在发送帧前将目标 IP 地址转换成目标 MAC 地址的过程。ARP 协议的基本功能就是通过目标设备的 IP 地址，查询目标设备的 MAC 地址，以保证通信的顺利进行。

W5500 芯片已经集成了硬件 TCP/IP 协议栈，其中就已经硬件实现了 ARP 协议，所以本节中只是对 ARP 进行简要介绍。在针对 W5500 的实际编程中，ARP 并不需要开发者来实现和维护，这在提升了速度和稳定性的同时，大大节约了研发成本。下面主要介绍 W5500EVB 如何用 DNS 协议完成域名解析。

## 2.2.2 W5500 的 DNS 实现过程

了解了 DNS 的工作原理，下面用一个实例来看一下在 W5500EVB 中的程序是如何处理 DNS 消息，获取一个域名的 IP 地址的过程。

在本示例中，DNS 的报文处理主要由 dns. c 中定义的函数来处理。一般来讲，为了提高通信的效率，DNS 采用 UDP 协议进行通信，DNS 服务器默认的 UDP 端口是 53。这些内容在 dns. c 实际代码中都体现了出来。

与前面章节的代码一样，main 函数在初始化完成后，在主循环里面进行 DNS 消息处理。在一个域名被成功解析后，通过对 dns_ok 这个变量的判断，主循环将不再与 DNS 服务器通信。当出现 DNS 解析失败时，主循环将会尝试重试，重试的次数在 DNS_RETRY 中定义。下面是主函数的代码。

```
void main()
{
  uint8 dns_retry_cnt = 0;   /* 定义记录 DNS 发送请求报文的次数变量并初始化 */
  uint8 dns_ok = 0;          /* 定义 DNS 运行的标志位 */
  RCC_Configuration();       /* 配置单片机系统时钟 */
  GPIO_Configuration();      /* 配置 GPIO */
  NVIC_Configuration();      /* 配置嵌套中断向量 */
  Systick_Init(72);          /* 初始化 Systick 工作时钟 */
  USART1_Init();             /* 初始化串口通信:115200@8-n-1 */
  at24c16_init();            /* 初始化 EEPROM,EEPROM 用于保存网络配置信息。*/
  Reset_W5500();             /* 复位 W5500 */
  WIZ_SPI_Init();            /* 初始化 SPI 接口 */
  set_default();             /* 初始化配置参数 */
  set_network();             /* 配置网络 */
  printf("dns init over\r\n");
  while(1)
  {
    if( (dns_ok == 1) || (dns_retry_cnt > DNS_RETRY))
    {
      return;
```

```
21 }
22   else if(memcmp(ConfigMsg.dns,"\x00\x00\x00\x00",4))
  /* 判断 DNS 服务器 IP 地址是否配置,这里我们使用的 DNS 服务器的 IP 地址是:8.8.8.8 */
23 {
24   switch(dns_query(SOCK_DNS,ConfigMsg.domain))
                                        /* 发出 DNS 请求报文和解析 DNS 响应报文 */
25   {
26     case DNS_RET_SUCCESS:        /* DNS 解析域名成功 */
27       dns_ok = 1;               /* DNS 运行的标志位置 1 */
28     memcpy(ConfigMsg.rip,DNS_GET_IP,4);
                               /* 把获得解析到的 IP 地址复制给变量 ConfigMsg.rip */
29       dns_retry_cnt = 0; /* DNS 发送请求报文次数置 0 */
      /* 把解析所得到的 IP 地址通过串口打印出来 */
30       printf("Get[%s]'sI IPaddress[%d.%d.%d.%d] from %d.%d.%d.%d\r\n",
      ConfigMsg.domain,ConfigMsg.rip[0],ConfigMsg.rip[1],ConfigMsg.rip[2],ConfigMsg.rip[3],ConfigMsg.dns[0],ConfigMsg.dns[1],ConfigMsg.dns[2],ConfigMsg.dns[3]);
31       break;
32       case DNS_RET_FAIL:/* DNS 解析域名失败 */
33       dns_ok = 0;          /* DNS 运行的标志位置 0 */
34       dns_retry_cnt ++ ; /* DNS 发送请求的报文次数加 1 */
35       printf("Fail! Please check your network configuration or DNS server.\r\n");
36       break;
37       default:
38       break;
39   }
40 }
41 else                   /* 如果 DNS 服务器的 IP 地址是 0.0.0.0 */
42 printf("InvalidDNSserver[%d.%d.%d.%d]\r\n",ConfigMsg.dns[0],ConfigMsg.dns[1],
ConfigMsg.dns[2],ConfigMsg.dns[3]);
43 }
44 }
```

在 main 主函数中,第 3 行先定义了一个变量用来记录 DNS 请求报文发送次数并把初始值设为 0,第 4 行定义标志位 dns_ok 表明 DNS 的运行状态。第 5～12 行就是 W5500EVB 的基本配置工作,这里只要从提供的库文件中直接调用即可。第 13～14 行完成单片机作为 DNS 客户端的初始化工作。在这里为 W5500 配置了 IP 地址、MAC 地址和默认网关等信息,同时进行基本的网络配置。由于单片机是作为 DNS 客户端来解析域名的 IP 地址,简单起见,就用这个程序来查找一下"www.xmut.edu.cn"对应的 IP 地址是多少。由于这里演示的路由器的 IP 地址是 192.168.10.1,故将 DNS 服务器的 IP 地址设置为 192.168.10.1。同时注意,为 W5500

配置的 IP 地址一定要和路由器的 IP 在同一个网段。客户端初始化完毕之后，再来看一下 DNS 状态值的转换。第 18 行，如果 DNS 运行标志位是 1 或者 DNS 发送次数超过 3 次（宏定义 DNS_RETRY，这为设置的发送请求报文的最大次数），直接返回。第 26 行，如果不是上面的情况，并且 DNS Server 的 IP 地址不是 0.0.0.0 时，进入 switch 函数。第 27 行，当处于 DNS 域名解析成功状态时，DNS_OK 置 1，发送请求报文次数置 0，并且把得到的域名对应的 IP 地址复制到 ConfigMsg.rip，然后把解析到的"www.xmut.edu.cn"的 IP 地址通过串口打印出来，就能清晰地知道 IP 地址了。第 32 行，当处于 DNS 解析域名失败时，标志位置 0，请求报文次数加 1，然后跳出循环。如果以上情况都不是，则打印出无效的 DNS 服务器地址。

那么单片机在具体的发送 DNS 请求报文和解析 DNS 响应报文过程中是怎么工作的呢？函数 uint8 dns_query(uint8 s, uint8 * name)定义在 dns.c 中，代码如下：

```
/* 发送 DNS 请求报文和解析 DNS 响应报文的函数 */
uint8 dns_query(uint8 s, uint8 * name)
{
static uint32 dns_wait_time = 0;
struct dhdr dhp;                        /* 定义一个结构体用来包含报文头信息 */
uint8 ip[4];
uint16 len, port;
switch(getSn_SR(s))                     /* 获取 Socket 的状态 */
{
  case SOCK_UDP:                        /* Socket 打开 */
    if ((len = getSn_RX_RSR(s)) > 0)
    {
      if (len > MAX_DNS_BUF_SIZE) len = MAX_DNS_BUF_SIZE;
      len = recvfrom(s, BUFPUB, len, ip, &port);
                                        /* 接收 UDP 传输的数据并存入 BUFPUB 的数组中 */
      if(parseMSG(&dhp, BUFPUB))        /* 解析 DNS 的响应信息 */
      {
        close(s);                       /* 关闭 Socket */
        return DNS_RET_SUCCESS;         /* 返回 DNS 解析域名成功的值 */
      }
      else
      dns_wait_time = DNS_RESPONSE_TIMEOUT;     /* DNS 等待响应时间设置为超时 */
    }
    else
    {                                   /* 没有收到 DNS 服务器的 UDP 回复 */
      Delay_ms(1000);                   /* 避免过于频繁查询，所以延时 1 s */
      dns_wait_time ++ ;                /* DNS 等待响应时间加 1 */
    }
    if(dns_wait_time >= DNS_RESPONSE_TIMEOUT)   /* 如果 DNS 等待时间超过 3 s */
```

```
28        {
29          close(s);
30          return DNS_RET_FAIL;     /* 返回 DNS 解析域名失败的值 */
31        }
32        break;
33        case SOCK_CLOSED:          /* Socket 关闭 */
34        dns_wait_time = 0;
35        socket(s, Sn_MR_UDP, 3000, 0);
                                   /* 打开 W5500 的 Socket 的 3 000 端口并设置为 UDP 模式 */
36        len = dns_makequery(0, name, BUFPUB, MAX_DNS_BUF_SIZE);
                                   /* 制作 DNS 请求报文并存入缓存 BUFPUB 中 */
37        sendto(s, BUFPUB, len, EXTERN_DNS_SERVERIP, IPPORT_DOMAIN);
                                   /* 发送 DNS 请求报文给 DNS 服务器 */
38        break;
39      }
40      return DNS_RET_PROGRESS;
41    }
```

由于客户端和 DNS 服务器传输数据时是 UDP 通信，所以 DNS 客户端发送请求报文和解析响应报文的过程就简单很多。如果 W5500 的 Socket 处于打开状态，就接收数据，解析响应报文；如果 Socket 处于关闭状态，就初始化 Socket 并打开端口，发送 DNS 请求报文。

第 3 行定义了 DNS 等待响应报文时间的变量，并赋初值为 0。第 4 行定义一个结构体用来包含报文头信息。第 7 行 switch 函数获取 Socket 状态。第 9 行当 W5500 的 Socket 打开时，如果接收到的数据大于 0，接收 UDP 传输的数据并存入 BUFPUB 的数组中。BUFPUB 数组定义了 1 KB 的内存空间。第 14 行解析 DNS 的响应信息，如果返回值为 1，表示解析过程无差错。关闭 Socket，返回 DNS 解析域名"成功"。如果返回值为 0，等待时间就设置为超时。如果没有接收到响应报文，就继续等待，并且每隔 1 s 等待时间计数加 1。

如果等待时间超过最大等待时间 3 s，则关闭 Socket，并返回 DNS 解析域名失败的状态值。第 33 行，如果 W5500 的 Socket 关闭，等待时间置 0，初始化 W5500 的 Socket 为 UDP 模式并打开 3 000 端口。第 36、37 行生成 DNS 请求包并发送 DNS 请求。第 40 行，如果不是以上状态，就返回 DNS 解析域名的"进行"状态值。

下面下载到 W5500EVB 中运行一下。打开串口工具，状态置于 connected，就会看到 W5500EVB 作为 DNS 客户端获得的 www. xmut. edu. cn 的 IP 地址，如图 2-2-2所示。按照此方法，把程序中 www. xmut. edu. cn 域名换成其他的域名，同样可以解析成功。

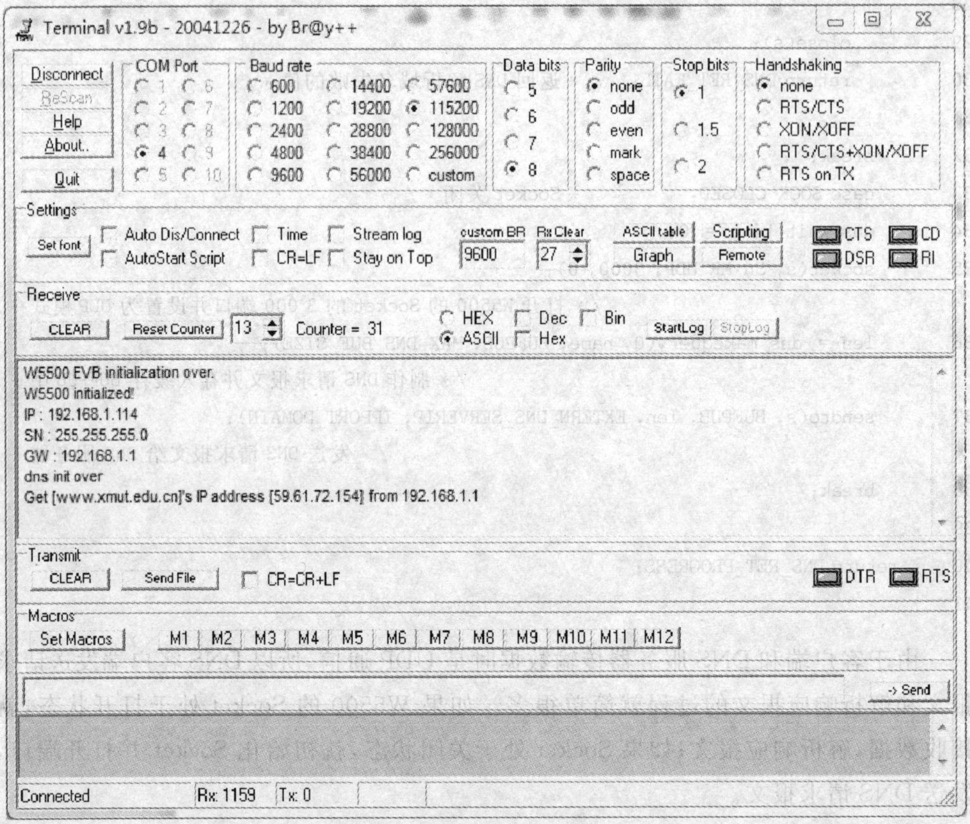

图 2-2-2 DNS 客户端的实现

### 2.2.3 小 结

DNS 是与日常上网最直接相关的网络协议之一。它允许使用方便、清晰的域名来代替繁琐难记的点分十进制的 IP 地址，为互联网资源走入千家万户提供了便利条件。DNS 服务器的 IP 地址也是配置 PC 网卡的一个必要配置项。

本节使用 W5500EVB 演示了 DNS 解析域名的全过程，希望能使大家更为深入地认识 DNS 的工作原理，对做嵌入式网络开发有所帮助。

## 2.3 一个简单的网页服务器的实现

网络改变了我们的生活，每天数十亿人在 WWW 网络浏览网页获取信息。WWW 是环球信息网的缩写，中文名字为“万维网”、“环球网”等，常简称为 Web。WWW 分为 Web 客户端和 Web 服务器程序。WWW 可以让 Web 客户端（常用浏览器）访问浏览 Web 服务器上的页面。WWW 提供丰富的文本、图形、音频和视频等多媒体信息,并将这些内容集合在一起,提供导航功能,使得用户可以方便地在各个页面之间浏览。WWW 内容丰富,浏览方便,目前已经成为互联网最重要的服务。

超文本传输协议 HTTP(Hyper-Text Transfer Protocol)是一种详细规定了浏览器和万维网服务器之间互相通信的规则,通过互联网传送万维网文档的数据传送协议,即在浏览器上看到的所有信息都是通过 HTTP 协议通信的。

本节将在 W5500EVB 上面实现一个 HTTP 服务器程序,也就是平时所说的网页服务器。其实,这种嵌入式设备内嵌的网页服务器在日常生活中十分常见,例如我们天天使用的无线路由器。在配置无线路由器时,都会使用浏览器打开其配置页面进行配置。这里使用的就是无线路由器里面内嵌的网页服务器功能。

磨刀不误砍柴工。在介绍 W5500 的 HTTP 服务器程序之前,我们先来了解一下 HTTP 协议。

## 2.3.1 HTTP 协议简介

超文本传输协议 HTTP 是一种通信协议,它使用 TCP 协议工作,默认端口号为 80。它允许将超文本标记语言(HTML①)文档从 Web 服务器传送到 Web 浏览器。HTML 是一种创建文档的标记语言,这些文档包含相关信息的链接。可以单击一个链接来访问其他文档、图像或多媒体对象,并获得关于链接项的附加信息。

HTTP 协议的主要特点如下:

- 客户端/服务器模式。支持基本认证和安全认证。
- 简单快速:客户向服务器请求服务时,只须传送请求方法和路径。请求方法常用的有 GET、HEAD 和 POST。每种方法规定的客户与服务器联系的类型不同。由于 HTTP 协议简单,故 HTTP 服务器的程序规模小,因而通信速度很快。
- 灵活:HTTP 允许传输任意类型的数据对象。正在传输的类型由 Content-Type 加以标记。
- 无连接:无连接的含义是限制每次连接只处理一个请求。服务器处理完客户端的请求,并收到客户端的应答后,即断开连接。
- 无状态:HTTP 协议是无状态协议。无状态是指协议对于事务处理没有记忆能力。缺少状态意味着如果后续处理需要用到前面的信息,则必须重传,这样可能导致每次连接传送的数据量增大。在服务器不需要先前信息时,它的应答就较快。

HTTP 通信机制是指在一次完整的 HTTP 通信过程中,Web 浏览器与 Web 服务器之间将完成的一系列交互,其过程如图 2-3-1 所示。

① HTML 即超文本标记语言,标准通用标记语言下的一个应用。"超文本"就是指页面内容可以包含图片、链接,设置音乐、程序等非文字元素。

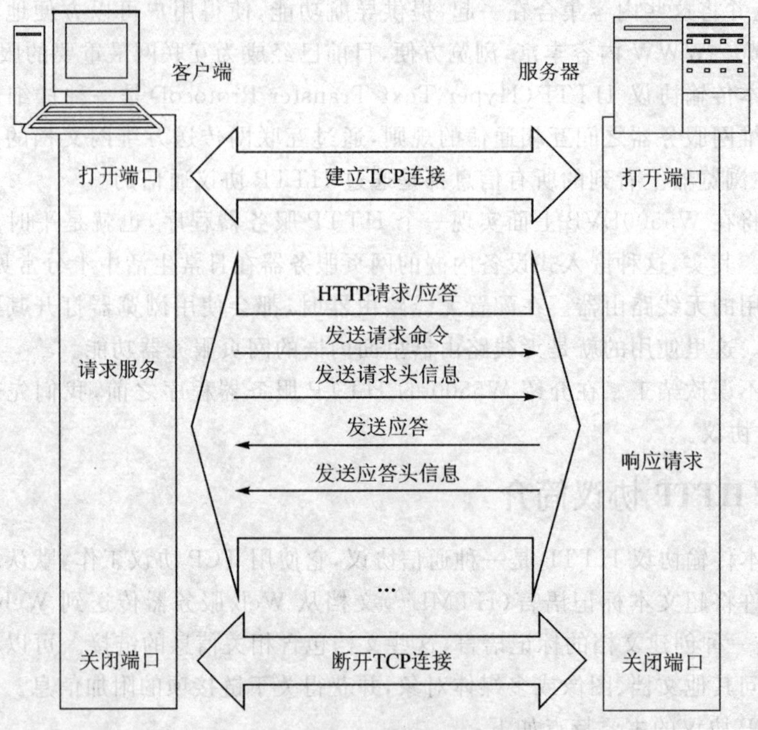


**图 2-3-1　HTTP 通信机制**

HTTP 通信机制可以具体分为以下 7 个步骤：

① 建立 TCP 连接。在 HTTP 工作开始之前，Web 浏览器首先要通过网络与 Web 服务器建立连接。HTTP 是基于 TCP 的更高层次的应用层协议，根据规则，只有低层协议建立之后，才能进行更高层协议的连接，因此，首先要建立 TCP 连接，一般 TCP 连接的端口号是 80。

② Web 浏览器向 Web 服务器发送请求命令。一旦建立了 TCP 连接，Web 浏览器就会向 Web 服务器发送请求命令。

③ Web 浏览器发送请求头信息。浏览器发送其请求命令之后，还要以头信息的形式向 Web 服务器发送一些别的信息，之后浏览器发送了一个空白行来通知服务器，它已经结束了该头信息的发送。

④ Web 服务器应答。客户机向服务器发出请求后，服务器会向客户机回送应答。

⑤ Web 服务器发送应答头信息。正如客户端会随同请求发送关于自身的信息一样，服务器也会随同应答向用户发送关于它自己的数据及被请求的文档。

⑥ Web 服务器向浏览器发送数据。Web 服务器向浏览器发送头信息后，它会发送一个空白行来表示头信息的发送到此结束，接着它就以 Content-Type 应答头信息所描述的格式发送用户所请求的实际数据。

⑦ Web 服务器关闭 TCP 连接。一般情况下，一旦 Web 服务器向浏览器发送了请求数据，它就要关闭 TCP 连接，但是如果浏览器或者服务器在其头信息中加入"Connection:keep-alive"这行代码，TCP 连接在发送后将仍然保持打开状态，于是，浏览器可以继续通过相同的连接发送请求。保持连接节省了为每个请求建立新连接所需的时间，还节约了网络带宽。

了解了 HTTP 的通信机制，再来看看 HTTP 协议具体的请求和响应。

**统一资源标识 URI**

日常使用中，浏览器地址栏会被用户输入一个字符串地址以便找到需要资源，此地址就是 URI，它是统一资源定位器（URL）和统一资源名称（URN）的组合。URI 是在互联网上定位资源的常规方案，它的着重点在于资源，而不是位置。理论上，URI 可以查找镜像文档的最近副本，或者定位从一个站点移动到另一个站点的文档。

HTTP URL 的格式如下：

```
http://host[":"port][abs_path]
```

其中：http 表示要通过 HTTP 协议来定位网络资源；host 表示合法的互联网主机域名或者 IP 地址；port 指定一个端口号，为空则使用默认端口 80；abs_path 指定请求资源的 URI；如果 URL 中没有给出 abs_path，那么当它作为请求 URI 时，必须以"/"的形式给出，通常这个工作由浏览器自动完成。例如，输入 www. wiznet. co. kr，浏览器自动转换成 http://www. wiznet. co. kr/。

**HTTP 请求**

HTTP 请求由三部分组成，分别是：请求行、消息报头和请求正文。HTTP 请求报文格式如图 2-3-2 所示。

| 请求方法 | 空格 | URL | 空格 | 协议版本 | 回车符 | 换行符 | 请求行 |
|---|---|---|---|---|---|---|---|
| 头部字段名 | : | 值 | 回车符 | 换行符 | | | 请求头部 |
| …… | | | | | | | |
| 头部字段名 | : | 值 | 回车符 | 换行符 | | | |
| 回车符 | 换行符 | | | | | | |
| | | | | | | | 请求正文 |

**图 2-3-2 HTTP 请求报文格式**

请求行以一个方法符号开头，以空格分开，后面跟着请求的 URI 和协议的版本信息。其格式如下：

```
Method Request - URI HTTP - Version CRLF
```

其中：Method 表示请求方法；Request - URI 是一个统一资源标识符；HTTP -

Version 表示请求的 HTTP 协议版本;CRLF 表示回车和换行。

HTTP/1.1 协议中共定义了 8 种方法(有时也叫“动作”)来表明 Request - URI 指定的资源的不同操作方式,具体如下:

① OPTIONS——返回服务器针对特定资源所支持的 HTTP 请求方法,也可以利用向 Web 服务器发送“*”的请求来测试服务器的功能性。

② HEAD——向服务器索要与 GET 请求相一致的响应,只不过响应体将不会被返回。这一方法可以在不必传输整个响应内容的情况下,就可以获取包含在响应消息头中的元信息。

③ GET——向特定的资源发出请求。注意:GET 方法不应当被用于产生“副作用”的操作中。

④ POST——向指定资源提交数据进行处理请求(如提交表单或者上传文件)。数据被包含在请求体中。POST 请求可能会导致新的资源的建立和/或已有资源的修改。

⑤ PUT——向指定资源位置上传其最新内容。

⑥ DELETE——请求服务器删除 Request - URI 所标识的资源。

⑦ TRACE——回显服务器收到的请求,主要用于测试或诊断。

⑧ CONNECT——HTTP/1.1 协议中预留给能够将连接改为管道方式的代理服务器。

例如,当采用在浏览器的地址栏中输入网址的方式访问网页时,浏览器采用 GET 方法向服务器获取资源,如:GET/form.htmlHTTP/1.1(CRLF)。服务器响应过程如图 2-3-3 所示。

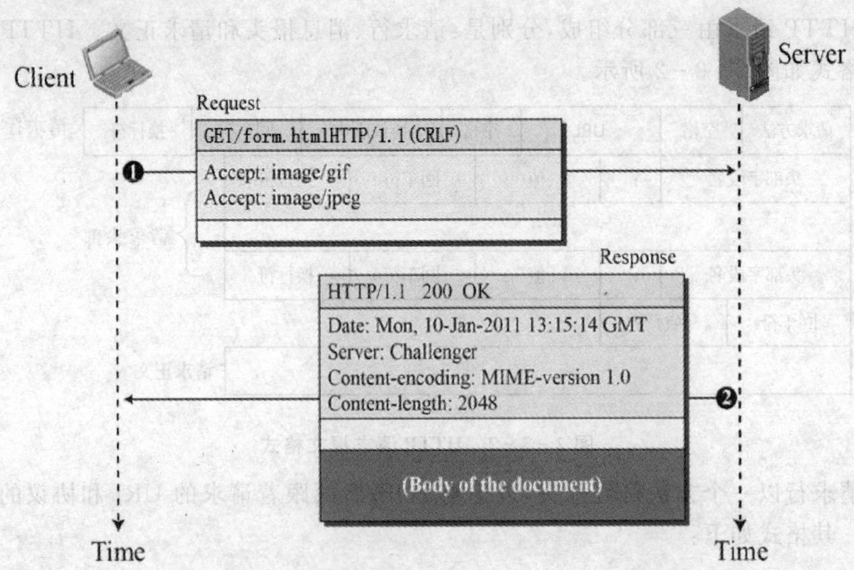


**图 2-3-3 浏览器采用 GET 方法向服务器获取资源**

**HTTP 响应**

HTTP 响应也由三部分组成，分别是：状态行、消息报头和响应正文。HTTP 响应报文格式如图 2-3-4 所示。

| 协议版本 | 空格 | 状态码 | 空格 | 状态码描述 | 回车符 | 换行符 | 状态行 |
|---|---|---|---|---|---|---|---|
| 头部字段名 | : | 值 | 回车符 | 换行符 | | | 响应头部 |
| …… | | | | | | | |
| 头部字段名 | : | 值 | 回车符 | 换行符 | | | |
| 回车符 | 换行符 | | | | | | |
| | | | | | | | 响应正文 |

**图 2-3-4 HTTP 响应报文格式**

可看出，响应报文中唯一的区别是，第一行中用状态行代替了请求行。

状态行由协议版本、数字形式的状态代码及相应的状态描述组成，各元素之间以空格分隔。格式如下：

```
HTTP-Version Status-Code Reason-Phrase CRLF
```

其中：HTTP-Version 表示服务器 HTTP 协议的版本；Status-Code 表示服务器发回的响应状态代码；Reason-Phrase 表示状态代码的文本描述。

状态代码表示请求是否被理解或被满足。状态描述给出了关于状态代码的简短的文字描述。

状态代码由 3 位数字组成，其中第一个数字定义了响应的类别，有以下 5 种可能的取值：

1xx：指示信息——表示请求已接收，继续处理。

2xx：成功——表示请求已经被成功接收、理解、接受。

3xx：重定向——要完成请求必须进行更进一步的操作。

4xx：客户端错误——请求有语法错误或请求无法实现。

5xx：服务器端错误——服务器未能实现合法的请求。

常见状态代码如表 2-3-1 所列。

**表 2-3-1 HTTP 常见状态代码说明表**

| 状态代码 | 状态描述 | 说 明 |
|---|---|---|
| 200 | OK | 客户端请求成功 |
| 400 | Bad Request | 由于客户端请求有语法错误，不能被服务器所理解 |
| 401 | Unauthonzed | 请求未经授权。这个状态代码必须和 WWW-Authenticate 报头域一起使用 |

续表 2-3-1

| 状态代码 | 状态描述 | 说 明 |
| --- | --- | --- |
| 403 | Forbidden | 服务器收到请求，但是拒绝提供服务。服务器通常会在响应正文中给出不提供服务的原因 |
| 404 | Not Found | 请求的资源不存在，例如输入了错误的 URL |
| 500 | Internal Server Error | 服务器发生不可预期的错误，导致无法完成客户端的请求 |
| 503 | Service Unavailable | 服务器当前不能处理客户端的请求，在一段时间之后，服务器可能会恢复正常 |

## 2.3.2 用 W5500 搭建简单的网页服务器

下面就用 W5500EVB 建立自己第一个网页服务器，只要在浏览器地址栏里键入 W5500EVB 的 IP 地址，“Hello! WIZnet!”即可显示在你的网页上。

这里将 HTTP 协议的实现分为以下 3 个文件：main.c 主文件实现主函数的调用，httputil.c文件用于接收 HTTP 请求报文和发送 HTTP 响应报文，httpd.c 用于实现对请求报文的解析。调用的其他函数在其他应用程序中声明。

首先，在 main 主函数中，完成对 W5500EVB 的初始化，同时调用 init_http_server()函数实现对 HTTP 服务器的初始化。在这个初始化函数中，配置 W5500 的 IP 地址、MAC 地址等基本网络参数，然后在主循环中调用 do_http()函数实现 HTTP 服务器。下面先看一下 do_http()这个函数的代码。

```
void do_http(void)
{
  uint8 ch = SOCK_HTTP;                          /* 定义 W5500 的一个 Socket */
  uint16 len;
  st_http_request * http_request;                /* 定义一个 HTTP 请求的结构体指针 */
  memset(rx_buf,0x00,MAX_URI_SIZE);
  http_request = (st_http_request *)rx_buf;
  switch(getSn_SR(ch))
  {
    case SOCK_INIT:                              /* Socket 初始化完成 */
      listen(ch);
      break;
    case SOCK_LISTEN:                            /* Socket 监听状态 */
      break;
    case SOCK_ESTABLISHED:                       /* Socket 连接建立 */
      if(getSn_IR(ch) & Sn_IR_CON)
      {
```

```
18      setSn_IR(ch, Sn_IR_CON);              /*清除中断标志位*/
19    }
20    if ((len = getSn_RX_RSR(ch)) > 0)
21    {
22      len = recv(ch, (uint8*)http_request, len);      /*接收 HTTP 请求*/
23      *(((uint8*)http_request) + len) = 0;
24      proc_http(ch, (uint8*)http_request);
                                            /*解析 HTTP 请求报文并发送 HTTP 响应报文*/
25      disconnect(ch);
26    }
27    break;
28  case SOCK_CLOSE_WAIT:                   /*Socket 等待关闭*/
29    if ((len = getSn_RX_RSR(ch)) > 0)
30    {
31      //printf("close wait: %d\r\n",len);
32      len = recv(ch, (uint8*)http_request, len);
33      *(((uint8*)http_request) + len) = 0;
34      proc_http(ch, (uint8*)http_request);
                                            /*解析 HTTP 请求报文并发送 HTTP 响应报文*/
35    }
36    disconnect(ch);
37    break;
38  case SOCK_CLOSED:                       /*Socket 关闭*/
39    socket(ch, Sn_MR_TCP, 80, 0x00);      /*初始化 Socket 的 80 端口*/
40    break;
41  default:
42  break;
43  }
44 }
```

函数 do_http()是一个典型的一次数据包 TCP 处理状态机。程序中第 3 行定义 W5500 的一个 HTTP 的 Socket，实现 HTTP 通信。第 5 行定义一个 HTTP Request的结构体指针，第 6、7 行就是把接收缓存的地址给 HTTP Request 指针。由于 HTTP 通信支持 TCP 协议，在 HTTP 通信过程中我们就按照 Socket 的 TCP 状态来写程序。第 10 行，当处于 Socket 初始化完成状态时，W5500 的 Socket 端口监听。第 13 行，当处于 Socket 监听状态时，直接跳出循环。第 15 行，当 Socket 连接建立时，首先把 Sn_IR 的第 0 位置 1(清除接收中断)。第 22 行，接收 HTTP 请求报文。因为 HTTP 定义每次连接处理一个请求，故第 24 行解析 HTTP 请求报文并发送 HTTP 响应报文，然后断开 Socket 连接。第 28 行是 Socket 等待关闭状态，这个状态下还能继续发送报文，所以继续接收请求报文和发送 HTTP 响应报文。第 38 行是 Socket 关闭状态，初始化 Socket 的 80 端口，并配置为 TCP 模式。

本书所介绍的 HTTP 服务器的主要代码定义在了 proc_http()函数中，其代码如下：

```
/*解析 HTTP 请求报文并发送 HTTP 响应报文*/
void proc_http(SOCKET s, uint8 * buf)
{
 int8* name;                              /*定义一个指针*/
 uint8* http_response;                    /*定义一个 HTTP 响应报文的指针*/
 st_http_request * http_request;          /*定义 HTTP 请求报文头的结构体指针*/
 memset(tx_buf,0x00,MAX_URI_SIZE);
 http_response = (uint8*)rx_buf;
 http_request = (st_http_request*)tx_buf;
 parse_http_request(http_request, buf);   /*解析 HTTP 请求报文头*/
   switch (http_request->METHOD)
   {
     case METHOD_ERR :                    /*请求报文头错误*/

     if(strlen((int8 const*)boundary)>0)/*如果 HTTP 请求报文中有分隔符*/
     {
       printf("Error = %s\r\n",http_request->URI);
     }
     else                                 /*如果 HTTP 请求报文中没有分隔符*/
   /*发送无效请求的响应报文,表明 HTTP 请求格式错误*/
     {
       memcpy(http_response, ERROR_REQUEST_PAGE, sizeof(ERROR_REQUEST_PAGE));
       send(s, (uint8 *)http_response, strlen((int8 const*)http_response));
     }
   break;
   case METHOD_HEAD:                      /*如果请求方法是 HEAD 或者 GET*/
   case METHOD_GET:
   name = http_request->URI;
   if(strcmp(name,"/index.htm") == 0 || strcmp(name,"/") == 0 ||
                                          (strcmp(name,"/index.html") == 0))
   {
     memset(tx_buf,0,MAX_URI_SIZE);       /*发送缓存的值清 0*/
     sprintf(tx_buf,"<html><head><title>Hello! WIZnet! </title></head>
     <body><h1 align='center'>Hello! WIZnet! </h1></body></html>");
                                          /*html 文档存入 tx_buf 数组中*/
     sprintf((char *)http_response,"HTTP/1.1 200 OK\r\nContent-Type: text/html\r
     \nContent-Length: %d\r\n\r\n%s",strlen(tx_buf),tx_buf);
     send(s, (u_char *)http_response, strlen((char const*)http_response));
                                          /*发送响应报文*/
```

```
33    }
34    break;
35    default :
36       break;
37     }
38   }
```

程序中第 3 行定义一个指针，存放 HTTP 请求的 URI。第 4 行定义一个 HTTP 响应报文的指针，第 6、7、8 行就简单了，就是简单的地址赋值和清 0 操作，第 9 行是解析 HTTP 请求报文头函数，通过这个函数，可以知道 HTTP 请求的请求方法和 URI。第 10 行就是根据 method 的值设计的一个 switch 跳转。第 12 行，当处于 METHOD_ERR 时，如果有分隔符，则跳出循环；如果没有分隔符，则发送无效请求的响应报文，表明 HTTP 请求格式错误。第 24、25 行，当请求方法是 HEAD 或者 GET 时，由于这两种请求方法基本相同，所以就放在一起来讨论。第 26 行，把 HTTP 请求的值赋给变量 name，当满足 URI 是“/index. htm”、name，“/”或者“/index. html”时，tx_buf 数组的值清 0，然后把编写好的简单的 HTML 文档存入数组 tx_buf 中。第 31 行就是 HTTP 响应报文的内容以字符串的格式存入 http_response 中。第 32 行发送响应报文到客户端就可以了。

把编译后的程序下载到 W5500EVB 中，打开浏览器，键入 192. 168. 10. 150（设备地址，可以根据自己网络的情况在程序中自行配置这个默认的 IP 地址），如图 2－3－5 所示，在浏览器里面成功地显示“Hello！ WIZnet！”。这里需要注意，电脑 IP 配置一定要和单片机的 IP 地址在同一个网段，否则将无法通信。

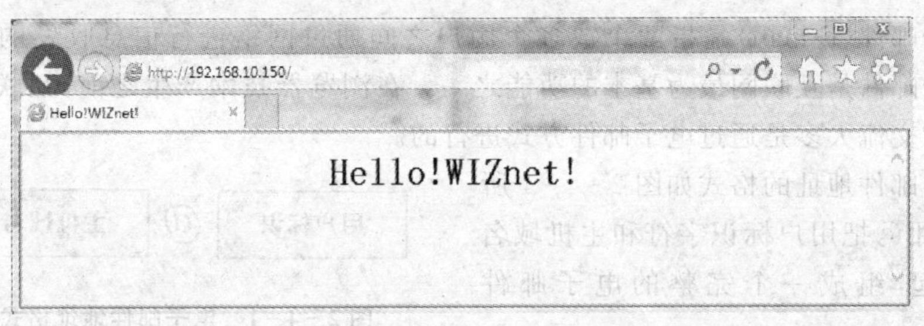


**图 2－3－5　W5500EVB 内嵌网页服务器页面**

## 2.3.3　小　结

HTTP 协议是客户端和服务器端请求和应答的标准超文本传输协议，即传输时所传输的不仅仅是文本，还有图片、视频等内容，也是我们每天上网所必须使用的网络协议。如今，HTTP 协议已不再是网站服务器所独享的协议了。随着单片机计算能力的增强，HTTP 服务器已经越来越广泛地被应用于嵌入式设备以及物联网中。

本节在 W5500EVB 上实现了 HTTP 服务器，里面的页面还很简单，仅仅显示了一行文字。在了解了 HTTP 原理之后，在这个示例的基础上，相信可以做出功能更丰富，也更美观的页面。当然，这些还需要进一步去了解 HTML 和 Javascript。在接下来的章节中，还会介绍功能更为复杂的网页服务器程序，以及当前十分热门的 HTML 在嵌入式系统中如何实现。

## 2.4 使用 SMTP 发送邮件

在当前这个信息时代，互联网已经与我们的日常生活密不可分，电子邮件也已经成为了日常工作生活中必不可少的一种通信手段。与传统的通信方式相比，电子邮件不仅使用方便，而且还具有传递迅速和费用低廉的优点，因而被用户广泛接受。记得作者在 1997 年初次接触互联网时，所做的第一件事就是申请了一个免费的邮箱，然后给同学们发了我的第一封电子邮件。

当然，我们平时都是通过电脑联网来阅读和发送邮件的，本节不再介绍用电脑如何收发邮件，而主要介绍一个小型的嵌入式系统，以及如何用一个小小的单片机来发送邮件。试想一下，如果家里的冰箱实现智能化之后，当冰箱里面的食物所剩不多时，冰箱能自动给你发封邮件告诉你该买某种食品了，将是一件多么令人期待的事情。在本节中，就来解开使用单片机发送电子邮件背后的秘密，所使用的工具还是 W5500EVB。看示例程序之前，还是先来看一下担当发送邮件重任的协议——简单邮件传输协议 SMTP(Simple Mail Transfer Protocol)。

### 2.4.1 SMTP 协议简介

电子邮件(E-mail)是指两个或多个用户之间通过网络进行信息收发的一种服务。电子邮件是互联网最为基本的功能之一。在浏览器技术产生之前，互联网上用户之间的交流大多是通过电子邮件方式进行的。

电子邮件地址的格式如图 2-4-1 所示，都是用@把用户标识字符和主机域名连在一起，组成一个完整的电子邮件地址。

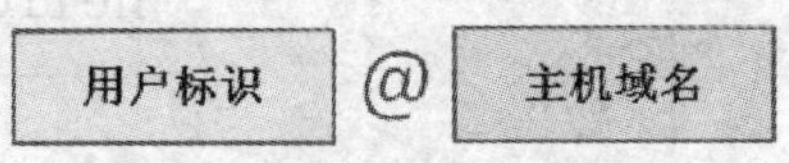


图 2-4-1 电子邮件地址格式

与传统邮件相似，电子邮件由信封(Envelope)和内容(Content)两部分组成。在邮件的信封上，最重要的就是收信人的地址，电子邮件的传输程序根据邮件信封上的信息来传输邮件。内容由两个基本部分组成：信头(Header)和信体(Body)。信头一般包括发信人、收信人、抄送和主题等部分。信体是希望收件人看到的信件内容，有时信体还可以包含附件。附件是含在一封信件里的一个或多个计算机文件，附件可以从信件上分离出来，成为独立的计算机文件。传统邮件与电子邮件的对比如图 2-4-2 所示。

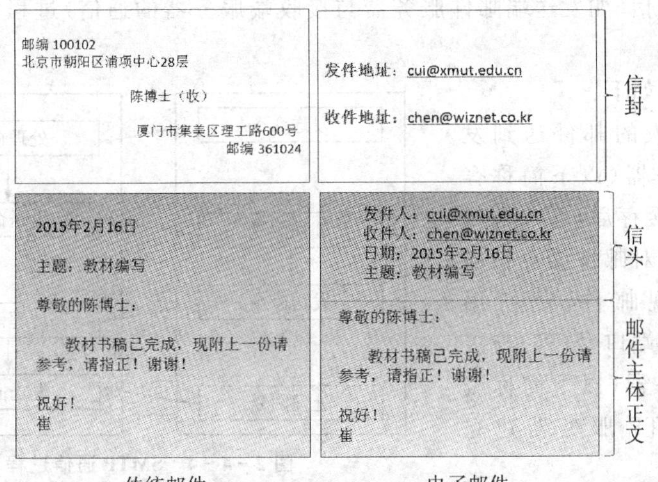


**图 2-4-2　传统邮件和电子邮件的对比**

在一封电子邮件从发件人的电脑上发出到收件人接收的过程中，有许多网络设备和应用层协议都起到了关键的作用。SMTP 便是其中之一。

SMTP 是一组用于由源地址到目的地址传送邮件的规则，由它来控制信件的中转方式。SMTP 协议是属于 TCP/IP 协议族的应用层协议，默认端口号是 25，它帮助每台计算机在发送或中转信件时找到下一个目的地。通过 SMTP 协议所指定的服务器，就可以把 E-mail 发送到收信人的服务器上了，整个过程只要几分钟。SMTP 服务器则是遵循 SMTP 协议的发送邮件服务器，用来发送或中转发出的电子邮件。电子邮件传送原理如图 2-4-3 所示。

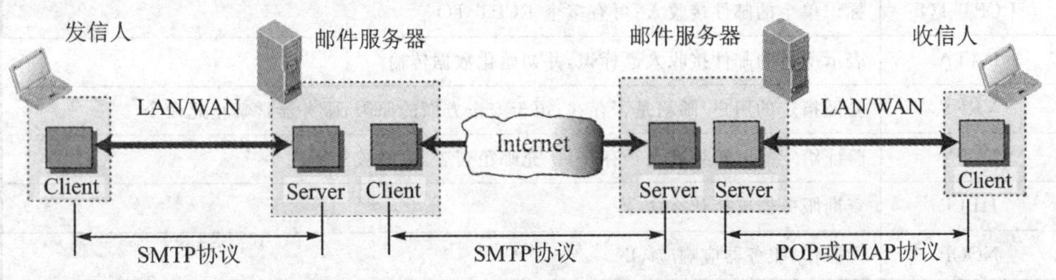


**图 2-4-3　电子邮件传送原理**

SMTP 独立于特定的传输子系统，且只需要可靠有序的数据流信道支持。SMTP 的重要特性之一是其能跨越网络传输邮件，即“SMTP 邮件中继”。通常一个网络可由公用互联网上 TCP 可相互访问的主机、防火墙分隔的 TCP/IP 网络上 TCP 可相互访问的主机及其他 LAN/WAN 中的主机利用非 TCP 传输层协议组成。使用 SMTP 可实现相同网络上处理机之间的邮件传输，也可通过中继器或网关实现某处理机与其他网络之间的邮件传输。

SMTP 通信(如发送端邮件服务器与接收端服务器的通信)过程如图 2-4-4 所示。

具体过程如下:

① 发件人的邮件送到发送方邮件服务器(以下简称客户端)的邮件缓存后,客户端就每隔一定时间对邮件缓存扫描一次;如发现邮件,就使用 SMTP 的默认端口号(25)与接收方邮件服务器(以下简称服务器)的 SMTP 服务器建立 TCP 连接。

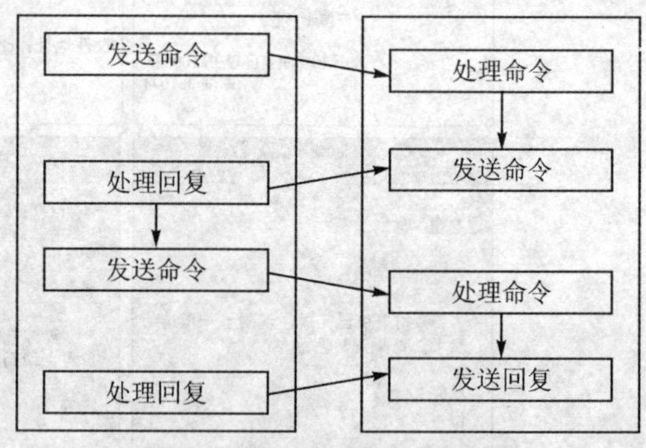


**图 2-4-4 SMTP 通信过程**

② 客户端向服务器发送各种命令来请求各种服务(如认证、指定发送人和接收人)。

③ 服务器解析用户命令,做出相应动作并返回给客户端一个响应。

④ 重复以上两步,直到所有邮件都发送完成或者两者的连接被意外中断。

SMTP 命令定义了邮件传输或由用户定义的系统功能,命令不区分大小写,但参数区分大小写。常用命令见表 2-4-1。

**表 2-4-1 SMTP 常用命令**

| 命 令 | 描 述 |
|---|---|
| HELO | 向服务器标识用户身份 |
| MAIL FROM | 指定发件人地址 |
| RCPT TO | 标识单个的邮件接收人;可有多个 RCPT TO |
| DATA | 表示所有的邮件接收人已标识,并初始化数据传输 |
| VRFY | 验证指定的用户/邮箱是否存在;由于安全方面的原因,服务器常禁止此命令 |
| EXPN | 验证给定的邮箱列表是否存在,扩充邮箱列表,也常被禁用 |
| HELP | 查询服务器支持什么命令 |
| NOOP | 无操作,服务器应响应 OK |
| RSET | 重置会话,当前传输被取消 |
| QUIT | 结束会话 |

SMTP 响应的一般形式是:XXX Readable Illustration。XXX 是 3 位十进制数;Readable Illustration 是可读的解释说明,用来表明命令是否成功等。XXX 具有如下的规律:以 2 开头的表示成功;以 4 和 5 开头的表示失败;以 3 开头的表示未完成(进行中)。常用响应如表 2-4-2 所列。

表 2-4-2 SMTP 常用响应

| 响应代码 | 描 述 |
|---|---|
| Positive Completion Reply(肯定的完成回复) | |
| 211 | System status or help reply(系统状态或系统帮助响应) |
| 214 | Help message(帮助信息) |
| 220 | Service ready(服务就绪) |
| 221 | Service closing transmission channel(服务关闭) |
| 250 | Request command completed(要求的邮件操作完成) |
| 251 | User not local;the message will be forwarded(用户非本地,将转发) |
| Positive Intermediate Reply(肯定的中间回复) | |
| 354 | Start mail input(操作失败) |
| Transient Negative Completion Reply(瞬态否定的完成回复) | |
| 421 | Service not available(服务不可用) |
| 450 | Mailbox not available(邮箱不可用) |
| 451 | Command aborted: local error(命令未执行:本地错误) |
| 452 | Command aborted: insufficient system storage(命令未执行:系统存储不足) |
| Permanent Negative Completion Reply(永久否定的完成回复) | |
| 500 | Syntax error: unrecognized command(命令未识别) |
| 501 | Syntax error in parameters or arguments(参数格式错误) |
| 502 | Command not implemented(命令不可实现) |
| 503 | Bad sequence of commands(错误的命令序列) |
| 504 | Command temporarily not implemented(命令参数不可实现) |
| 550 | Command is not executed: mailbox unavailable(命令未执行:邮箱不可用) |
| 551 | User not local(用户非本地) |
| 552 | Requested action aborted: exceeded storage location(要求的操作未执行:过量的存储分配) |
| 553 | Requested action not taken: mailbox name not allowed(要求的操作未执行:邮箱名不可用) |
| 554 | Transaction failed(操作失败) |

命令和响应的格式是语法,各命令和响应的意思则是语义,各命令和响应在时间

上的关系则是同步。图 2-4-5 通过一个简单的 SMTP 通信过程来说明协议的三个要素。

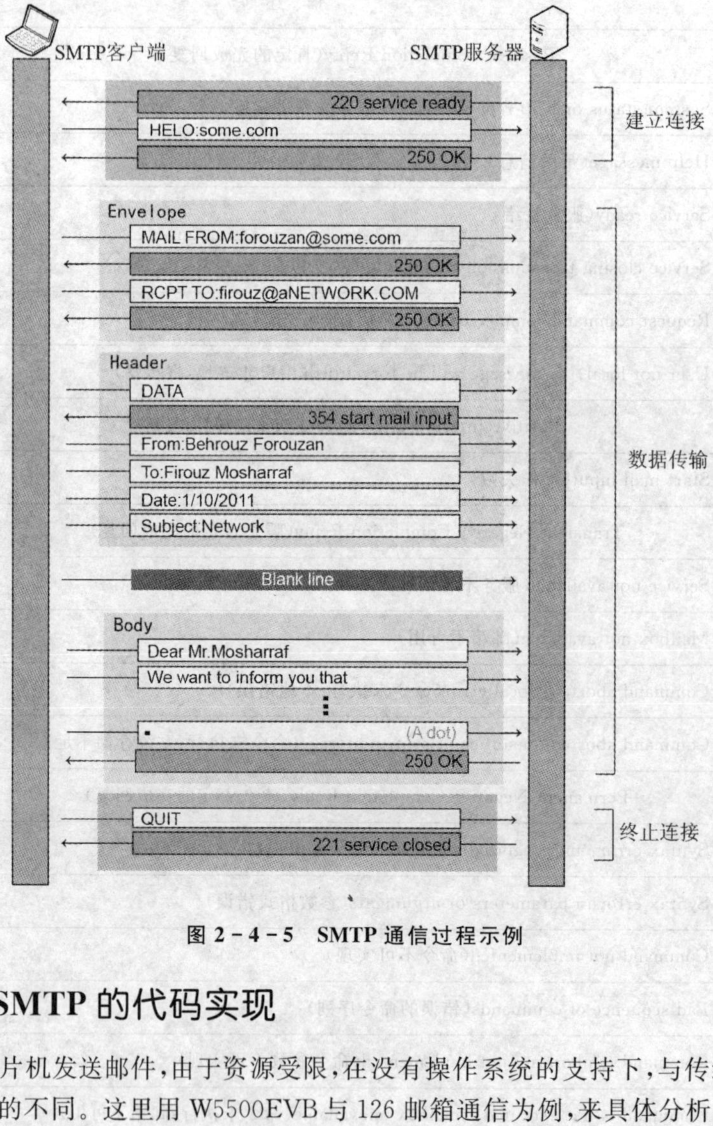

SMTP客户端
SMTP服务器
220 service ready
HELO:some.com
250 OK
建立连接
Envelope
MAIL FROM:forouzan@some.com
250 OK
RCPT TO:firouz@aNETWORK.COM
250 OK
Header
DATA
354 start mail input
From:Behrouz Forouzan
To:Firouz Mosharraf
Date:1/10/2011
Subject:Network
数据传输
Blank line
Body
Dear Mr.Mosharraf
We want to inform you that
⋮
. (A dot)
250 OK
QUIT
221 service closed
终止连接

**图 2-4-5　SMTP 通信过程示例**

## 2.4.2　SMTP 的代码实现

通过单片机发送邮件，由于资源受限，在没有操作系统的支持下，与传统的电脑操作将有很大的不同。这里用 W5500EVB 与 126 邮箱通信为例，来具体分析邮件的发送过程。在本示例代码中，发件人邮箱名为 wiznet2013@126.com，邮箱密码为：hello123。收件人邮箱地址为 hellowiznet@126.com，邮件内容为"Hello！ WIZnet！"。如果想用别的邮箱做测试，请修改代码中收件人和发件人的邮箱名称和密码。

这里将发送邮件的整个过程分为 3 部分来讲解，main 主程序负责初始化评估板和主循环，smtp.c 实现邮件的发送及命令信息的处理，dns.c 实现 SMTP 服务器域名的解析。126 邮箱的服务器域名为 smtp.126.com，我们调用的其他函数在其他文件中声明。DNS 解析 SMTP 服务器域名的部分在前面章节已经介绍过，这里不再

叙述。下面看发送邮件的代码,主函数代码如下:

```
1   void main()
2   {
3   RCC_Configuration();              /*配置单片机系统时钟*/
4   GPIO_Configuration();             /*配置 GPIO*/
5   NVIC_Configuration();             /*配置嵌套中断向量*/
6   Systick_Init(72);                 /*初始化 Systick 工作时钟*/
7   USART1_Init();                    /*初始化串口通信:115200@8-n-1*/
8   at24c16_init();                   /*初始化 EEPROM*/
9   Reset_W5500();                    /*硬重启 W5500*/
10   WIZ_SPI_Init();                  /*初始化 SPI 接口*/
11   set_default();                   /*初始化配置参数和域名,须保证 W5500 能连外网*/
12   set_network();                   /*配置网络*/
13   mailmessage();                   /*邮件命令信息处理*/
14   printf("Network is ready!\r\n");
15   while(1)
16    {
17    do_dns();                       /*域名解析线程*/
18    do_smtp();                      /*SMTP 发送邮件线程*/
19    if(Mail_Send_OK)                /*如果发送邮件成功,终止程序,以免循环发送*/
20    while(1);
21    }
22   }
```

main 主程序第 3~8 行完成 W5500EVB 的初始化工作。第 11、12 行配置单片机的 IP 地址、MAC 地址、默认网关和子网掩码等信息。如代码注释里所说的一样,要根据自己网络的实际情况来配置 W5500 的 IP 地址,来确保 W5500 能访问外网。这一点尤其重要,因为要访问的 SMTP 服务器不在我们的内网。第 13 行是邮件命令的信息处理函数。第 17 行是 SMTP 服务器的域名解析函数,获得 smtp.126.com 的 IP 地址,如果使用别的信箱,请提前确认该信箱的 SMTP 服务器的域名。第 18 行是 SMTP 发送邮件的主函数,第 19 行设置了一下,如果发送邮件成功,让程序进入一个死循环,这样程序将不再跳到主循环,避免重复发送相同的邮件,使得在 W5500EVB 的运行模式下,按一下 Reset 键或者上电一次,只发送一封邮件。

SMTP 发送邮件主函数如下:

```
//SMTP 发送邮件主函数
void do_smtp(void)
{
uint8 ch = SOCK_SMTP;                 /*定义一个变量并赋值为 SMTP 通信的 Socket 号*/
uint16 len;
uint16 anyport = 5000;                /*定义 SMTP 客户端的通信端口号*/
```

```
uint8 Smtp_PORT = 25;                          /* SMTP 服务器端的端口号,默认端口号为 25 */
memset(RX_BUF,0,sizeof(RX_BUF));                              /* 接收缓存清空 */
switch(getSn_SR(ch))                                          /* 获取 Socket 状态 */
{
   case SOCK_INIT:                                            /* Socket 初始化完成状态 */
     connect(ch, ConfigMsg.rip ,Smtp_PORT );                  /* 连接 SMTP 服务器端 */
     break;
   case SOCK_ESTABLISHED:                                     /* Socket 连接建立状态 */
     if(getSn_IR(ch) & Sn_IR_CON)
     {
       setSn_IR(ch, Sn_IR_CON);                               /* Sn_IR 的第 0 位置 1 */
     }
     if ((len = getSn_RX_RSR(ch)) > 0)
     {
       while(!Mail_Send_OK)                                   /* 如果邮件没有发送成功 */
       {
         memset(RX_BUF,0,sizeof(RX_BUF));                     /* 接收缓存的内存空间清 0 */
         len = recv(ch, (uint8 *)RX_BUF,len);                 /* W5500 接收数据并存入 RX_BUF 中 */
         send_mail();                                         /* 发送邮件 */
       }
       disconnect(ch);                                        /* 断开 Socket 连接 */
     }
     break;
   case SOCK_CLOSE_WAIT:                                      /* Socket 等待关闭状态 */
     if ((len = getSn_RX_RSR(ch)) > 0)
     {
       while(!Mail_Send_OK)
       {
         memset(RX_BUF,0,sizeof(RX_BUF));
         len = recv(ch, (uint8 *)RX_BUF, len);
         send_mail();
       }
     }
     disconnect(ch);
     break;
   case SOCK_CLOSED:                                          /* Socket 关闭状态 */
     socket(ch, Sn_MR_TCP,anyport++ , 0x00);                  /* 初始化 SOCK_SMTP */
     break;
   default:
     break;
 }
}
```

由于 SMTP 发送邮件使用 TCP 协议，是面向链接的可靠传输。这里还是使用熟悉的 TCP 状态机来实现数据交互。第 3 行定义 W5500 的一个 Socket 用于 SMTP 通信，第 4 行定义一个变量用于存储 W5500 接收到的数据长度，第 5、6 行就是分别定义客户端、服务器端的端口号，需要注意的是 SMTP 服务器默认监听的 TCP 端口是 25。因此第 5 行里面的 W5500 本地端口可以随便设置。第 7 行把用于保存 W5500 接收数据缓存的 RX_BUF 清空。通过第 8 行获取 Socket 状态，然后根据在后面的 switch 中针对 Socket 的不同状态做不同的操作。第 10 行，当 Socket 处于初始完成状态时，向 SMTP 服务器发送链接请求。第 13 行，当 Socket 处于连接建立状态时，清空 Sn_IR 响应的中断位。如果邮件没有发送成功，就执行接收 SMTP Server 的响应，发送邮件，直到邮件发送 OK，然后断开连接。第 28 行，当 Socket 处于等待关闭状态时，由于 Socket 此时还能进行数据交互，所以执行动作就和 Socket 连接建立状态相同。第 29 行，当处于 Socket 关闭状态时，初始化 Socket，并将其配置为 TCP 模式。

SMTP 发送邮件具体过程如下：

```
uint8 SMTP_STATE = waitfor220;              /* waitfor220 和类似后面使用的 waitforHELO250 均
                                               为根据 SMTP 定义的常量 */
void send_mail(Void)                        /* 发送邮件 */
{
switch(SMTP_STATE)
{
   case waitfor220:                         /* 等待连接成功的正确响应状态 */
     if(strstr((const char *)RX_BUF,"220")! = NULL)
     {
       send(SOCK_SMTP,(const uint8 *)hello,strlen(hello),0);    /* 发送 HELO 命令 */
       SMTP_STATE = waitforHELO250;
     }
     break;
   case waitforHELO250:                     /* 等待 HELO 命令的正确响应 */
   if(strstr((const char *)RX_BUF,hello_reply)! = NULL&&strstr((constchar *)RX_BUF,"
   Mail") == NULL)
     {
       send(SOCK_SMTP,(const uint8 *)AUTH,strlen(AUTH),0); /* 发送 AUTH 认证请求 */
       SMTP_STATE = waitforAUTH334;
     }
     break;
   case waitforAUTH334:                     /* 等待 AUTH 认证请求的正确响应 */
     if(strstr((const char *)RX_BUF,AUTH_reply)! = NULL)
     {                                      /* 发送邮箱登录名 */
       send(SOCK_SMTP,(const uint8 *)base64name_126,strlen(base64name_126),0);
```

```
        SMTP_STATE = waitforuser334;
      }
      break;
    case waitforuser334:                      /* 等待邮箱登录名发送成功的正确响应 */
      if(strstr((const char *)RX_BUF,name_reply)!= NULL)
      {                                       /* 发送邮箱登录密码 */
       send(SOCK_SMTP,(constuint8 *)base64password_126,strlen(base64password_126),0);
        SMTP_STATE = waitforpassword235;
      }
      break;
    case waitforpassword235:                  /* 等待邮箱登录密码发送成功的正确响应 */
      if(strstr((const char *)RX_BUF,password_reply)!= NULL)
      {                                       /* 发送发件人信息 */
        send(SOCK_SMTP,(const uint8 *)mailfrom,strlen(mailfrom),0);
        SMTP_STATE = waitforsend250;
      }
      break;
    case waitforsend250:                      /* 等待发件人信息发送成功的响应 */
      if(strstr((const char *)RX_BUF,from_reply)!= NULL&&strstr((constchar *)RX_BUF,
      "queued as") == NULL)                   /* 发送收件人信息 */
      {
        send(SOCK_SMTP,(const uint8 *)rcptto,strlen(rcptto),0);
        SMTP_STATE = waitforrcpt250;
      }
      break;
    case waitforrcpt250:                      /* 等待收件人信息发送成功的响应 */
      if(strstr((const char *)RX_BUF,to_reply)!= NULL)
      {                                       /* 发送数据传输请求命令 */
        send(SOCK_SMTP,(const uint8 *)data_init,strlen(data_init),0);
        SMTP_STATE = waitfordate354;
      }
      break;
    case waitfordate354:                      /* 等待数据传输请求的响应 */
      if(strstr((const char *)RX_BUF,data_reply)!= NULL)
      {                                       /* 发送 mime 类型的命令 */
        send(SOCK_SMTP,(const uint8 *)mime,strlen(mime),0);
        SMTP_STATE = waitformime250;
      }
      break;
    case waitformime250:                      /* 等待 mime 的正确响应 */
      if(strstr((const char *)RX_BUF,mime_reply)!= NULL)
      {
        Mail_Send_OK = 1;                     /* 邮件发送成功的标志位置 1 */
        printf("mail send OK\r\n");
```

```
67            }
68            break;
69        default:
70            break;
71      }
72  }
```

接下来是发送邮件的具体过程，同样是个状态机。根据 SMTP 服务器的响应，一共定义了 9 个不同的状态。第 6 行，TCP 连接建立后，等待 SMTP 服务器的 220 响应，如果接收到服务器成功回应，则发送 HELO localhost 的命令，进入等待 250 OK 响应的状态。第 13 行，如果 SMTP 服务器正确回应，则发送 AUTH 认证命令，等待认证请求的正确响应。第 20 行，当 AUTH 认证请求正确回应时，发送 BASE64 编码的登录名，进入等待 SMTP 服务器正确响应。第 27 行，当服务器成功回应时，发送经过 BASE64 编码的登录密码。第 34 行，password235 成功响应，发送发件人邮箱名。第 41 行，如果得到 250 Mail OK 的响应，发送收件人邮箱。第 48 行，如果收到 250 Mail OK 的响应，则请求发送数据，发送 DATA 命令，进入等待 354 报头格式的响应。第 58 行，发送 mime 类型的邮件正文，然后等待服务器的回应。第 62 行，如果 SMTP 服务器成功响应，邮件发送成功，此时把邮件发送成功的标志位置 1。

让我们来看一下实际运行效果如何。下载编译后的程序到 W5500EVB，打开串口工具，这时按一下 RESET 键，运行刚才下载到 W5500EVB 里面的程序，邮件发送的调试信息就通过串口打印出来了，如图 2-4-6 所示。

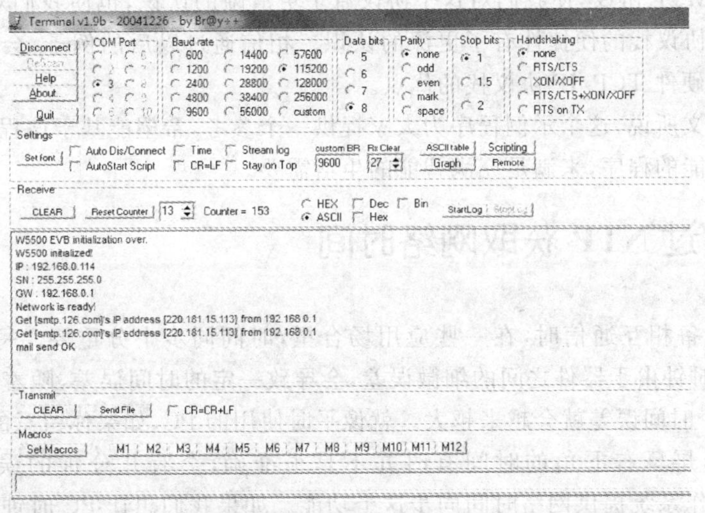


**图 2-4-6　通过 W5500EVB 实现发送邮件串口调试信息**

接下来，用浏览器登录 126 邮箱，来确认是否收到 W5500EVB 发送的邮件，如图 2-4-7所示。在这个邮箱中，已经收到刚才 W5500EVB 发送的邮件。目前这个示例还不是很智能，发挥你的想象力编写一个更智能的程序。

图 2-4-7 收件人邮箱接收到新邮件

### 2.4.3 小 结

本节通过 W5500EVB 成功地发送一封电子邮件到指定的信箱中，发邮件不再是电脑的专利，这个简单的、而且没有操作系统支持的单片机上也能轻松地发送邮件。通过实现 SMTP 协议，使我们对这个协议有了更清晰的认识，也使我们对 W5500 硬件 TCP/IP 协议栈的便捷性有了更深的认识。相信通过以后的例子，会让大家更深刻地体会到硬件 TCP/IP 协议栈的优点。

正如前文所说，这个示例程序为大家提供一个参考，希望能基于该程序为智能设备写出更智能的程序，来满足充满智能的生活需要。

## 2.5 通过 NTP 获取网络时间

网络设备相互通信时，在一些应用场合里，时间同步十分重要。每台设备（如 PC）自己的时钟由于器件之间的细微误差，会导致一定的时间误差，随着设备运行时间越长，这个时间误差就会越来越大。就像平时使用的 PC，如果你留意的话，就会发现 Windows 屏幕右下角的时间有时并不是很准确，会有几分钟的误差。因此，Windows操作系统提供网络时间同步这个功能。如果我们想让 PC 时钟保持精准的话，就需要定时与网络时钟同步。这里所用到的协议就是 NTP（Network Time Protocol），网络里面有一个计时十分精准的服务器来提供该服务，供网络设备获取精准的时间，以保证各个网络设备间时间同步。

既然物联网设备都会有联网的需求，那么就结合 W5500EVB 介绍一下如何使用

W5500 实现 NTP 协议，从一个远程 NTP 服务器获取标准网络时间，然后换算成北京时间（东八区），再通过串口把时间打印出来。相信通过本示例代码的讲解，会使你对 NTP 有更清晰的认识。

## 2.5.1 NTP 协议简介

NTP 协议的全称是网络时间协议（Network Time Protocol）。它是用来使计算机时间同步化的一种协议，它可以使计算机与其服务器或时钟源做同步化，它可以提供高精准度的时间校正（LAN 上与标准时间差小于 1 ms，WAN 上则为几十 ms），且可由加密确认的方式来防止恶毒的协议攻击。NTP 基于 UDP 报文进行传输，使用的端口号为 123，时钟同步报文封装在 UDP 报文中。

NTP 提供准确时间，首先要有准确的时间来源，这一时间应该是国际标准时间 UTC。UTC 的时间来源可以是原子钟、天文台和卫星，也可以从 Internet 上获取。这样就有了准确而可靠的时间源。

计算机主机一般同多个时间服务器连接，利用统计学的算法过滤来自不同服务器的时间，以选择最佳的路径和来源来校正主机时间。即使主机在长时间无法与某一时间服务器相联系的情况下，NTP 服务依然有效运转。

为防止对时间服务器的恶意破坏，NTP 使用了识别机制，检查来对时的信息是否是真正来自所宣称的服务器并检查资料的返回路径，以提供对抗干扰的保护机制。

国内外常用的 NTP 服务器有：

➢ 中国国家授时中心（陕西西安） 210.72.145.44

➢ 上海交通大学网络中心 202.120.2.101

➢ 北京邮电大学 202.112.10.60

➢ 日本福冈大学 133.100.11.8

在本节示例中，将以北京邮电大学的 NTP 服务器为例，使用 W5500EVB 从该服务器上获取东八区的标准网络时间。NTP 的基本流程如下。

图 2-5-1 所示为 Device A 发送同步请求的过程。图中 Device A 和 Device B 通过网络相连，它们都有自己独立的系统时钟，假设在同步之前，Device A 的时钟设定为 08:00:00 am，Device B 的时钟设定为 09:00:00 am。将 Device B 作为 NTP 时间服务器，即 Device A 需要将使自己的时钟与 Device B 的时钟同步。另外假设 NTP 报文在 Device A 和 Device B 之间单向传输所需要的时间为 1 s。

Device A 发送一个 NTP 报文给 Device B，该报文带有它离开 Device A 时的时间戳，该时间戳为 08:00:00 am(T1)，如图 2-5-1 所示。

当此 NTP 报文到达 Device B 时，Device B 加上 Device A 的到达时间戳，该时间戳为 09:00:01 am(T2)，如图 2-5-2 所示。

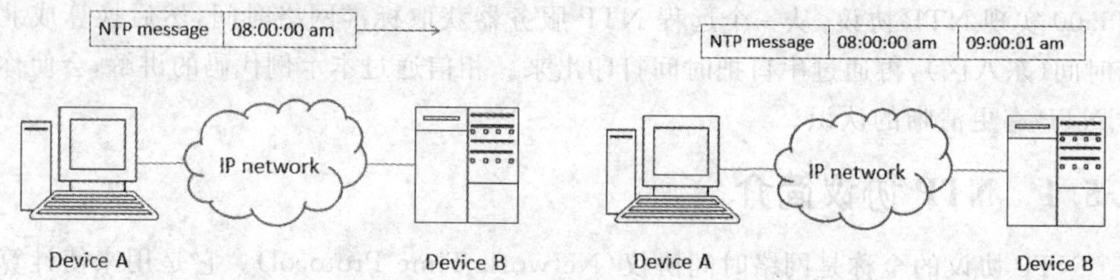


图 2-5-1 **Device A 发送同步请求**　　图 2-5-2 **Device B 加 Device A 到达时间戳报文**

当此 NTP 报文离开 Device B 时，Device B 再加上自己的时间戳，该时间戳为 09:00:02 am(T3)，如图 2-5-3 所示。

当 Device A 接收到该响应报文时，Device A 的本地时间为 08:00:03 am(T4)，如图 2-5-4 所示。

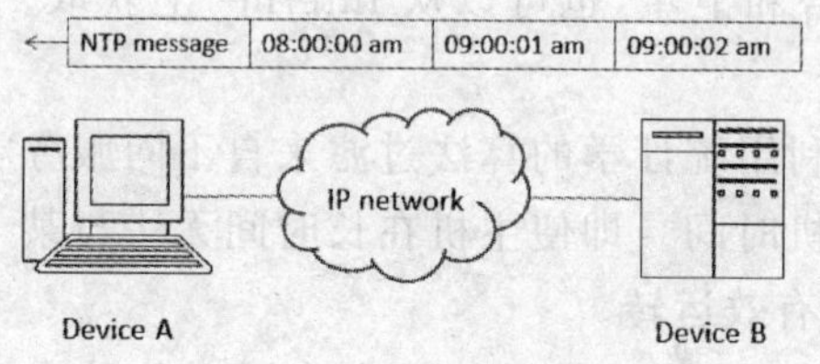


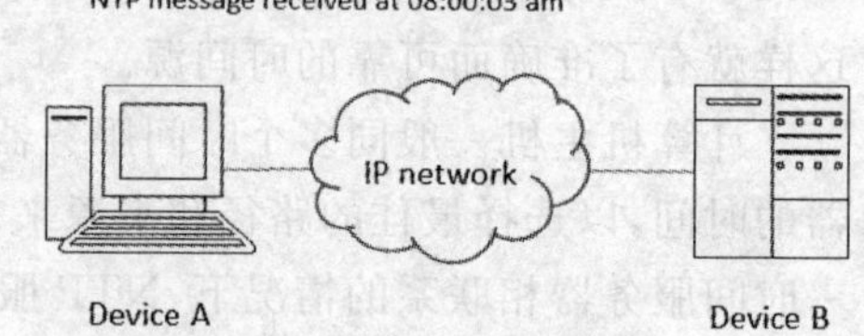


图 2-5-3 **Device B 加发出时间戳报文**　　图 2-5-4 **Device A 收到 NTP 响应**

至此，Device A 已经拥有足够的信息来计算两个重要参数：

NTP 报文的往返时延 Delay$=(T_4-T_1)-(T_3-T_2)=2$ s

Device A 相对 Device B 的时间差 Offset$=((T_2-T_1)+(T_3-T_4))/2=1$ h

NTP 有时钟同步报文和控制报文两种报文格式，报文格式如图 2-5-5 所示。控制报文仅用于需要网络管理的场合，它对于时钟同步功能来说并不是必需的，这里不做介绍。

主要字段的解释如下。

- LI(Leap Indicator)：长度为 2 位，值为“11”时表示报警状态，时钟未被同步；为其他值时 NTP 本身不做处理。
- VN(Version Number)：长度为 3 位，表示 NTP 的版本号，目前的最新版本为 3。
- Mode：长度为 3 位，表示 NTP 的工作模式。不同的值所表示的含义分别是：0 未定义，1 表示主动对等体模式，2 表示被动对等体模式，3 表示客户模式，4 表示服务器模式，5 表示广播模式或组播模式，6 表示此报文为 NTP 控制报文，7 预留给内部使用。
- Stratum：系统时钟的层数，取值范围为 1～16，它定义了时钟的准确度。层数为 1 的时钟准确度最高，准确度从 1～16 依次递减，层数为 16 的时钟处于未同步状态，不能作为参考时钟。

| 0 1 LI | 4 VN | 7 Mode | 15 Stratum | 23 Poll | 31 Precision |
|---|---|---|---|---|---|
| Root delay(32 bits) | | | | | |
| Root dispersion(32 bits) | | | | | |
| Reference identifier(32 bits) | | | | | |
| Reference timestamp(64 bits) | | | | | |
| Originate timestamp(64 bits) | | | | | |
| Receive timestamp(64 bits) | | | | | |
| Transmit timestamp(64 bits) | | | | | |
| Authenticator(optional 96 bits) | | | | | |

**图 2-5-5　NTP 报文格式**

- Poll：轮询时间，即两个连续 NTP 报文之间的时间间隔。
- Precision：系统时钟的精度。
- Root Delay：本地到主参考时钟源的往返时间。
- Root Dispersion：系统时钟相对于主参考时钟的最大误差。
- Reference Identifier：参考时钟源的标识。
- Reference Timestamp：系统时钟最后一次被设定或更新的时间。
- Originate Timestamp：NTP 请求报文离开发送端时发送端的本地时间。
- Receive Timestamp：NTP 请求报文到达接收端时接收端的本地时间。
- Transmit Timestamp：应答报文离开应答者时应答者的本地时间。
- Authenticator：验证信息。

了解了 NTP 协议，下面来看一下这个协议在 W5500EVB 上如何具体实现。

## 2.5.2　使用 W5500 实现 NTP

本示例主要讲解的是 W5500 单片机从 NTP 服务器获取时间信息的过程。这只是一个简单的 NTP 协议的实现和演示，其中并没有包括时钟同步的问题，也就是说我们忽略了 NTP 数据帧的发送/接收时的传输时间。有兴趣的读者可以自行添加时钟同步的功能。

主函数中初始化单片机以及进行网络配置的步骤与前面章节相同，这里就不再赘述。主函数中重要的是调用 ntpclient_init()和 do_ntp_client()两个函数。前者初始化 NTP 报文，后者完成与 NTP 服务器的交互过程。首先来看一下 ntpformat 结构体，它封装了 NTP 报文，里面的内容与上面介绍的 NTP 报文是一一对应的。

```
typedefstruct _ntpformat
{
    char    version;                /* 版本号 */
```

```
    char   leap;                       /* 跳跃指示 */
    char   mode;                       /* 模式 */
    char   stratum;                    /* 层 */
    char   poll;                       /* 轮询间隔 */
        s_char  precision;             /* 精度 */
        tdistrootdelay;                /* 根延时 */
        tdistrootdisp;                 /* 根散布 */
    charrefid;                         /* 参考编号 */
        tstampreftime;                 /* 参考时间 */
        tstamp  org;                   /*起始时间戳 */
        tstamp  rec;                   /*接收时间戳 */
        tstampxmt;                     /*传输时间戳 */
} ntpformat;
```

ntpclient_init()函数如下:

```
voidntpclient_init(void)
{
    uint8 flag;
    NTPformat.leap = 0;                 /*跳跃指示 */
    NTPformat.version = 4;              /*版本号 */
    NTPformat.mode = 3;                 /* 模式 */
    NTPformat.stratum = 0;              /*层 */
    NTPformat.poll = 0;                 /* 轮询间隔 */
    NTPformat.precision = 0;            /* 精度 */
    NTPformat.rootdelay = 0;            /* 根延时 */
    NTPformat.rootdisp = 0;             /* 根散布 */
    NTPformat.refid = 0;                /*参考编号 */
    NTPformat.reftime = 0;              /* 参考时间 */
    NTPformat.org = 0;                  /* 起始时间戳 */
    NTPformat.rec = 0;                  /* 接收时间戳 */
    NTPformat.xmt = 0;                  /* 传输时间戳 */

flag = (NTPformat.leap<<6) + (NTPformat.version<<3) + NTPformat.mode; //1 字节
    Flagmemcpy(NTP_Message,(void const *)(&flag),1);
}
```

NTPformat 是一个 ntpformat 类型的变量,ntpclient_init()函数对其进行初始化。需要注意的是,在结构体定义中 version、leap 和 mode 均为 char 类型,各自占 8 位,而在实际的报文中它们合起来占 8 位,所以需要通过函数中的位移操作将这三个变量合成一个 8 位变量 flag。以上代码就是实现这个功能。

由于本程序只是实现从服务器获取时间,并未涉及时钟同步的问题,所以后面的字段都不需要用到，全部初始化为0。为了简化程序，NTP_Message 中也仅包含 flag 中的内容。

我们定义 do_ntp_client()函数代码如下所示，NTP 服务器的 IP 地址在全局变量 NTP_Server_IP 中定义，NTP 服务器的默认端口号是 123。

```
uint8 NTP_Server_IP[4] = {202, 112, 10, 60};
uint8 NTP_Port = 123;
void do_ntp_client(void)
{
if(Total_Seconds)
return;
 else
 {
   uint16 len;
   uint8 * data_buf = BUFPUB;
   uint32 destip = 0;
    uint16 destport;
    uint16 startindex = 40;
    switch(getSn_SR(SOCK_NTP))
    {
     case SOCK_UDP:
        if ((len = getSn_RX_RSR(SOCK_NTP)) > 0)
        {
          if (len> TX_RX_MAX_BUF_SIZE) len = TX_RX_MAX_BUF_SIZE;
          recvfrom(SOCK_NTP, data_buf, len, (uint8 *)&destip, &destport);
          get_seconds_from_ntp_server(data_buf,startindex);
          printf("%d-%02d-%02d %02d:%02d:%02d\r\n",
                 (ConfigMsg.date.year[0]<<8) + ConfigMsg.date.year[1],
                 ConfigMsg.date.month,
                 ConfigMsg.date.day,
                 ConfigMsg.date.hour,
                 ConfigMsg.date.minute,
                 ConfigMsg.date.second);
          NTP_Retry_Cnt = 0;
        }
  if(Total_Seconds>0) return;
  if(NTP_Retry_Cnt<100)
        {
          if(NTP_Retry_Cnt == 0)          /*第一次请求，无须等待*/
          {
          sendto(SOCK_NTP,NTP_Message, sizeof(NTP_Message), NTP_Server_IP, NTP_Port);
          NTP_Retry_Cnt ++ ;
```

```
30          ntptimer = 0;
31          }
32          else                         /* 第二次请求,等待延时,以避免频繁请求 */
33          {
34            if(ntptimer>2)             /* 延时 3 s */
35            {
36               sendto(SOCK_NTP,NTP_Message,sizeof(NTP_Message),NTP_Server_IP, NTP_Port);
37               NTP_Retry_Cnt ++ ;
38               ntptimer = 0;
39            }
40          }
41        }
42        else                           /* NTP 重试多次失败 */
43        {
44          NTP_Retry_Cnt = 0;
45        }
46        break;
47      case SOCK_CLOSED:
48      socket(SOCK_NTP,Sn_MR_UDP,NTP_Port,0);
49        break;
50    }
51  }
52 }
```

如前文所述,我们使用的是北京邮电大学 NTP 服务器,在最初全局变量 NTP_Server_IP 中已经写入{202, 112, 10, 60},端口号 NTP_Port 为 123。

第 3~4 行是一个 if 判断,Total_Seconds 变量存储从服务器获取的时间,初始化为 0,这里判断当不为 0 时函数返回,即如果已经获取到时间就不会反复获取。第 12 行开始进入状态机模式,第 14 行,当 Socket 模式为 UDP 时,第 18 行从服务器接收时间数据,存入 data_buf 缓存中。第 19 行 get_seconds_from_ntp_server()这个函数会根据第二个参数所代表的时区将 data_buf 中的时间换算成指定时区(东八区,北京时间)的时间,并存入 ConfigMsg. date 结构体中。第 20 行在串口打印经过时区换算过的时间,也就是东八区的时间,为了便于阅读,我们把时间格式转换成了"年—月—日　时:分:秒"这样的格式。

第 23 行判断当 Total_Seconds 大于 0 时,即成功接收时间数据后函数返回。

第 24~46 行主要实现的是发送请求以及失败后重传的情况。NTP_Retry_Cnt 是一个计数器,记录着重试的次数。第 26~31 行是首次发送请求,32~40 行尝试重传,每次尝试都将 NTP_Retry_Cnt 计数器加 1,直至 100。其中,ntptimer 是一个由硬件中断产生的信号,每一秒自增 1,第 34 行在这里用来实现延时等待 3 s。第 42~45 行实现当重试超过 100 次时将计数器清 0。

第 47～49 行在 Socket 关闭的情况下建立 Socket。

编译完成后，把程序下载到 W5500EVB 中。运行程序，如图 2-5-6 所示，通过串口工具可以看到，从服务器获取的时间信息已成功打印出来。这里需要注意的是，由于 NTP 服务器在外网中，因此要保证所配置的 W5500 IP 地址能够访问外网。

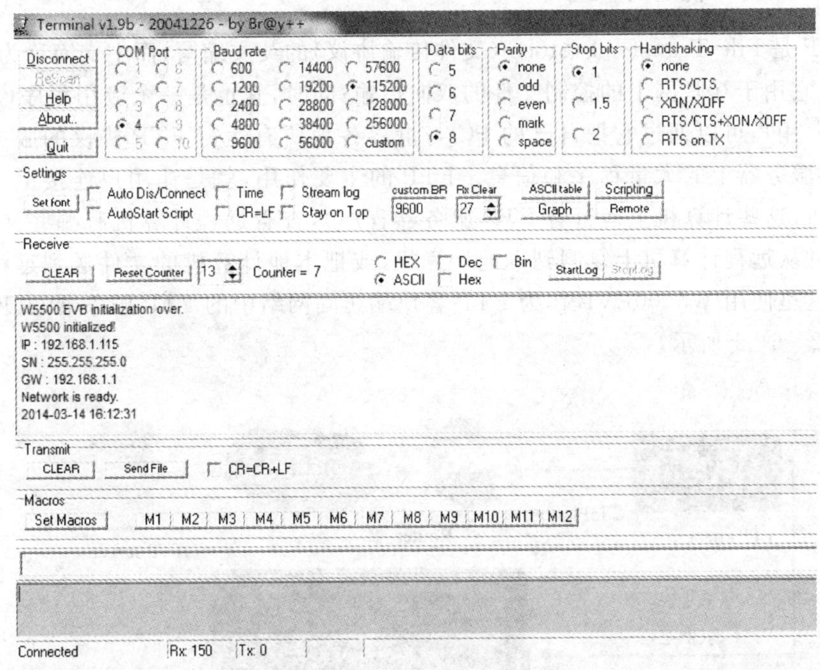


图 2-5-6　NTP 获取时间信息

### 2.5.3　小　结

通过以上示例，我们了解了如何用 W5500 通过 NTP 协议获取标准网络时间，并将获取到的网络时间按照指定的时区时间显示。希望通过该示例的演示，为以后开发网络设备提供一定的参考。

## 2.6　使用 FTP 协议实现文件传输

一般来说，使用互联网的首要目的就是实现信息共享，文件传输是信息共享非常重要的内容之一。互联网上早期实现传输文件，并不是一件容易的事，我们知道互联网是一个非常复杂的计算机环境，有 PC、工作站、MAC 和大型机，而连接在互联网上的计算机有上千万台，并且这些计算机可能运行不同的操作系统，有运行 Unix 的服务器，也有运行 Linux、Windows 的 PC 和运行 MacOS 的苹果机等，而各种操作系统之间的文件交流问题，需要建立一个统一的文件传输协议，这就是 FTP（File

Transfer Protocol)。基于不同的操作系统就有不同的 FTP 应用程序,而所有这些应用程序都遵守同一种协议,这样用户就可以把自己的文件传送给别人,或者从其他用户环境中获得文件。

## 2.6.1 FTP 协议简介

FTP 是 File Transfer Protocol(文件传输协议)的英文缩写,而中文简称为“文传协议”。它用于互联网上的控制文件的双向传输;同时,它也是一个应用程序(Application)。用户可以通过它把自己的 PC 与世界各地所有运行 FTP 协议的服务器相连,访问服务器上的大量程序和信息。FTP 的主要作用,就是让用户连接上一个远程计算机(这些计算机上运行着 FTP 服务器程序),查看远程计算机有哪些文件,然后把文件从远程计算机上复制到本地计算机,或把本地计算机的文件送到远程计算机去。这里使用 W5500EVB 作为 FTP 客户端访问网络中的 FTP 服务器,其网络连接如图 2-6-1 所示。

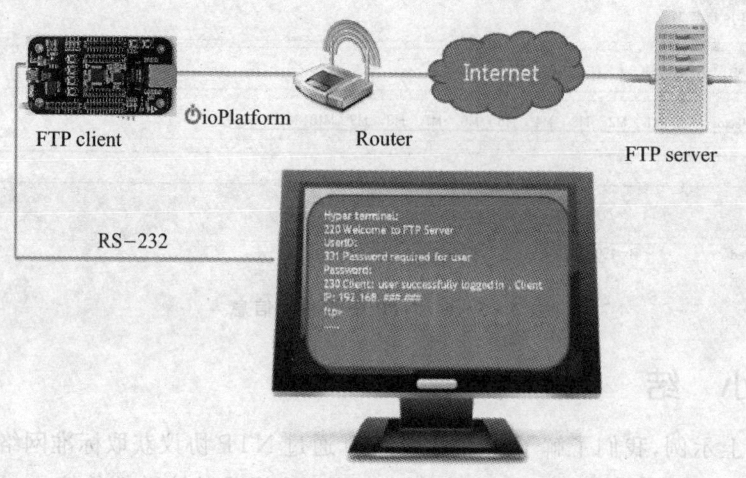


**图 2-6-1 FTP 网络连接图**

FTP 服务器一般运行在 20 和 21 两个端口。端口 20 用于在客户端和服务器之间传输数据流,而端口 21 用于传输控制流,并且是命令通向 FTP 服务器的进口。在传输文件时,FTP 客户端程序先与服务器建立连接,然后向服务器发送命令。服务器收到命令后给予响应,并执行命令。FTP 虽然可以被终端用户直接使用,但是它是设计成被 FTP 客户端程序所控制。

**命令端口**

一般来说,客户端有一个 Socket 用来连接 FTP 服务器的相关端口,它负责 FTP 命令的发送和接收返回的响应信息。一些操作如“登录”、“改变目录”、“删除文件”等依靠这个连接发送命令即可完成。

**数据端口**

对于有数据传输的操作，主要是显示目录列表，上传、下载文件，我们需要依靠另一个 Socket 来完成。FTP 的数据传输有两种模式：主动模式和被动模式。在主动模式下，通常客户端会发送一个端口号给服务器端，并在这个端口监听。服务器需要连接到客户端开启的这个数据端口，并进行数据的传输。主动模式下容易出现的问题是，服务器的主动连接请求会被客户端的防火墙阻塞。在被动模式下，通常服务器端会返回一个端口号。客户端需要另开一个 Socket 来连接这个端口，然后根据操作发送命令，数据会通过新开的一个端口传输。被动模式解决了本地防火墙的阻塞问题。

下面对 FTP 的主动模式和被动模式做简单的介绍。

**主动模式 (PORT)**

主动模式下，客户端随机打开一个大于 1 024 的端口向服务器的命令端口 $P$（即 21 端口），发起连接，同时开放 $N+1$ 端口监听，并向服务器发出“port $N+1$”命令，由服务器从它自己的数据端口(20)主动连接到客户端指定的数据端口($N+1$)。

FTP 的客户端只是告诉服务器自己的端口号，让服务器来连接客户端指定的端口。对于客户端的防火墙来说，这是从外部到内部的连接，可能会被阻塞。

**被动模式 (PASV)**

为了解决服务器发起到客户的连接问题，有了另一种 FTP 连接方式，即被动方式。命令连接和数据连接都由客户端发起，这样就解决了从服务器到客户端的数据端口的连接被防火墙过滤的问题。

被动模式下，当开启一个 FTP 连接时，客户端打开两个任意的本地端口($N>$ 1 024和 $N+1$)。

第一个端口连接服务器的 21 端口，提交 PASV 命令。然后，服务器会开启一个任意的端口 ($P>$1 024 )，返回如“227 entering passive mode (127,0,0,1,4,18)”。它返回了 227 开头的信息，在括号中有以逗号隔开的 6 个数字，前四个指服务器的地址，最后两个分别为端口号的高 8 位和低 8 位，这就是 FTP 服务器开放的用来进行数据传输的端口。如得到 227 entering passive mode (h1,h2,h3,h4,p1,p2)，那么端口号是 (p1<<8)|p2，ip 地址为 h1. h2. h3. h4。这意味着在服务器上有一个端口被开放。客户端收到命令取得端口号之后，会通过 $N+1$ 号端口连接服务器的 $P$ 号端口，然后在两个端口之间进行数据传输。

**主要用到的 FTP 命令**

FTP 每个命令都有 2～4 个字母组成，命令后面跟参数，用空格分开。每个命令都以“\r\n”结束。

要下载或上传一个文件，首先要登入 FTP 服务器，然后发送命令，最后退出。这个过程中，主要用到的命令有 USER、PASS、NLST、CWD、STOR、RETR 和 QUIT。

USER：指定用户名。通常是控制连接后第一个发出的命令。“USER wiznet\r\n”：用户名为 wiznet 登录。

PASS:指定用户密码。该命令紧跟在 USER 命令后。"PASS 123456\r\n":密码为 123456。

NLST:返回指定路径下的目录列表。

CWD:改变工作目录。如"CWD dirname\r\n"。

RETR:下载文件。"RETR file. txt \r\n":下载文件 file. txt。

STOR:上传文件。"STOR file. txt\r\n":上传文件 file. txt。

QUIT:关闭与服务器的连接。

**FTP 响应码**

客户端发送 FTP 命令后,服务器返回响应码。

响应码用三位数字编码表示:

第一个数字给出了命令状态的一般性指示,如响应成功、失败或不完整;

第二个数字是响应类型的分类,如 2 代表跟连接有关的响应,3 代表用户认证;

第三个数字提供了更加详细的信息。

三位数字对应含义如表 2-6-1 所列。

表 2-6-1 响应码三位数字编码对应含义

| 第一个数字 | 第二个数字 | 第三个数字 |
|---|---|---|
| 1 表示服务器正确接收信息,还未处理;<br>2 表示服务器已经正确处理信息;<br>3 表示服务器正确接收信息,正在处理;<br>4 表示信息暂时错误;<br>5 表示信息永久错误 | 0 表示语法;<br>1 表示系统状态和信息;<br>2 表示连接状态;<br>3 表示与用户认证有关的信息;<br>4 表示未定义;<br>5 表示与文件系统有关的信息 | 其他详细信息 |

## 2.6.2 W5500EVB 的 FTP 客户端实现流程

在本小节中,W5500EVB 使用主动模式与网络中的 FTP 服务器进行指令和数据的交互,所以,必须创建两个 TCP 的 Socket。一个 TCP 请求用于会话通道创建,另一个用于数据通道创建。遵循以下 7 个步骤来建立 FTP 客户端:

① 创建一个 TCP 服务器监听一个特定的端口。该服务器将被用做数据通道(来自 FTP 服务器的入口数据连接)。

② 执行一个 TCP 客户机请求,该 TCP 客户机请求通过端口 21 到任何 FTP 服务器。这将用作会话通道。

③ 在成功创建连接后,给出需要的登录认证信息(使用标准的 FTP 命令)来连接 FTP 服务器。服务器将回复登录成功的提示。

注意:考虑到内存大小和常用命令,该 FTP 只支持 ls、cd、put、get 和 bye。其他命令不支持。

④ 根据 FTP 标准,如果必须执行任何相关数据的操作,则需要在一个新的数据

通道中执行(来自 FTP 服务器的入口数据)。因此实现/创建该数据连接,FTP 客户端需要提供详细的 IP 地址和端口号,该端口将接收来自 FTP 服务器的入口数据。为了达到这些要求,FTP 协议建议使用命令"PORT"。如果 FTP 服务器针对发出的端口命令返回一个成功消息,则连接已准备好数据通信了。

⑤ 执行任何数据相关的 FTP 命令时,FTP 服务器初始化一个入口数据通道到 TCP 服务器,该 TCP 服务器在 W5500 中处于监听模式下。FTP 服务器使用端口命令提供的信息来初始化该数据连接。

⑥ 在数据传输结束后,FTP 服务器将关闭该数据通道。

⑦ 为了以后相关数据的活动,通过发出另一个端口命令重新启用数据通道,再启用会话通道。

完成以上流程,需要用到两个主要的函数:ftp_client_PI()和 ftp_client_DTP()。第一个函数负责指令传输,第二个函数负责数据传输。下面看一下程序上的实现。

```
void ftp_client_PI (uint8 sock)
{
int    len;
int    idx;
char  msg[STR_SIZE];
uint16 status;
static uint16 any_port  = 50000;
memset(cmd_buf,0,sizeof(cmd_buf));
switch(getSn_SR(sock))                              /* 获取 Socket 的状态 */
  {
  caseSOCK_INIT:                                    /* Socket 初始化完成 */
  if(connect(sock,FTP_SERVER_IP ,FTP_Server_CMD_Port) == 0)
                  printf("< Fail : Socket Connect >\r\n");
  break;
  caseSOCK_ESTABLISHED:                             /* Socket 连接建立 */
  if(getSn_IR(sock)&Sn_IR_CON)
    {
    setSn_IR(sock,Sn_IR_CON);                       /* Sn_IR 的第 0 位置 1 */
    }
    len = getSn_RX_RSR(sock);                       /* len 为已接收数据的长度 */
if(len>0)
    {
    recv(sock,cmd_buf,len);                         /* W5500 接收来自服务器的数据 */
    for(idx = 0;idx <len;idx ++ )
    {
    if(idx == 0)
    printf("\r\n");
```

```
printf("%c",cmd_buf[idx]);
}
   switch(status = Parse_FTPServer_Statuscode(cmd_buf))
   {//解析响应码
   caseR_220:                                  //新用户服务已就绪
   printf("\r\nInput your User ID > ");
   GetInputString(msg);
   Send_USER_ID(sock,msg);
   break;
   caseR_331:                                  //用户名已验证,需要密码
   printf("\r\nInput your Password > ");
   GetInputString(msg);
   Send_PW(sock,msg);
   break;
   caseR_230:                                  //用户已登录,处理中
      printf("\r\nUser logged in, proceed");
      close(FTP_CLIENT_DTP_SOCK);
      Send_Port(sock,IP,DTP_Port);
   break;
   caseR_200:                                  //'Generic' 命令正确
      printf("\r\nInput FTP CMD > ");
      GetInputString(msg);
      Send_cmd(sock,msg);
   break;
   caseR_150:                                  //文件状态正确,打开数据链接
      bRunDTP = 1;
   break;
   caseR_250:
      close(FTP_CLIENT_DTP_SOCK);
      Send_Port(sock,IP,DTP_Port);
   break;
   caseR_226:                                  /* 关闭数据链接,文件传输终止/完成 */
      close(FTP_CLIENT_DTP_SOCK);
      Send_Port(sock,IP,DTP_Port);
   break;
   caseR_425:
      close(FTP_CLIENT_DTP_SOCK);
      Send_Port(sock,IP,DTP_Port);
   break;
   default:
   printf("\r\nDefault Status = %d",(uint16)status);
   JumpAddress = *(volatileunsignedlong*)(ApplicationAddress + 4);//复位程序
```

```
        Jump_To_Application = (pFunction)JumpAddress;
        Jump_To_Application();
        while(1);
        }
      }
    break;
    caseSOCK_CLOSE_WAIT:                          /* Socket 等待关闭状态 */
    break;
    caseSOCK_CLOSED:                              /* Socket 关闭 */
        printf("\r\n%d : FTP Client Start.\r\n",(u16)sock);
        socket(sock,Sn_MR_TCP,any_port++,Sn_MR_ND);  /* 初始化 TCP Socket */
    break;
    }
}
```

上面的程序是 FTP 客户端会话通道的程序,在客户端与 FTP 成功连接后,会收到 FTP 服务器发来的 220 响应码,表示服务器已经准备就绪,可以接受用户登录。在使用 Send_USER_ID()和 Send_PW()函数执行完登录流程后,FTP 客户端使用 Send_Port()主动向服务器发送自己的数据通道的端口号。最后等待用户的 FTP 指令,并使用 Send_cmd()函数执行相应指令。

FTP 客户端的数据通道程序如下:

```
void ftp_client_DTP(uint8 sock)
{
int   len;
int   idx;
switch(getSn_SR(sock))                            /* 获取 Socket 的状态 */
  {
  case SOCK_INIT:
          listen(sock);
          bRunDTP = 1;
break;
case SOCK_ESTABLISHED:
if(getSn_IR(sock)& Sn_IR_CON)
  {
  setSn_IR(sock, Sn_IR_CON);                      /* Sn_IR 的第 0 位置为 1 */
  }
    len = getSn_RX_RSR(sock);                     /* len 为已接收数据的长度 */
if(len>0)
  {
  recv(sock,data_buf,len);                        /* W5500 接收来自服务器的数据 */
  for( idx = 0; idx < len; idx++ )
    {
```

```
      if( idx == 0)
      printf("\r\n");
      printf(" %c",data_buf[idx]);
      }
    }
if(bRunDTP)
    {
    bRunDTP = 0;
    #ifdef Debug
    printf("< FTP_DTP Connect OK>\r\n");
    #endif
    }
if( bRunPutFile )
{
    bRunPutFile = 0;
    send(sock,(void * )PUTFILE, strlen(PUTFILE));
    close(sock);
    }
break;
case SOCK_CLOSE_WAIT:                               /* 防止对方关闭连接,而数据还未接收完 */
    len = getSn_RX_RSR(sock);                       /* len 为已接收数据的长度 */
if(len>0)
    {
    recv(sock,data_buf,len);                        /* W5500 接收来自服务器的数据 */
    for( idx = 0; idx < len; idx ++ )
      {
      if( idx == 0)
      printf("\r\n");
      printf(" %c",data_buf[idx]);
      }
    }
if( bRunPutFile )
    {
    bRunPutFile = 0;
    send(sock,(void * )PUTFILE, strlen(PUTFILE));
    }
    close(sock);
    break;
    case SOCK_CLOSED:
              socket(sock,Sn_MR_TCP,DTP_Port ++ ,Sn_MR_ND);
if( DTP_Port >70000)
    DTP_Port = FTP_Client_TCPS_Port;
    break;
  }
}
```

在程序中，该 Socket 一直监听，等待 FTP 服务器的连接。如果接到数据，则会通过串口打印出来；如果有发送请求，则将测试字符串发送给服务器。

这里使用 FileZilla Server 软件在 PC 上建立一个 FTP 服务器，与 W5500EVB 通信。FileZilla 的安装和配置流程在这里不做详细介绍。在完成下载安装后，我们添加一个账户(这里使用的账户是 wiznet，密码 123456)，并为这个账户添加一个文件夹，并勾选文件所有操作。单击"确定"按钮后，这个账户就可以被连接了，如图 2-6-2、图 2-6-3、图 2-6-4 所示。

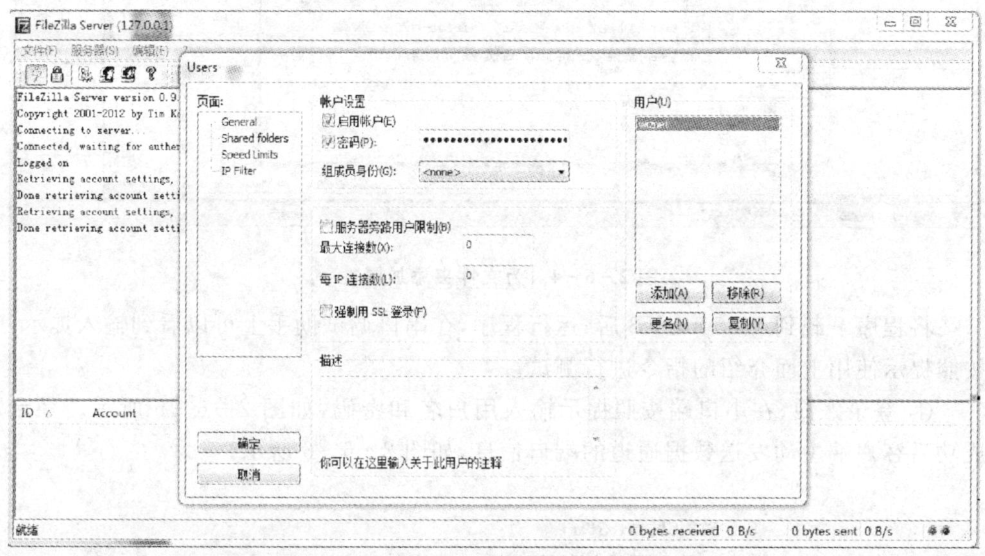


图 2-6-2　在 FileZilla Server 上创建新用户

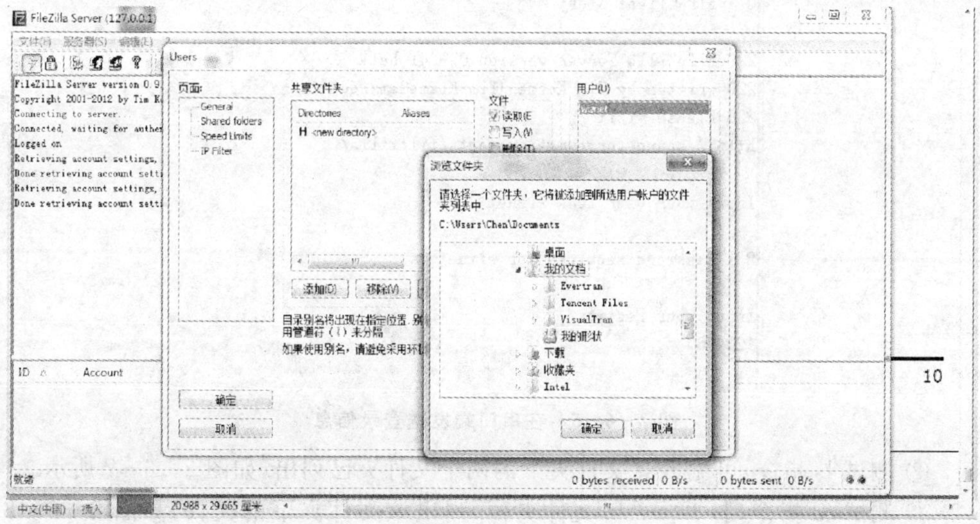


图 2-6-3　为新建用户添加文件夹

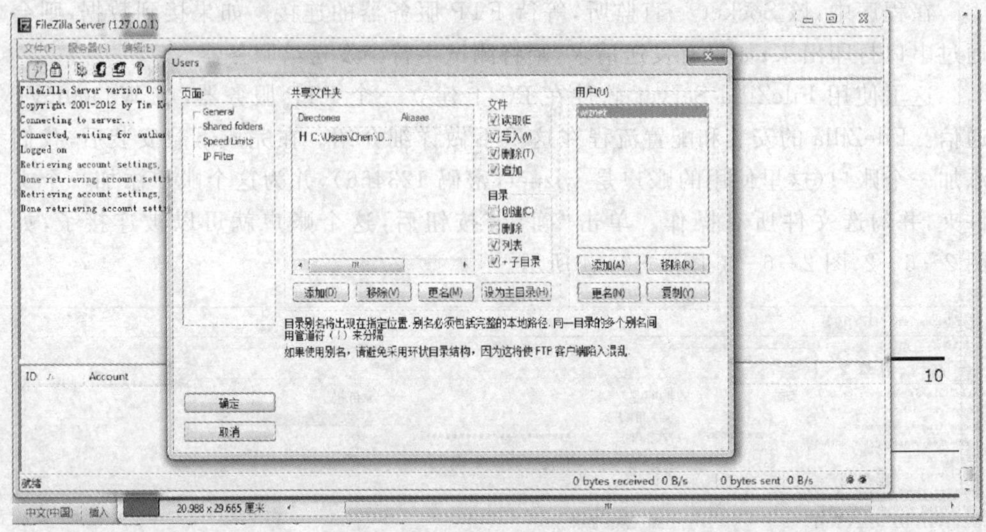


图 2-6-4　为文件夹添加属性

将程序下载到 W5500EVB 后，运行程序，在串口调试助手上可以看到输入提示，按照提示使用上面介绍的指令进行测试。

① 登录账户，在串口端按照提示输入用户名和密码，如图 2-6-5 所示。登录成功后客户端主动发送数据通道的端口信息，如图 2-6-6 所示。

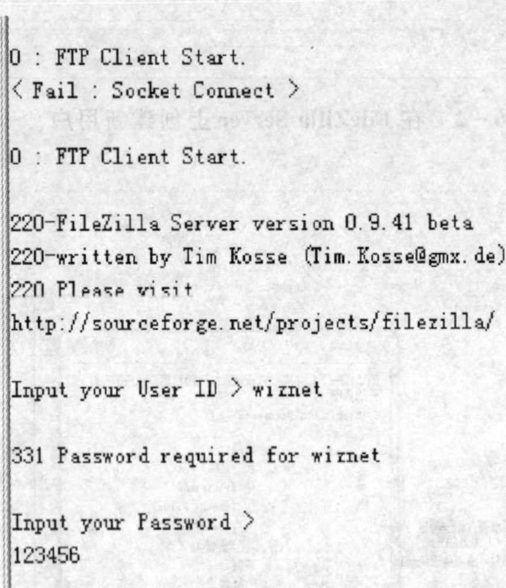

```
0 : FTP Client Start.
< Fail : Socket Connect >

0 : FTP Client Start.

220-FileZilla Server version 0.9.41 beta
220-written by Tim Kosse (Tim.Kosse@gmx.de)
220 Please visit
http://sourceforge.net/projects/filezilla/

Input your User ID > wiznet

331 Password required for wiznet

Input your Password >
123456
```

图 2-6-5　在串口端发送登录信息

② 测试 ls 指令，可见 test 文件夹下的两个文件夹已列出，如图 2-6-7 所示。

③ 测试 cd 指令，打开 music 文件夹，并列出该文件夹下的文件，如图 2-6-8 所示。

```
(000002)2014/12/19 11:22:43 - (not logged in) (192.168.1.115)> USER wiznet
(000002)2014/12/19 11:22:43 - (not logged in) (192.168.1.115)> 331 Password required for wiznet
(000002)2014/12/19 11:22:51 - (not logged in) (192.168.1.115)> PASS ******
(000002)2014/12/19 11:22:51 - wiznet (192.168.1.115)> 230 Logged on
(000002)2014/12/19 11:22:51 - wiznet (192.168.1.115)> PORT 192,168,1,115,234,98
(000002)2014/12/19 11:22:51 - wiznet (192.168.1.115)> 200 Port command successful
```

| ID △ | Account | IP | Transfer |
|---|---|---|---|
| 000002 | wiznet | 192.168.1.115 | |

图 2-6-6 FileZilla Server 上显示登录成功

```
Input FTP CMD > ls

150 Opening data channel for directory list.

book
music

226 Transfer OK

200 Port command successful
```

图 2-6-7 在串口发送 ls 指令

```
Input FTP CMD >
cd music

250 CWD successful. "/music" is current directory.

200 Port command successful

Input FTP CMD >
ls

150 Opening data channel for directory list.

song1.txt
song2.txt

226 Transfer OK

200 Port command successful
```

图 2-6-8 在串口发送 cd 指令

④ 测试 put 指令，在主目录下新增一个文件 newdoc.txt，向其写入"This is the txt file for put cmd testing!!!! WIZnet!!!"，并使用 ls 指令列出新的文件，如图 2-6-9 所示。

```
Input FTP CMD >
ls

150 Opening data channel for directory list.

book
music
newdoc.txt

226 Transfer OK

200 Port command successful
```

图 2-6-9 添加新文件

⑤ 测试 get 指令，将新增的文件里的内容读回，可见刚才写入的内容已经读到了，如图 2-6-10 所示。

⑥ 测试 bye 指令，输入 bye 指令后，W5500EVB 断开与 FTP 服务器的连接，并重启，如图 2-6-11 和图 2-6-12 所示。

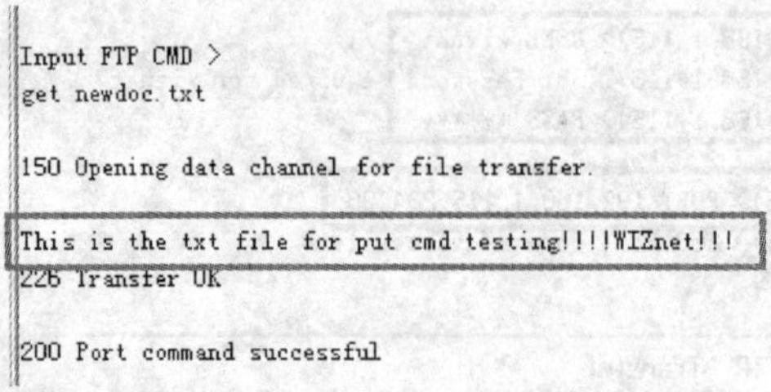

```
Input FTP CMD >
get newdoc.txt

150 Opening data channel for file transfer.

This is the txt file for put cmd testing!!!!WIZnet!!!
226 Transfer OK

200 Port command successful
```

图 2-6-10　获取新文件的内容

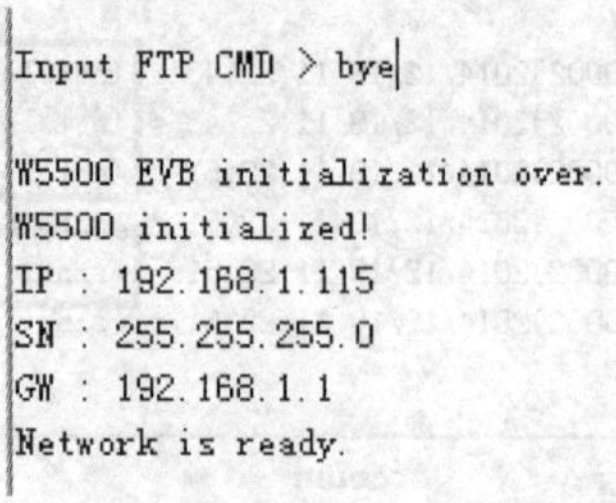

```
Input FTP CMD > bye

W5500 EVB initialization over.
W5500 initialized!
IP : 192.168.1.115
SN : 255.255.255.0
GW : 192.168.1.1
Network is ready.
```

图 2-6-11　在发送 bye 指令后板卡重启

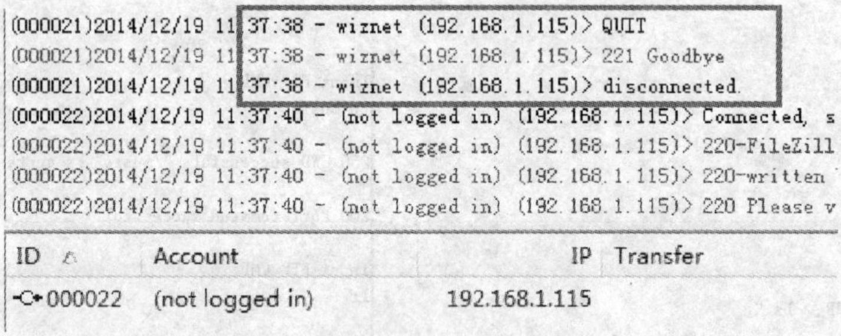

```
(000021)2014/12/19 11:37:38 - wiznet (192.168.1.115)> QUIT
(000021)2014/12/19 11:37:38 - wiznet (192.168.1.115)> 221 Goodbye
(000021)2014/12/19 11:37:38 - wiznet (192.168.1.115)> disconnected.
(000022)2014/12/19 11:37:40 - (not logged in) (192.168.1.115)> Connected, s
(000022)2014/12/19 11:37:40 - (not logged in) (192.168.1.115)> 220-FileZill
(000022)2014/12/19 11:37:40 - (not logged in) (192.168.1.115)> 220-written
(000022)2014/12/19 11:37:40 - (not logged in) (192.168.1.115)> 220 Please v
```

| ID | Account | IP | Transfer |
|---|---|---|---|
| 000022 | (not logged in) | 192.168.1.115 | |

图 2-6-12　FileZilla Server 上显示断开连接

## 2.6.3　小　结

FTP 协议的实现,可以方便我们获取服务器上的文件信息,也可以将嵌入式设备的信息备份到本地服务器上,以减少嵌入式设备自身资源的占用。然而,FTP 是 20 世纪 70 年代设计出来的,当时互联网还是一个封闭的网络,网络安全不是一个大的问题。当 FTP 在使用 NAT 网关、防火墙和 CISCO 访问列表的现代网络环境中运用时,不管你是用 Port 模式还是 Passive 模式,都可能产生一些问题,FTP 在公网上作为一些关键应用的文件传输手段可能就是一个错误;当然近年来很多人为了使 FTP 协议更加安全进行了不懈的努力,然而这些努力却使对于 FTP 的排错更加复杂,而且都没有解决 FTP 最大的问题,即明文传输用户名和口令。有许多应用可以替代 FTP,如 SCP、SFTP 或者 WebDAV。

截止到本节,我们了解了使用 W5500 如何自动获取 IP 地址、如何解析一个域名、如何搭建一个网页服务器、如何发送电子邮件以及如何获取网络标准时间。本章介绍的 DHCP、DNS、HTTP、SMTP、NTP 及 FTP 协议,它们全部都是应用层的常用协议,这些应用层协议有使用 TCP 传输的,还有使用 UDP 传输的。使用 UDP 传输的 DHCP 协议还涉及了 UDP 广播。应用层是开放系统的最高层,是直接为应用进程提供服务的。作用是在实现多个系统应用进程相互通信的同时,完成一系列业务处理所需的服务。其实每一种网络通信方式的实现，都依赖于某个或某几个网络协议。协议是为计算机网络中进行数据交换而建立的规则、标准或约定的集合。了解和灵活运用这些协议，可以帮助我们更好地设计和实现属于自己的智能网络设备。

通过对上述这些应用层协议的学习，相信我们已经能够灵活使用 W5500EVB，也能够通过 W5500 灵活地发送和接收数据。那么，从下一章开始，我们将以这些协议为基础，以完成某一功能为目的，进一步讲解开发智能网络设备所需的其他功能，例如远程升级设备固件、通过网页远程控制设备开关以及如何将无线传感器网络接入互联网等。

# 第3章 进阶篇

了解了一些常用的应用层协议之后，本章将逐步介绍在物联网项目中的一些实际应用片段，如远程配置设备的方法等。此外，在本章我们还会学习如何使用W5500的MACRAW模式来构建底层协议。本章最后介绍了一个简单网络管理协议（SNMP），该协议也是实际项目中一个常用的应用协议。通过本章的学习，使读者对协议的实现方法有更深刻的认识。

## 3.1 通过上位机远程配置设备

在前面的章节中介绍了一些标准协议的使用，以及通过标准协议提交或获取数据。但是在实际的应用中，除了这些标准的协议，很多场合还需要我们定制一些私有协议来完成设备与电脑以及设备与设备间的通信。

在本节中，将定义一个简单的通信协议，然后通过这个协议实现用上位机远程配置W5500的网络参数。利用这个实例，在设计和开发联网设备时，可以定义出更实用的协议来完成众多设备的管理和通信。在介绍这个示例之前，先来了解一些相关的概念。

### 3.1.1 上位机与下位机程序

上位机是指人可以直接发出操控命令的计算机，一般是PC。上位机屏幕上显示各种信号变化（液压、水位和温度等）。下位机是直接控制设备获取设备状况的计算机，一般是指单片机系统，这里就是W5500EVB。由于单片机具有体积小、价格低、可应用于恶劣工业环境的特点，在分布式控制系统中大多采用单片机作为下位机来进行数据采集和现场控制。在这些应用中，单片机只是直接面向被控对象底层。而对采集到的数据进行进一步分析和处理的工作是由功能强大的主控PC来完成的。因此，PC和单片机之间就有着大量的数据交换。上位机发出的命令首先给下位机，下位机再根据此命令解释成相应时序信号直接控制相应的设备。下位机定时读取设备状态数据（一般模拟量）或者中断式地收到设备信息，转化成数字信号反馈给上位机。例如在安防系统中，上位机（电脑）通过PCI视频卡和485总线等与多个设备（摄像头和门禁）通信，并达到监控目的。

上位机与下位机会遵循一定的通信协议，下位机收集到的信息通过上位机表现出来，而下位机的配置和执行动作往往需要通过上位机来下达。它们之间的通信过程如图 3-1-1 所示。

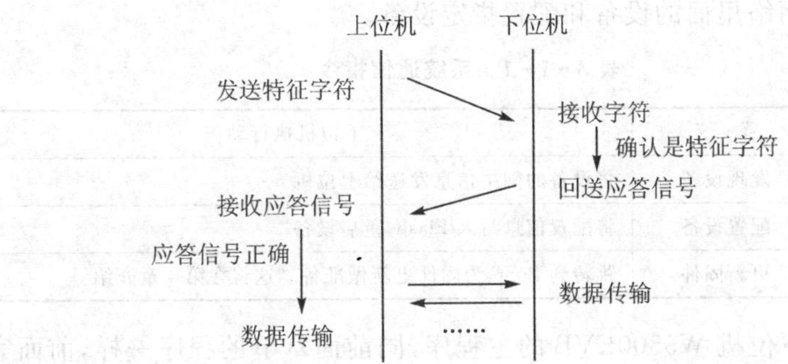


**图 3-1-1　上位机与下位机通信过程示意图**

上位机和下位机一般由总线连接，并且有相应总线的通信协议，来保证数据和指令能够安全准确地到达，如 CAN 总线协议、485 总线协议。如图 3-1-1 所示，以上位机发送某条指令为例，上位机将指令按照协议打包（包中会包含目的地址、校验等信息），然后发送到通信线路上，响应下位机接收到数据包，解包后确定为协议中指令，然后向上位机发送应答信息，进而下位机等待上位机数据或者去执行该指令。上位机接收到应答信号后，可以执行相应的数据传送或者等待用户输入下次命令。

了解了这些概念和应用场景之后，结合 W5500EVB 来实际看一下如何通过上位机工具来远程配置下位机。

## 3.1.2　上位机远程配置设备

如前文所述，本节将演示如何使用自己定义的通信协议通过上位机程序来配置 W5500EVB 的网络参数。W5500EVB 在此扮演下位机的角色，也是本小节要着重介绍的主角。

本例程中所用的上位机程序是我们开发的一个网络配置工具，我们暂且把它称为ConfigTool，该程序是用. net framework 2005 下的 vb. net 语言编写的，可在 Windows平台的 PC 上运行。在这里可用来实现对网络中设备的发现和配置更新等功能，充当上位机程序，运行界面如图 3-1-2 所示。由于重点不在于如何编写这个上位机程序，因此这里对这个程序就不多做介绍了。下面详细介绍 W5500EVB 程序和上位机通信协议。

W5500EVB 程序完成接收并响应上位机的发现指令，以及接收上位机的远程配置指令。由于 W5500EVB 的初始 IP 地址未知，所以不能使用单播的通信方式来发现本地网络中的设备。通过之前的学习我们知道 UDP 具有广播功能，所以上位机和下位机的指令和数据通信时利用了 UDP 协议的广播功能。广播通信需要用到一个广播地址(255.255.255.255),只要上位机和下位机监听和发送的 UDP 端口统一,那么上位机就可以把指令广播给本地内部网络中的所有设备。在这个例程里,我们定义了几条简单的指令如表 3-1-1 所例。在本小节的示例中,我们将用前两个指令去发现本地网络里面的设备和配置指定设备。

**表 3-1-1 系统通信指令**

| 指 令 | 释 义 | 下位机执行动作 |
|---|---|---|
| FIND | 发现设备 | 将设备的网络信息发送给上位机 |
| SETT | 配置设备 | 将配置信息写入 Flash,重启设备 |
| FIRM | 更新固件 | 跳转到 Boot,为固件更新做准备。这将在第 4 章介绍 |

下面来看看下位机 W5500EVB 的主程序,同前面章节的程序一样,前面完成板子的初始化工作。而完成本节任务的是主循环中的 do_udp_config()线程。

```
void main()
{
RCC_Configuration();
GPIO_Configuration();
NVIC_Configuration();
USART1_Init();
WIZ_SPI_Init();
Reset_W5500();
printf("\r\nW5500 Demo Code for Remote IAP.\r\n");
get_config();                          /* 从 Flash ConfigAddr 位置读取设备配置信息 */
if (ConfigMsg.mac[0]!= 0x00&&ConfigMsg.mac[1]!= 0x08&&ConfigMsg.mac[2]!= 0xdc)
                                               /* Flash 里没有配置信息 */
{
   printf("Set the network in default\r\n");
   set_default();
   set_network();
 }
 else                                          /* Flash 里有配置信息 */
 {
     printf("Set the network from Flash\r\n");
     set_network();                            /* 重新配置网络参数 */
     printf("IP: %d.%d.%d.%d\r\n",ConfigMsg.lip[0],ConfigMsg.lip[1],ConfigMsg.
     lip[2],ConfigMsg.lip[3]);
     printf("Sub: %d.%d.%d.%d\r\n",ConfigMsg.sub[0],ConfigMsg.sub[1],ConfigMsg.
     sub[2],ConfigMsg.sub[3]);
     printf("GW: %d.%d.%d.%d\r\n",ConfigMsg.gw[0],ConfigMsg.gw[1],ConfigMsg.gw
     [2],ConfigMsg.gw[3]);
```

```
    }
24  while(1)
25  {
26    do_udp_config();
27  }
28 }
```

主程序第 3～9 行是 W5500EVB 的初始化工作，直接调用库函数。第 10 行读取 Flash 中的 MAC 地址、IP 地址等基本配置信息。第 11 行判断如果 Flash 里没有配置信息(通过比对 MAC 地址的前 3 字节实现)，则下面 14、15 行进行默认配置。第 17 行，如果 Flash 里有配置信息，第 20 行按此信息重新配置 W5500。第 21～23 行是在串口打印相关配置信息。从 24 行开始，程序进入主循环，执行 do_udp_config() 这个函数，它的主要任务是与上位机通信，响应上位机的发现指令和配置更新。

需要注意的是，在这个主程序中，get_config()函数中涉及从 Flash 中读取存储信息，Flash 是一种掉电非易失性存储器，片上自带的 Flash 通常是用来存储设备的程序可执行文件的。这里“借用”了 Flash 上的一点空间，用来备份设备的网络信息，这样每次上电后就能知道设备的配置数据了，省去了每次开机都配置或者都执行默认配置的烦恼。

下面来看一下主要的下位机配置函数 do_udp_config()的代码：

```
void do_udp_config(void)
{
uint8 sckState;
uint16 len;
uint8 rIP[4];
uint8 bIP[4] = {255,255,255,255};
uint16 rPort;
 //清除 RecvMsg
memset(RecvMsg.op, 0, sizeof(RecvMsg));
sckState = getSn_SR(SOCK_CONFIG);
switch(sckState)
{
case SOCK_UDP:
if((len = getSn_RX_RSR(SOCK_CONFIG))>0)
{
    if(len>MAX_BUF_SIZE) len = MAX_BUF_SIZE;
    recvfrom(SOCK_CONFIG, (uint8 * )&RecvMsg, len, rIP, &rPort);
    //FIND：搜索，SETT：配置，FIRM：固件上传
    if((RecvMsg.op[0] == 'F') && (RecvMsg.op[1] == 'I') && (RecvMsg.op[2] == 'N') &&(Re-
    cvMsg.op[3] == 'D'))                        //FIND 指令，回复本机设备信息给上位机
    {
```

```
            RecvMsg = ConfigMsg;
            RecvMsg.op[0] = 'F';RecvMsg.op[1] = 'I';RecvMsg.op[2] = 'N';RecvMsg.op[3] = 'D';
            //响应
            sendto(SOCK_CONFIG, (const uint8 * )RecvMsg.op, sizeof(RecvMsg), bIP, rPort);
            printf("find\r\n");
          }
          else if((RecvMsg.op[0] == 'S') && (RecvMsg.op[1] == 'E') && (RecvMsg.op[2] == 'T') &&
          (RecvMsg.op[3] == 'T'))                    /* SETT 指令,将接收到的信息配置给设备 */
          {
            if((RecvMsg.mac[0] == ConfigMsg.mac[0]) && (RecvMsg.mac[1] == ConfigMsg.mac
            [1]) && (RecvMsg.mac[2] == ConfigMsg.mac[2]) &&(RecvMsg.mac[3] == ConfigMsg.mac
            [3]) && (RecvMsg.mac[4] == ConfigMsg.mac[4]) && (RecvMsg.mac[5] == ConfigMsg.
            mac[5]))
            {
              ConfigMsg = RecvMsg;                   /* 更新配置信息 */
              write_config_to_flash();               /* 写入 flash */
              reboot();                              /* 软重启设备,执行新的配置 */
            }
          }
          else if((RecvMsg.op[0] == 'F') && (RecvMsg.op[1] == 'I') && (RecvMsg.op[2] == 'R') &&
          (RecvMsg.op[3] == 'M'))                    /* FIRM 指令,回复上位机,确认数据接收 */
          {
            if((RecvMsg.mac[0] == ConfigMsg.mac[0]) && (RecvMsg.mac[1] == ConfigMsg.mac
            [1]) && (RecvMsg.mac[2] == ConfigMsg.mac[2]) &&
            (RecvMsg.mac[3] == ConfigMsg.mac[3]) && (RecvMsg.mac[4] == ConfigMsg.mac[4])
            && (RecvMsg.mac[5] == ConfigMsg.mac[5]))
            {
              //响应
              sendto(SOCK_CONFIG, (uint8 * )&RecvMsg, sizeof(ConfiqMsq),bIP, rPort);
            }
          }
        }
        break;
      case SOCK_CLOSED:
        socket(SOCK_CONFIG, Sn_MR_UDP, REMOTE_CLIENT_PORT, 0);
        break;
      }
}
```

介绍具体代码之前,我们来先来看一下几个主要的变量:ConfigMsg(CONFIG_MSG 结构体全局变量)用来存储缓存 W5500EVB 的配置信息;RecvMsg 用来缓存上位机发来的配置信息。具体结构体包含的内容(IP 地址、子网掩码等)可以在

Config. h中一探究竟，这里不再赘述。程序第 8 行清空接收信息的缓存。从第 9 行开始获取 Socket 状态并执行 W5500 状态的跳转。第 12 行，当 Socket 已打开并且为 UDP 模式时，第 16 行接收来自上位机的指令。第 17 行判断如果上位机指令为 FIND，则接下来的第 18～23 行，回复本机设备信息给上位机。第 24 行判断如果上位机指令为 SETT，则用户通过上位机程序发送的新的配置信息将随这个指令一起发送。由于 ConfigTool 是广播的这个消息，因此在第 25 行，需要通过对 MAC 地址的比较来判断是否是针对该设备的配置信息。第 26～32 行更新设备信息，然后保存新的配置信息到 Flash 中，write_config_to_flash()函数负责将新的 ConfigMsg 写入 Flash，然后重启设备。第 42 行，当 Socket 处于关闭状态时，打开一个新的 Socket 并把模式设置为 UDP。

以上就是 W5500EVB 程序中 UDP 配置部分的实现，上位机就是这样发送 UDP 包给单片机的。看完下位机程序，再来看一下上位机的使用。

本例程中，程序实现的是搜索和配置功能，将用到 Search 和 Setting 两个按键。单击 Search 按钮后，上位机程序会广播 FIND 指令；发现新的设备后，会在 Network Devices 列表中列出搜索到的设备，右面的窗口会显示对应设备的网络信息。用户可以修改网络信息。当单击 Setting 按钮后，上位机将对应设备的新的网络信息广播到网络中，设备通过 MAC 地址比对，区分是否是发给自己的配置信息，如果是自己的配置信息，则存入 Flash，然后重新启动。

分析完关键代码，再来看看程序的实际使用情况。下载编译好的代码到 W5500EVB 并运行，然后打开上位机程序，如图 3-1-2 所示。

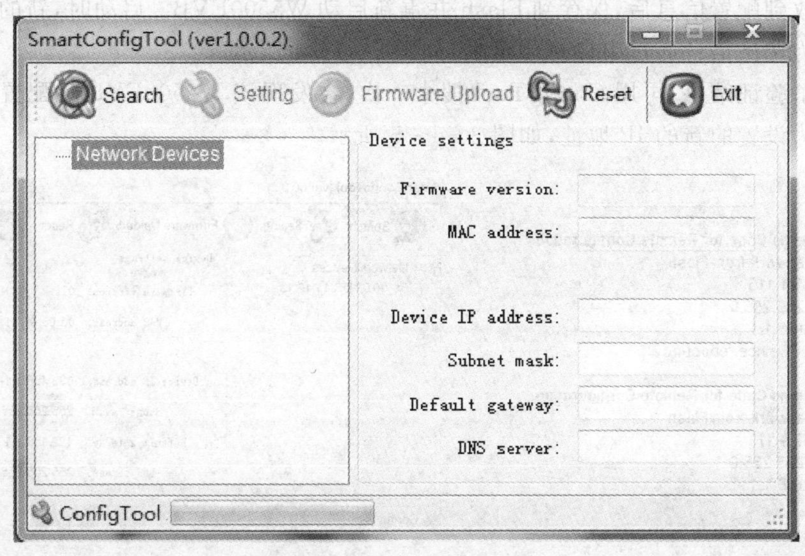


**图 3-1-2 上位机程序**

单击工具栏的 Search 按钮，树形列表中用设备的 MAC 地址表示不同设备，在右侧的窗口中显示它的固件版本和 MAC 地址。其余配置信息也在右侧一一列出。如图 3-1-3 所示,窗口右侧列出了目前这个上位机程序所搜索到的设备,其 MAC 地址是 00:08:DC:11:12:13。这个 MAC 地址在这里作为设备的唯一 ID 使用。

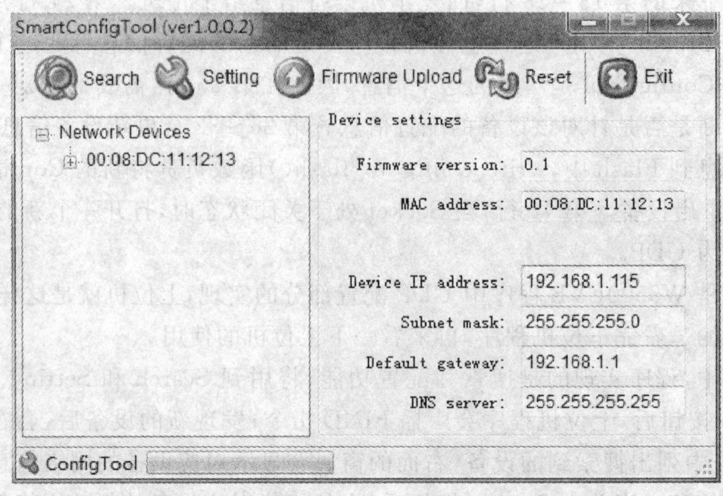


**图 3-1-3 用上位机程序搜索设备**

除了 MAC 地址和固件版本号外,MAC 地址下面的 IP 地址、子网掩码、默认网关和 DNS 服务器的信息都是可以被用户更改的。作为示例,在这里仅做一下更改 IP 地址的操作。我们把原有 IP 地址改为 192.168.1.113,之后单击 Setting 按钮,下位机接收到配置信息后,保存到 Flash 并重新启动 W5500EVB。启动时,新的配置信息将作为调试信息通过串口打印出来,如图 3-1-4 所示。

为了验证结果,再用 ConfigTool 搜索一次,会发现该 W5500EVB 的配置信息已经更改为设置的新的 IP 地址,如图 3-1-5 所示。

```
W5500 Demo Code for Remote Configuration.
Set the network from Flash
IP:192.168.1.115
Sub:255.255.255.0
GW:192.168.1.1
Config OK,Device reboot now!

W5500 Demo Code for Remote Configuration.
Set the network from Flash
IP:192.168.1.113
Sub:255.255.255.0
GW:192.168.1.1
```

**图 3-1-4 用上位机程序配置设备串口调试信息**

**图 3-1-5 配置完成后的搜索结果**

### 3.1.3 小　结

W5500 实现了设备的联网，而 PC 是用户与互联网的接口。使用 PC 上的软件，利用合适的网络通信协议，通过 W5500 就可以实现与远程下位机的数据通信。这不仅实现了远程监控，而且也省去了用户现场调试的烦恼。3.2 节来介绍另外一种配置方式。

## 3.2 通过浏览器配置设备

在 3.1 节中介绍了通过上位机对设备进行设置的更改，用这种方式对设备进行操作有一个必要的前提，那就是上位机(一般指 PC)必须安装相应的控制软件。使用这种方法，用户可以自己定制协议，也可以实现 UDP 广播寻址终端，无须知道终端 IP 地址即可找到同一网段下的多个终端。但这种方式相对繁琐，用户不仅需要安装该上位机程序，而且还要考虑不同的操作系统不同版本部署困难。因此，对于系统内设备数量较少的情况，可以使用另一种方法——通过浏览器配置设备。输入 IP 地址直接控制和访问自己的单片机，在 Web 页面直接单击按钮，就可以随时修改配置并进行更新。

通过浏览器来配置硬件设备，在生活中有着广泛的应用。最常见的就是家用路由器的配置过程。通过浏览器键入路由器的默认 IP 地址，然后根据网页提示就可以逐步配置设备信息，如 SSID、WiFi 密码和 DHCP 服务等，如图 3-2-1 所示。

路由器之所以能够实现这个功能，实际上是因为在内部已经搭建了一个 HTTP 服务器，由此来提供网页显示、配置更改等诸多功能。W5500EVB 系统也能实现与上述同样的功能。

### 3.2.1 通过浏览器配置 W5500EVB

前面章节已经介绍了如何通过 W5500EVB 建立一个网页，即搭建一个 HTTP 服务器。本小节将在此基础上，实现用浏览器直接控制和访问单片机，来配置 W5500EVB 的 IP 地址、子网掩码和默认网关等信息。

本程序中用来存储单片机配置信息的存储介质和前面章节所提到的有所不同。之前我们采用的方法是将配置信息写在 Flash 中，这种方式虽然可以保证在断电之后配置信息不会丢失，但 Flash 往往用于存储程序体，用户在下载程序时如果选择整片擦除再烧写程序，就会把 Flash 里的配置信息同时抹去，而有时这并不是用户的本意，所以将配置信息存在 Flash 中有一定的风险。

这里使用 EEPROM 来存储配置信息，W5500EVB 中有 2 KB 的 EEPROM 来保存配置信息。与 Flash 类似，EEPROM 也是一种掉电后数据不丢失的存储芯片。但与 Flash 不同的是，EEPROM 是一个外部芯片，容量一般比较小，专门用来给用户存

**图 3-2-1　浏览器配置路由器**

储掉电需要保存的配置信息。用户可以自行对比这两种方法的优劣，根据实际需求在自己的程序中选择配置信息的存储介质。本程序中通过 cgi_ipconfig()函数来将配置信息写入 EEPROM 中。

源程序分以下三部分来解读：main.c 主文件实现程序运行的主流程，httputil.c 文件用于接收 HTTP 请求报文和发送 HTTP 响应报文，httpd.c 用于实现对请求报文的解析。需要调用的其他函数在其他应用程序中声明。

```
uint8 reboot_flag = 0;                /*定义一个重新启动的标志位并初始化为 0 */
void main()
{
RCC_Configuration();
GPIO_Configuration();
NVIC_Configuration();
delay_init(72);
USART1_Init();
at24c16_init();
Reset_W5500();
WIZ_SPI_Init();
get_config();                         /*读取 EEPROM 中的基本配置信息*/
set_network();                        /*为 W5500 进行网络设置*/
```

```
14 printf("Network is ready! \r\n");
15 while(1)
16 {
17   do_http();                        /* HTTP 服务器主函数运行 */
18   if(reboot_flag) reboot();         /* 如果 reboot_flag 是 1,则重新启动程序 */
19 }
20 }
```

主程序第 1 行定义标志位并将其初始化为 0,当满足一定条件时,就会重新启动程序。第 4～11 行是 W5500EVB 的初始化工作,直接调用库文件。第 12 行读取 EEPROM 中的 MAC 地址和 IP 地址等基本配置信息。第 13 行为 W5500 进行网络设置。第 17 行就是运行 HTTP 服务器主函数了。第 18 行如果标志位是 1 的话,则重新启动程序。不难看出,该程序具有掉电记忆功能,因为它已经把配置信息都写进了 EEPROM 中。

void do_http(void)函数和 void proc_http(SOCKET s, uint8 * buf)函数在前面章节中已经详细叙述过了,W5500EVB 程序中使用一个比较大的字符数组来保存网页的程序,当浏览器访问 W5500EVB 的 IP 地址时,W5500EVB 将网页程序发送给浏览器显示,其他的请求处理这里不再叙述,只讲解一下它的不同之处。

```
1  case METHOD_POST:                                  /* HTTP 请求方法是 POST 时 */
2  mid(http_request->URI, "/", " ", req_name);       /* 获取 http_request 的文件名 */
3  if(strcmp(req_name,"config.cgi") == 0)
4  {
5    cgi_ipconfig(http_request);                     /* 新配置信息写进单片机的 EEPROM 中 */
6    make_cgi_response(5,(int8 *)ConfigMsg.lip,tx_buf); /* 生成 HTTP 响应的文本部分 */
7    sprintf((char *)http_response,"HTTP/1.1 200 OK\r\nContent-Type:text/html\r\nContent-Length:%d\r\n\r\n%s",strlen(tx_buf),tx_buf);
8    send(s, (u_char *)http_response, strlen((char *)http_response));
                                                     /* 发送 http_response */
9    disconnect(s);                                  /* 断开 Socket 连接 */
10   reboot_flag = 1;                                /* reboot_flag 标志位置 1 */
11   return;
12   }
13  break;
```

这是 void proc_http(SOCKET s, uint8 * buf)函数中状态机的一种模式。第 1 行,当 HTTP 请求方法是 POST 时;第 2 行,获取 HTTP 请求的文件名;第 3 行,当 req_name 是 config.cgi 时;第 5 行把 http_request 中的 IP 地址等信息写进闪存中,替换以前的默认设置;第 6、7 行生成 http_reponse 的文本部分,然后以 HTTP 响应的报文格式存入 http_response 数组中；第 8 行发送 http_response；第 9 行，断开 Socket 连接；第 10 行，把标志位置 1。通过这段程序就实现了通过浏览器修改单片机 IP 地址的功能。

图 3-2-2 所示为实际的演示效果。连接线路，下载程序。在浏览器中输入 W5500EVB 的 IP 地址，回车后出现 Web 界面。如图 3-2-2 所示，Device Settings 下依次列出 W5500EVB 的硬件版本号、MAC 地址、IP 地址、子网掩码以及默认网关基本配置。用户也可配置其他 IP 地址、子网掩码及网关，然后单击"Save settings and Reboot"按钮设置并重启生效。

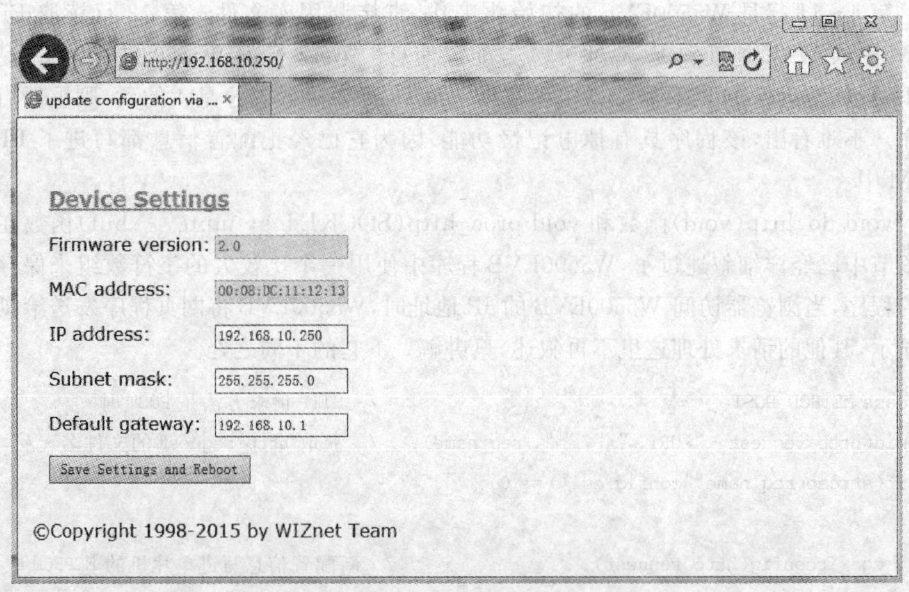


**图 3-2-2　网页显示单片机配置信息**

然后我们可以尝试将单片机的 IP 地址由"192.168.10.250"更改为"192.168.10.200"，单击"保存"按钮后，即弹出等待界面，如图 3-2-3 所示。

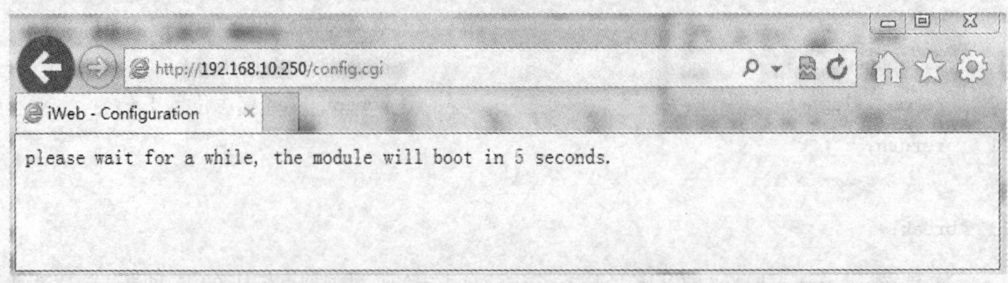


**图 3-2-3　通过浏览器更改单片机 IP 地址**

IP 地址更改成功(如图 3-2-4 所示)，稍等片刻就可以使用新 IP 地址访问此设备了。

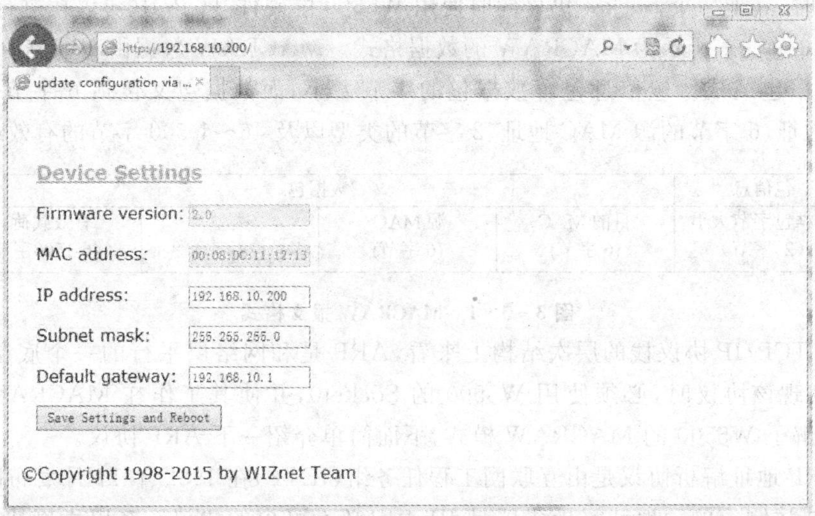

图 3-2-4 更改 IP 地址成功

### 3.2.2 小 结

本节在 3.1 节上位机配置设备的基础上进行了更深入的研究。相信读者也已深刻感受到网络时代的便捷。现在我们已经学会了如何使用网页访问并配置自己的单片机，让设备实现网络化管理。

## 3.3 ARP 地址解析协议的实现

通过前面章节的学习，我们了解到了 W5500 内部硬件实现了传输层及其下层的大部分协议，如 TCP、UDP、IP、ICMP 和 ARP 等。这些都是标准的协议，在正常的工作模式下，用户无法看到网络层（IP 层）和数据链路层（MAC 层）的数据包头。在一些特殊的场合，用户需要自定义一些私有的底层协议，这就要求 W5500 除了提供硬件 TCP/IP 协议栈外，还需要提供源数据（包括网络层以及数据链路层包头的数据）的功能，即 W5500 的 Socket0 所特有的 MACRAW（带有 MAC 头的源数据）模式和 IPRAW（带有 IP 头的源数据）模式所提供的功能。在本节内容中，我们将探讨底层协议的实现方法，用 Socket0 的 MACRAW 模式来实现 ARP 协议。

### 3.3.1 W5500 的 MACRAW 模式与 ARP 简介

W5500 的 MACRAW 模式是一个位于数据链路层的以太网通信方式，在该模式下 W5500 的硬件 TCP/IP 协议将不可用，用户需要自己实现 TCP/IP 协议栈。需要注意的是只有 Socket0 才具备 MACRAW 和 IPRAW 模式。当 Socket0 处于 RAW

模式下时，其他 7 个 Socket 仍可同时使用 W5500 的硬件 TCP/IP 协议栈进行通信。

图 3-3-1 所示为 MACRAW 的数据格式。MACRAW 数据由 2 字节的包信息以及数据包组成。包信息包含数据包的字节大小，而数据包又包括 6 字节的目的 MAC 地址、6 字节的源 MAC 地址、2 字节的类型以及 46～1 500 字节的有效载荷。

| 包信息 | 数据包 | | | |
|---|---|---|---|---|
| 数据包字节大小（2 字节） | 目的 MAC (6 字节) | 源 MAC (6 字节) | 类型 (2 字节) | 有效载荷 （46-1500字节） |

**图 3-3-1　MACRAW 报文格式**

从 TCP/IP 协议栈的层次结构上来看，ARP 是和网络层平行的一个底层协议。因此，实现该协议时，必须使用 W5500 的 Socket0，并使其工作在 MACRAW 模式下。了解了 W5500 的 MACRAW 模式，下面简单介绍一下 ARP 协议。

ARP 地址解析协议是由互联网工程任务组(IETF)在 1982 年 11 月发布的 RFC 826 中描述制定的。地址解析协议是 IPv4 中必不可少的协议。在以太网协议中规定，同一局域网中的一台主机要和另一台主机进行直接通信，必须要知道目标主机的 MAC 地址。而在 TCP/IP 协议栈中，网络层和传输层只关心目标主机的 IP 地址。OSI 模型把网络工作分为 7 层，IP 地址在 OSI 模型的网络层(第三层)，MAC 地址在数据链路层(第二层)，彼此不直接连通。

在通过以太网发送 IP 数据包时，需要先封装网络层(32 位 IP 地址)、数据链路层(48 位 MAC 地址)的报头，但由于发送时只知道目标 IP 地址，不知道其 MAC 地址，所以需要使用 ARP 地址解析协议来获取目标设备的硬件地址，即 MAC 地址。使用地址解析协议，可根据网络层 IP 数据包报头中的 IP 地址信息解析出目标硬件地址信息，以保证通信的顺利进行。每台以太网设备都有一张 ARP 表来缓存已知的 MAC 地址和 IP 地址的对应关系。图 3-3-2 所示即为一台 PC 的 ARP 表。

下面以主机 A(192.168.1.101)向主机 B(192.168.1.99)发送数据为例来看一下 ARP 是怎么工作的。当发送数据时，主机 A 会在自己的 ARP 缓存表中寻找是否有目标 IP 地址。如果找到了，也就知道了目标 MAC 地址，故直接把目标 MAC 地址写入帧里面发送就可以了。如果在 ARP 缓存表中没有找到相对应的 IP 地址，主机 A 就会在网络上发送一个广播，目标 MAC 地址是 FF.FF.FF.FF.FF.FF，这表示向同一网段内的所有主机发出这样的询问："192.168.1.99 的 MAC 地址是什么?"网络上其他主机并不响应 ARP 询问，只有主机 B 接收到这个帧时，才向主机 A 做出回应："192.168.1.99 的 MAC 地址是 90.48.9a.a5.59.03"。这样，主机 A 就知道了主机 B 的 MAC 地址，它就可以向主机 B 发送信息了。同时它还更新了自己的 ARP 缓存表，下次再向主机 B 发送信息时，直接从 ARP 缓存表里查找就可以了。ARP 缓存表采用了老化机制，在一段时间内如果表中的某一行没有使用，就会被删除，从而大大缩小 ARP 缓存表的长度，加快查询速度。

在讲解 ARP 代码之前，我们先来看一下 ARP 的报文格式，这将有助于我们更

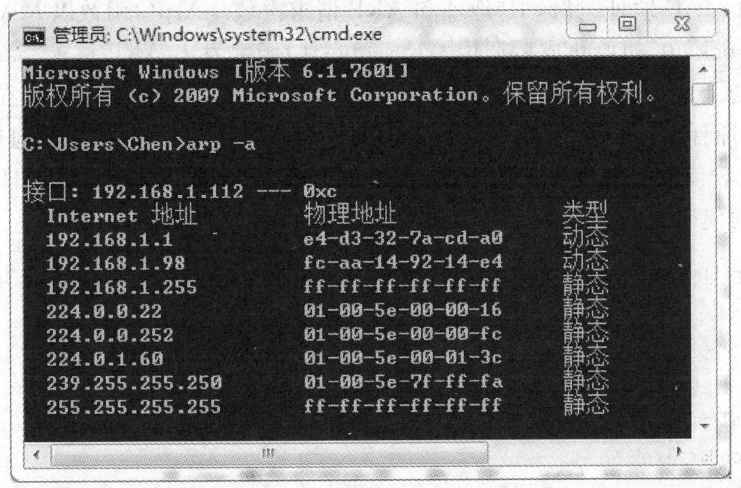


**图 3-3-2　PC 机 ARP 表示例**

轻松地理解程序。如图 3-3-3 所示,ARP 报文共有 28 字节。其中 2 字节长度的硬件类型表示硬件地址的类型,它的值为 1,表示为以太网;2 字节长度的协议类型表示高层协议类型,它的值为 0x0800,表示是 IP 地址;1 字节长度的硬件地址长度值为 6,即我们常说的 MAC 地址为 6 字节;1 字节的协议地址长度为 4,即 IP 地址的长度为 4;2 字节的操作字段指出 4 种操作类型,它们分别是 ARP 请求(值为 1)、ARP 响应(值为 2)、RARP 请求(值为 3)、RARP 响应(值为 4);接下来分别是 6 字节的发送端以太网地址、4 字节的发送端 IP 地址、6 字节的目的以太网地址和 4 字节的目的 IP 地址。在发送 ARP 请求时,由于不知道目的以太网地址,因此目的以太网地址应为 FF. FF. FF. FF. FF. FF。

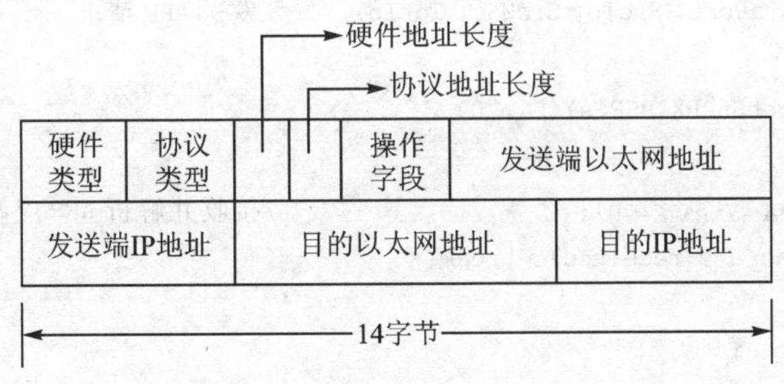


**图 3-3-3　ARP 报文格式**

## 3.3.2　ARP 示例程序

通过上面的讲解,相信大家对 MACRAW 和 ARP 的基础知识都有一定的了解。接下来通过一个例子讲解用 MACRAW 实现 ARP 的具体过程。主要的 ARP 代码实现在 arp.c 文件中。最主要函数 arp(Socket s, uint16 aPort, uint8* SrcIp, uint8* SrcMac, uint8* TgtIp, uint8 count)函数的参数依次是 Socket 号、端口号、源

IP 地址、源 MAC 地址、目标 IP 地址和 ARP 请求次数。Arp()函数以 MACRAW 模式初始化 socket0,初始化成后调用 arp_request()函数发出 ARP 请求。arp_request()的形参变量由 arp()函数的形参传递而来,含义相同,不再重复说明。在每次发送请求一定时间内 Socket0 若收不到数据包会返回超时,若收到数据包就通过调用 arp_reply()函数读取并解析收到的数据包,判断是否为 ARP 数据包,并打印出判断结果。具体的代码如下:

```
voidarp(SOCKET s, uint16 aPort, uint8 * SrcIp, uint8 * SrcMac, uint8 * TgtIp, uint8
count)
{
uint16i = 0;
uint16rlen = 0;
uint16cnt = 0;
for ( i=0 ; i<count +1; i++ )
    {
switch(getSn_SR(s))
    {
case SOCK_CLOSED:
close(s);
        socket(s,Sn_MR_MACRAW,aPort,0);
                                    //以 MACRAW 模式打开 Socket(仅对 Socket0 有效)
    break;
case SOCK_MACRAW:
Delay_ms(1000);
mac_arp_received = 0;
arp_request(s, aPort, SrcIp, SrcMac, TgtIp);    //发送 ARP 请求
while(1){
if ( (rlen = getSn_RX_RSR(s) ) > 0)
        {
        arp_reply(s, rlen);                      //接收并解析 ARP 应答数据
        if (mac_arp_received)  break;
        }
if ( (cnt> 100) )
        {
          printf("Request Time out.\n");         //接收超时
          cnt = 0;
          break;
        }
else
        {
          cnt++;
```

```
            Delay_ms(20);
          }
        }
      break;
      default:
      break;
      }
    }
  }

voidarp_request(SOCKET s, uint16 port, uint8 * SrcIp, uint8 * SrcMac, uint8 * TgtIp)
{
uint32 tip = 0xFFFFFFFF;
uint16i = 0;
for(i = 0; i<6 ; i++ )
{
    pARPMSG.dst_mac[i] = 0xFF;                    //广播地址
    pARPMSG.src_mac[i] = SrcMac[i];               //源 MAC 地址,W5500 的 MAC 地址
    pARPMSG.sender_mac[i] = SrcMac[i];
    pARPMSG.tgt_mac[i] = 0x00;
  }
pARPMSG.sender_mac[5] = 0x89;
pARPMSG.msg_type = htons(ARP_TYPE);
pARPMSG.hw_type   = htons(ETHER_TYPE);
pARPMSG.pro_type  = htons(PRO_TYPE);              // IP   (0x0800)
pARPMSG.hw_size =  HW_SIZE;                       // 6
pARPMSG.pro_size   = PRO_SIZE;                    // 4
pARPMSG.opcode        =   htons(ARP_REQUEST);
                                    // 请求包操作码(0x0001),回应包操作码(0x0002)
for(i = 0; i<4 ; i++ )
{
    pARPMSG.sender_ip[i] = SrcIp[i];
    pARPMSG.tgt_ip[i] = TgtIp[i];
}

  if( sendto(s,(uint8 * )&pARPMSG,sizeof(pARPMSG),(uint8 * )&tip,port) == 0)
        printf( "\r\n Fail to send ping - reply packet  r\n") ;
 else
 {
    if(pARPMSG.opcode == htons(ARP_REQUEST))
    {
    printf("\r\nWho has ");
```

```
printf( "%.3u.%.3u.%.3u.%.3u ? ",
pARPMSG.tgt_ip[0],pARPMSG.tgt_ip[1], pARPMSG.tgt_ip[2],pARPMSG.tgt_ip[3]) ;
printf( "  Tell %.3u.%.3u.%.3u.%.3u\r\n", (pARPMSG.sender_ip[0]) , (pARPMSG.
sender_ip[1]), (pARPMSG.sender_ip[2]), (pARPMSG.sender_ip[3]));
 }
else
printf("opcode has wrong value. check opcode ! \r\n");
  }
}

voidarp_reply(SOCKET s, uint16 rlen)
{
  uint16 mac_destport;
  uint8 mac_destip[4];
  recvfrom(s,(uint8 *)pub_buf,rlen,mac_destip,&mac_destport);//接收 UDP 数据
  if(pub_buf[12] == ARP_TYPE_HI &&pub_buf[13] == ARP_TYPE_LO )
   {
        aARPMSG = (ARPMSG *) pub_buf;
        if((aARPMSG->opcode) == htons(ARP_REPLY))
            {
                memset(ret_arp_reply,0x00,128);
                sprintf((int8 *)ret_arp_reply,"%.3u.%.3u.%.3u.%.3u is at %.
                2x.%.2x.%.2x.%.2x.%.2x.%.2x",
                (aARPMSG->sender_ip[0]),(aARPMSG->sender_ip[1]),(aARPMSG->
                sender_ip[2]),(aARPMSG->sender_ip[3]),(aARPMSG->sender_mac
                [0]),(aARPMSG->sender_mac[1]),(aARPMSG->sender_mac[2]),
                (aARPMSG->sender_mac[3]), (aARPMSG->sender_mac[4]), (aARPMSG
                ->sender_mac[5]));
                printf( "%.3u.%.3u.%.3u.%.3u ",
                (aARPMSG->sender_ip[0]), (aARPMSG->sender_ip[1]),
                (aARPMSG->sender_ip[2]), (aARPMSG->sender_ip[3])) ;
                printf(" is at  ");
                printf( "%.2x.%.2x.%.2x.%.2x.%.2x.%.2x \r\b",
                (aARPMSG->sender_mac[0]), (aARPMSG->sender_mac[1]), (aARPMSG
                ->sender_mac[2]), (aARPMSG->sender_mac[3]), (aARPMSG->sender
                _mac[4]), (aARPMSG->sender_mac[5])) ;
            }
        else if((aARPMSG->opcode) == htons(ARP_REQUEST))
            {
                printf( "Who has %.3u.%.3u.%.3u.%.3u ? ",
                (aARPMSG->sender_ip[0]), (aARPMSG->sender_ip[1]),
                (aARPMSG->sender_ip[2]), (aARPMSG->sender_ip[3])) ;
```

```
            printf(" Tell ");
            printf( "%.2x.%.2x.%.2x.%.2x.%.2x.%.2x\r\b",
            (aARPMSG->sender_mac[0]),(aARPMSG->sender_mac[1]),
            (aARPMSG->sender_mac[2]), (aARPMSG->sender_mac[3]), (aARPMSG-
            >sender_mac[4]),(aARPMSG->sender_mac[5])) ;
        }
    else
    printf(" This msg is not ARP reply : opcode is not 0x02 \n");
  }
  else
  printf(" This msg is not ARP TYPE : ARP TYPE is 0x0806 \n");
}
```

最后,我们通过 W5500EVB 测试一下用 MACRAW 方式重新定义的 ARP 功能。首先将目标 IP 修改为自己 PC 的 IP,代码编译并下载到 W5500EVB 中。在这个例子中,W5500EVB 的 IP 地址为 192.168.1.101,要获取 MAC 地址的目标设备(PC 机,其 MAC 地址为 90.48.9a.a5.59.03)的 IP 地址为 192.168.1.99。硬件设备连接好后,复位 W5500EVB,通过串口调试工具,可看到如图 3-3-4 所示串口打印出的测试结果。W5500 成功获取到 PC 的 MAC 地址 90.48.9a.a5.59.03。

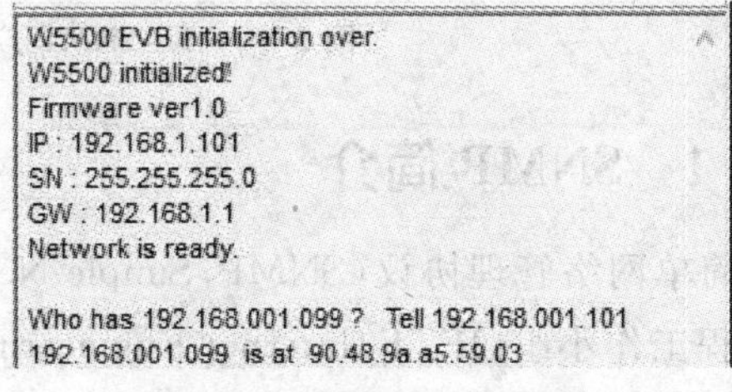


**图 3-3-4 ARP 测试结果**

### 3.3.3 小 结

W5500 提供了良好的分层访问,使用户轻松实现了各层协议应用。本节通过 W5500 的 MACRAW 模式,在 MAC 层上实现 TCP/IP 协议中的底层 ARP 协议。希望能通过这些例程的讲解,能使读者更加了解 TCP/IP 协议栈的底层协议,更加灵活地使用 W5500,从而更加快捷地开发出符合自己要求的网络功能,使得物联网设备在接入互联网时,在简化开发过程的同时为用户提供更多更稳定有效的服务。

## 3.4 SNMP 网络管理协议的实现

人类正处于以计算机通信网络为中心的时代。网络技术日新月异,网络的复杂性在不断增长,网络设备也越来越多,而且许多设备都是来自不同的厂家,因此,网络管理的问题也就越来越重要了。简单网络管理协议(SNMP)是最早提出的网络管理协议之一,SNMP 基于 TCP/IP 协议工作,对网络中支持 SNMP 协议的设备进行管理。SNMP 广泛兼容各种网络设备,如图 3-4-1 所示。所有支持 SNMP 协议的设备都提供SNMP这个统一界面，使得管理员可以使用统一的操作进行管理，而不必理会设备是什么类型、是哪个厂家生产的。它刚一推出就得到了广泛的应用和支持，特别是很快得到了数百家厂商的支持，其中包括IBM、HP、SUN等。

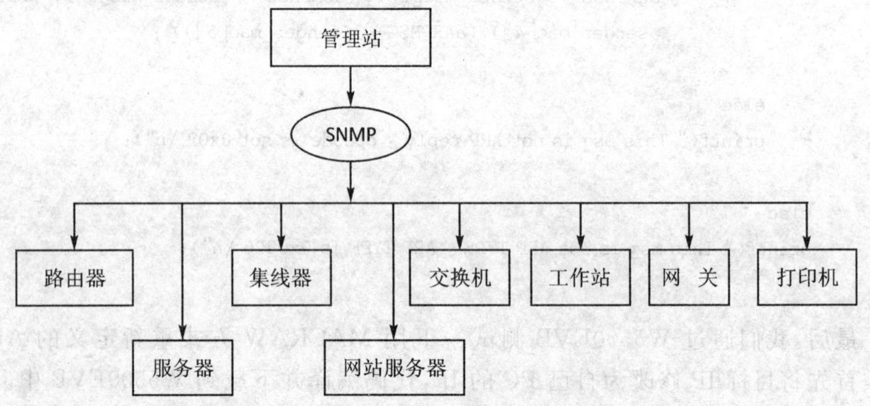


图3-4-1 SNMP广泛兼容各网络设备

## 3.4.1 SNMP简介

简单网络管理协议(SNMP，Simple Network Management Protocol)构成了互联网工程工作小组(IETF，Internet Engineering Task Force)定义的互联网协议簇的一部分。提供了一种从网络上的设备中收集网络管理信息的方法。SNMP也为设备向网络管理工作站报告问题和错误提供了一种方法。它由一组网络管理的标准组成，包含一个应用层协议(Application Layer Protocol)、数据库模型(Database Schema)和一组数据对象。

一个SNMP管理的网络由下列三个关键组件组成：

- 网络管理系统(NMS，Network Management System)；
- 被管理的设备(Managed Device)；
- 代理者(Agent)。

一个网络管理系统运行应用程序，以该应用程序监视并控制被管理的设备，也称为管理实体(Managing Entity)，网络管理员在这儿与网络设备进行交互。网络管理系统提供网络管理需要大量运算和记忆资源。一个被管理的网络可能存在一个以上的网络管理系统。

一个被管理的设备就是一个网络节点，它包含一个存在于被管理的网络中的SNMP代理者。被管理的设备通过管理信息库(MIB，Management Information Base)收集并存储管理信息，并让网络管理系统通过SNMP代理者取得这项信息。

代理者是一种存在于被管理的设备中的网络管理软件模块。代理者控制本地机器的管理信息，和以SNMP兼容的格式发送这项信息。

### 1. SNMP 通信模型

在具体实现上，SNMP 为管理员提供了一个网管平台（NMS），又称为“管理站”，由它负责网管命令的发出、数据存储及数据分析。被监管的设备上运行一个 SNMP 代理（Agent），代理实现设备与管理站的 SNMP 通信。通信模型如图 3-4-2 所示。

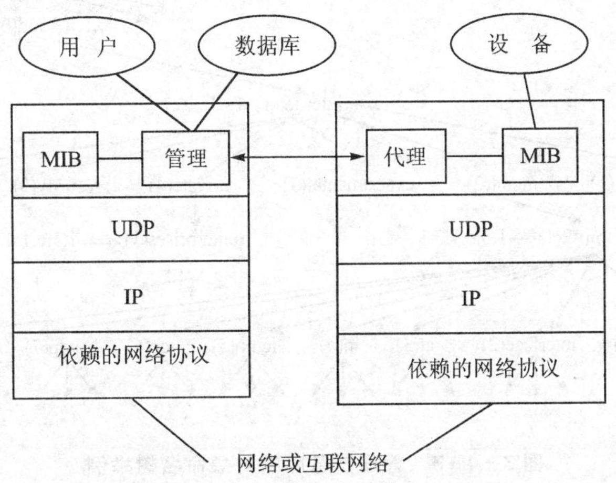


**图 3-4-2　SNMP 的通信模型**

管理站与代理端通过管理信息库 MIB 进行接口统一，管理信息库 MIB 定义了设备中的被管理对象。管理站和代理都实现了相应的 MIB 对象，使得双方可识别对方的数据，实现通信。管理站向代理申请管理信息库 MIB 中定义的数据，代理识别后，将管理设备提供的相关状态或参数等数据转换为管理信息库 MIB 定义的格式，应答给管理站，完成一次管理操作。

### 2. 管理信息库 MIB

管理信息库 MIB 指明了网络元素中能够被管理进程查询和设置的信息。MIB 给出了一个网络中所有可能的被管理对象的集合的数据结构。SNMP 的管理信息库采用树形结构，它的根在最上面，且没有名字。

图 3-4-3 所示为管理信息库的一部分，它又称为对象命名树（Object Naming Tree）。对象命名树的顶级对象有 3 个，即 iso、ccitt 和这两个组织的联合体。Internet（标号是 1）在 ISO 下的被标识组织的 dod 下，其标识符为{1.3.6.1}。在 Internet 结点下面的第二个结点是 mgmt（管理），标号是 2。其标识为{1.3.6.1.2.1}或{Internet(1).2.1}。这种标识为对象标识符 Object ID，简称 OID。

这里要提一下 MIB 中的对象{1.3.6.1.4.1}，即 Enterprises（企业），其所属结点数已超过 3 000。例如，IBM 为{1.3.6.1.4.1.2}，Cisco 为{1.3.6.1.4.1.9}，Novell 为{1.3.6.1.4.1.23}等。世界上任何一家公司、一所学校只要发送电子邮件到 iana-mib@isi.edu 进行申请即可获得一个结点名。这样各厂家就可以定义自己产品的被

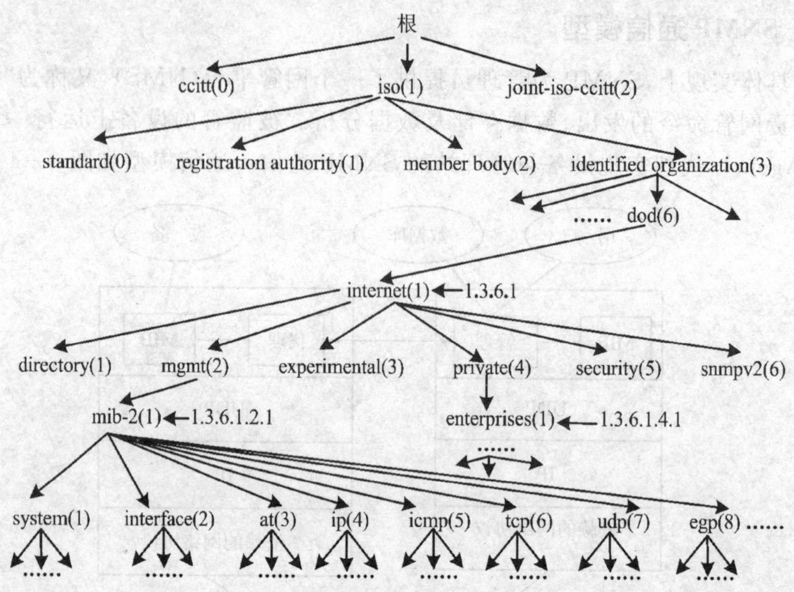


图 3-4-3　管理信息库的对象命名树举例

管理对象名，使它能用 SNMP 进行管理。

### 3. SNMP 报文

SNMP 规定了以下 5 种协议数据单元 PDU（也就是 SNMP 报文）来管理进程与代理之间的交换：

① get-request 操作：从代理进程处提取一个或多个参数值。

② get-next-request 操作：从代理进程处提取紧跟当前参数值的下一个参数值。

③ set-request 操作：设置代理进程的一个或多个参数值。

④ get-response 操作：返回一个或多个参数值。这个操作是由代理进程发出的，它是前面三种操作的响应操作。

⑤ Trap 操作：代理进程主动发出的报文，通知管理进程有某些事情发生。

前面的三种操作是由管理进程向代理进程发出的，后面的两种操作是代理进程发给管理进程的。图 3-4-4 描述了 SNMP 的这 5 种报文操作。请注意，在代理进程端是用熟知端口 161 来接收 get 或 set 报文，而在管理进程端是用熟知端口 162 来接收 trap 报文。

图 3-4-5 所示为封装成 UDP 数据报的 5 种操作的 SNMP 报文格式。一个 SNMP 报文由公共 SNMP 首部、Get/Set 首部或 Trap 首部、变量绑定三部分组成。

**(1) 公共 SNMP**

➢ 版本号（Version）：版本是版本号减 1，我们用的是 SNMPv1。

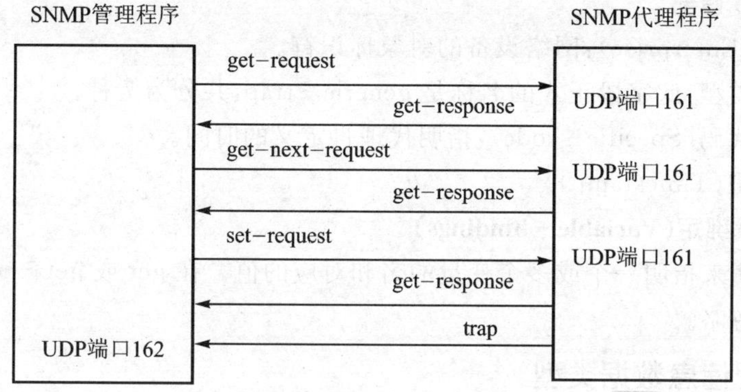


**图 3-4-4　SNMP 的 5 种报文操作**

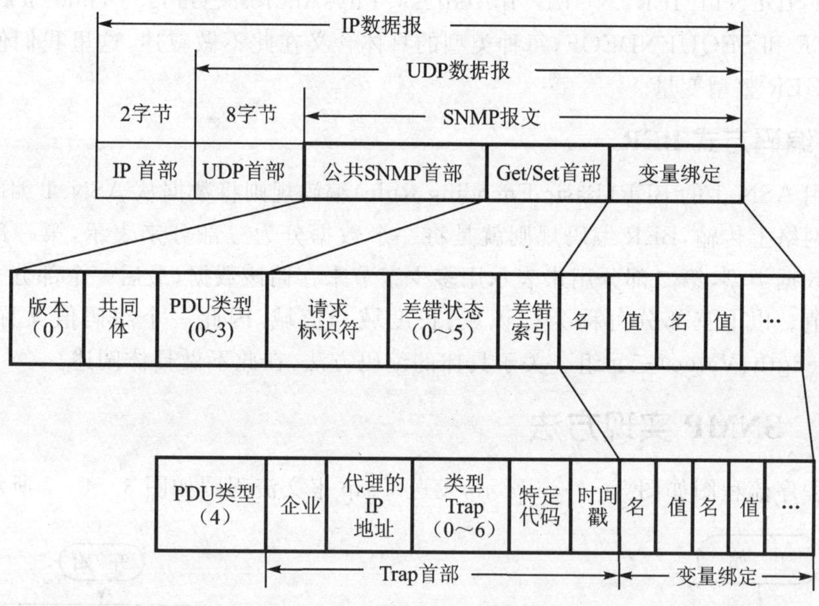


**图 3-4-5　SNMP 报文格式**

- 共同体(Community):就是一个字符串,作为管理进程和代理进程之间的明文口令,常用的是 6 个字符"public"。
- PDU 类型:根据 PDU 的类型,填入 0～4 中的一个数字。

**(2) Get/Set 首部**

- 请求标识符(Request ID):这是由管理进程设置的一个整数值。
- 差错状态(Error Status):由代理进程回答时填入 0～5 中的一个数字。
- 差错索引(Error Index):由代理进程在回答时设置的一个整数,它指明有差错的变量在变量列表中的偏移。

**(3) Trap 首部**

➢ 企业(Enterprise):网络设备的对象标识符。

➢ trap 类型:此字段正式的名称是 generic - trap,共分为 7 种。

➢ 特定代码(Specific - code):指明代理自定义的时间。

➢ 时间戳(Timestamp)。

**(4) 变量绑定(Variable - bindings)**

该部分用来指明一个或多个变量的名和对应的值。在 get 或 get - next 报文中,变量的值应忽略。

### 4. 管理信息数据类型

SNMP 中数据类型并不多,有 INTEGER、OCTER STRING0、DisplayString OBJECT IDENTIFIER、NULL、IpAddress、PhysAddress、Gauge、TimeTicks、SEQUENCE 和 SEQUENDEOF,每种类型的具体含义在此不做叙述,这里我们使用了 INTERGER 整型变量。

### 5. 编码方式 BER

使用 ASN.1 的 BER(Basic Encoding Rule)编码规则将数据从 ASN.1 编码为字节流在网络上传输,BER 编码规则就是将一个数据分为三部分来表示,第一部分用来表示数据类型,第二部分用来表示用多少字节来存储该数据,最后一个部分才是该数据的值。以上三部分可称为标识域、长度域和值域,因此一个编码值又称 TLV (Tag,Length,Value)三元组。关于具体的编码方法,在此不做具体阐述。

## 3.4.2 SNMP 实现方法

主程序流程图如图 3-4-6 所示,发送 Trap 报文流程图如图 3-4-7 所示。

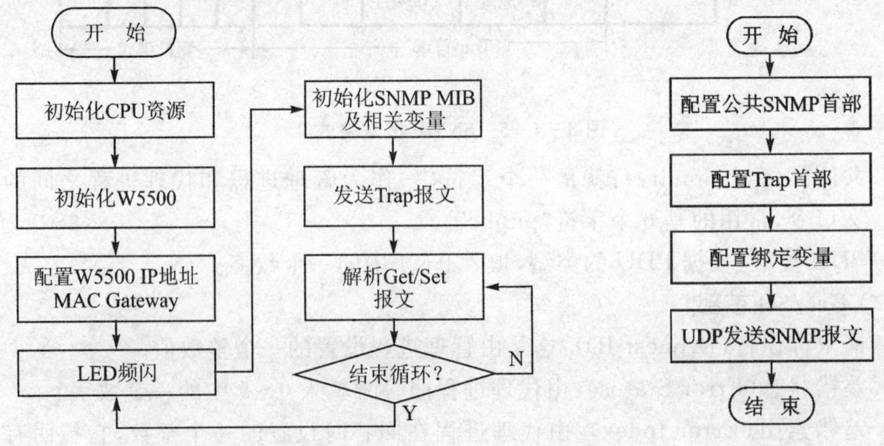


图 3-4-6 主程序流程图 图 3-4-7 发送 Trap 报文流程图

要发送 SNMP Trap 报文，就要根据 Trap 报文格式对发送缓存进行赋值，整个数据包符合 ASN.1 中的 BER 格式：指定类型 ASN.1 长度域值域。内部数组也要按此结构进行编码，如共同体的编码程序如下：

```
packet_trap[packet_index ++ ] = 0x02;          // Version
packet_trap[packet_index ++ ] = 0x01;          // Length
packet_trap[packet_index ++ ] = 0x00;          // Value
```

打包完毕进行发送，发送过程开启 UDP Socket，本地端口为 161，SNMP 管理的端口为 162，发送完毕关掉 Socket。

Agent 解析 Reguest 的程序流程图如图 3-4-8 所示。

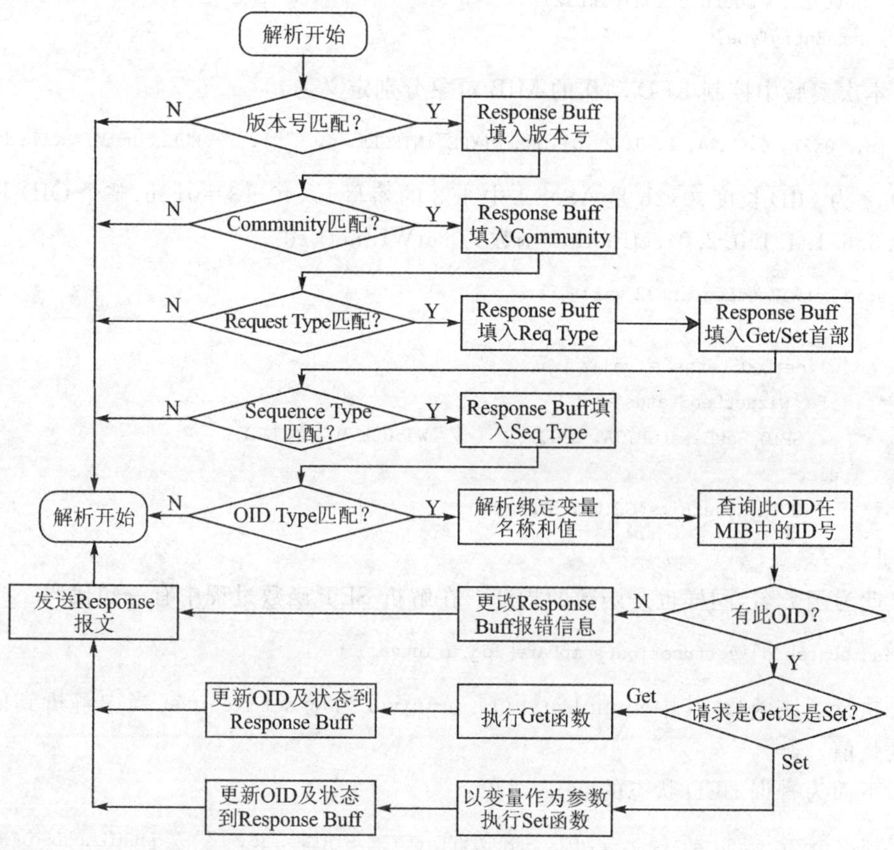


**图 3-4-8　Agent 解析 Request 程序流程图**

通过流程图我们可以看到，整个过程也是严格按照 SNMP 协议一步步进行解析判断的。需要说明的是，要先根据 SNMP 编码方式进行解码，再进行比较和判断。

在此我们给出定义 MIB 的一个对象的格式：

```
typedef struct {
    uint8 oidlen;
    uint8 oid[MAX_OID];
    uint8 dataType;
    uint8 dataLen;
    union {
        uint8 octetstring[MAX_STRING];
        uint32 intval;
    } u;
    void ( * getfunction)(void * , uint8 * );
    void ( * setfunction)(int32);
} dataEntryType;
```

本次实验中控制 LED 动作的 MIB 对象分别定义为：

```
{8, {0x2b, 6, 1, 4, 1, 0, 2, 0},SNMPDTYPE_INTEGER, 4, {""},     NULL, setWIZnetLed}
```

其中，8 为 OID 长度；0x2b 是 ASN.1 中 1.3 的缩写 1×40+3=0x2b；整个 OID 其实为 1.3.6.1.4.1.0.2.0；setfuction 函数为 setWIZnetLed。

```
void setWIZnetLed(int32 val)
{
    wiznetLedStatus = val;
    if ( wiznetLedStatus == 0 )
        GPIO_SetBits(GPIOA, LED3);      // W5500EVB 上的 LED
    else
        GPIO_ResetBits(GPIOA, LED3);
}
```

此为函数名，同样也是函数的指针。在解析 SET 函数过程中有一句代码：

```
snmpData[id].setfunction(snmpData[id].u.intval)
```

就是执行了该函数，其中 snmpData[id].u.intval 为从 set Request 当中解析到的绑定变量值。

下面为查询 LED 状态的 MIB 对象：

```
{8, {0x2b, 6, 1, 4, 1, 0, 1, 0}, SNMPDTYPE_OCTET_STRING, 30, {""}, getWIZnetLed, NULL}
```

其中，getWIZnetLed 定义为：

```
void getWIZnetLed(void * ptr, uint8 * len)
{
    if ( wiznetLedStatus == 0 )
        * len = sprintf((int8 * )ptr, "LED Off");
```

```
    else
        * len = sprintf((int8 * )ptr, "LED On");
    }
```

这里以 PC 为例，讲述如何测试 SNMP 代理者，首先在电脑中安装 Net - SNMP 软件。Net - SNMP 是一个免费的、开放源码的 SNMP 实现，以前称为 UCD - SNMP。它包括代理者和多个管理工具的源代码，支持多种扩展方式。不仅扩展了获取方式，而且对于数据类型也有一定的扩展。按默认选型安装后，开始测试。

首先打开网络连接，单击本地连接选择属性，设置 PC 为静态 IP（与 W5500 在同一网段），完成后单击“确定”按钮。用网线把 PC 和 W5500EVB 连接，打开串口软件，选择正确的 COM 口打开串口，以获取调试信息。

然后选择运行“CMD”，输入“cd \usr\bin”之后输入 SNMP 命令。

① 输入“snmpget - v 1 - c public 192.168.1.111 .1.3.6.1.4.1.0.2.0”回车，如图 3 - 4 - 9 所示，得到此变量为 1。

② 输入“snmpget - v 1 - c public 192.168.1.111 .1.3.6.1.4.1.0.1.0”回车，如图 3 - 4 - 9 所示，得到 LED 状态为“LED ON”。

③ 输入“snmpset - v 1 - c public 192.168.1.111 .1.3.6.1.4.1.0.2.0 i 0”回车，如图 3 - 4 - 9 所示，设置变量为 0。

④ 输入“snmpget - v 1 - c public 192.168.1.111 .1.3.6.1.4.1.0.1.0”回车，如图 3 - 4 - 9 所示，得到 LED 状态为“LED OFF”。

⑤ 输入“snmpget - v 1 - c public 192.168.1.111 .1.3.6.1.4.1.0.2.0”回车，如图 3 - 4 - 9 所示，得到该变量为 0。

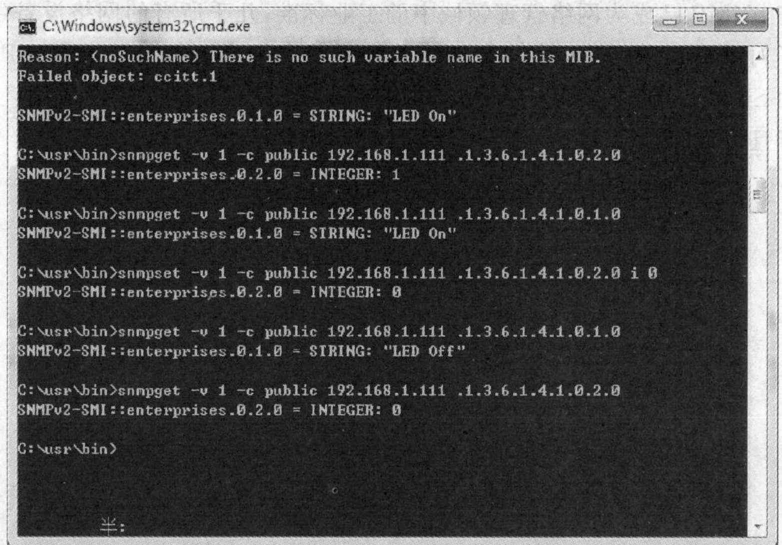


**图 3 - 4 - 9　Net SNMP 工具测试 SNMP 协议**

通过以上 5 步可以清楚地发现，通过 snmpset 命令可以方便快速设置 LED 的状态；在不清楚 LED 状态的情况下，也可以通过 snmpget 命令得到，从而实现快速有效的控制。

通过串口打印出的 Request 和 Response 包，如图 3－4－10 所示。

```
[Request]
0x0000 : 30 28 02 01 00 04 06 70 75 62 6c 69 63 a3 1b 02    0(....public...
0x0010 : 02 4a fe 02 01 00 02 01 00 30 0f 30 0d 06 08 2b    .J.......0.0...+
0x0020 : 06 01 04 01 00 02 00 02 01 01                      ..........

[Response]
0x0000 : 30 28 02 01 00 04 06 70 75 62 6c 69 63 a2 1b 02    0(....public...
0x0010 : 02 4a fe 02 01 00 02 01 00 30 0f 30 0d 06 08 2b    .J.......0.0...+
0x0020 : 06 01 04 01 00 02 00 02 01 01                      ..........
```

**图 3－4－10　SNMP 协议报文**

下面按顺序简单分析一下 PDU，第一个字节 0x30 指整个 SNMP 报文的编码方式为 SEQUENCE 类型，报文长度为 0x20 字节；02 01 00 表示版本号，可见其确实为 BER 编码方式，02 表示该字段是 INTEGER 类型，01 表示该字段占 1 字节，00 表示版本号，该值为“版本号减去 1”；04 06 70 75 62 6c 69 63 表示团体名，04 表示该字段为 OCTET STRING 类型；06 表示该字段占 6 字节，70 75 62 6c 69 63 为团体名的 ASCII 码的十六进制形式，转化为字符为“public”。由此可以看出，这与编码规则是一致的。

## 3.4.3　小　结

目前 SNMP 已成为网络管理领域中的工业标准，几乎所有的网络设备生产厂家都实现了对 SNMP 的支持，大多数网络管理系统和平台也都是基于 SNMP 的。本节给出的 SNMP 实现方案已经在国家光通信网管系统中得到了广泛应用，实践证明其是可行且可靠的。

# 第4章

# 实践篇

在物联网应用中，云平台起着至关重要的作用。在前三章的内容中，着重讲解了W5500在内网中的通信。本章将介绍W5500与外网服务器之间的通信，包括如何使用W5500EVB连接云平台、如何获取网页信息等。随着智能手机的普及，社交网络的应用越来越广泛，因此还以实例的形式讲解如何使用W5500EVB发微博，实现与社交网络的互动。在本章的最后，使用W5500EVB外接一个摄像头，并实现一个网页摄像头的应用。

## 4.1 连接 Yeelink 云平台

随着网络技术的发展，物联网(Internet of Things，简称IoT)也慢慢地从概念衍生出了实际产品，例如以Philips为代表的厂商推出的智能LED灯就可以使用智能手机通过互联网远程控制其开关、亮度以及色彩。以物联网技术为基础的智能家居系统正慢慢走进我们的生活。网络的普及也促进了云技术的发展，传感器网络的数据已不再局限于本地显示或存储，例如借助于同云平台的无缝连接，可以随时随地查看传感器数据和控制设备。因此，产生了以xively为代表的云平台专门为传感器网络提供云服务。国内企业也不甘落后，建成了以Yeelink为代表的类似xively的云平台。本节结合W5500EVB和温湿度传感器，通过实例来演示如何把数据提交到Yeelink云平台上。本节主要内容如下：

➢ 智能家居系统和云平台的简单介绍；

➢ 如何使用W5500EVB连接云平台和提交数据。

### 4.1.1 智能家居系统和云平台

随着电子和互联网技术的发展，物联网和智能家居逐渐走进了我们的生活。智能家居是以住宅为平台，利用综合布线技术、网络通信技术、安全防范技术、自动控制技术和音视频技术将家居生活有关的设施集成，构建高效的住宅设施与家庭日常事务的管理系统，提升家居安全性、便利性、舒适性、艺术性，并实现环保节能的居住环境。目前，各种无线开关、智能灯和网络电表等已经应用到了实际家庭中，给人们的生活带来了极大的便利。用户只要能连上互联网，就能对家里的电器随时随地进行控制。

在智能家居和云平台有机结合后，就诞生了如图 4-1-1 所示的智能家居系统，我们在回家的路上通过手机提前打开家中的空调和热水器；到家开门时，借助门磁或红外传感器让系统自动打开过道灯，同时打开电子门锁，安防撤防，开启家中的照明灯具和窗帘；回到家里，能够使用遥控器方便地控制房间内各种电器设备，可以通过智能化照明系统选择预设的灯光场景，读书时营造书房舒适的环境；卧室里营造浪漫的灯光氛围……这一切，主人都可以安坐在沙发上从容操作，通过控制器遥控家里的一切，比如给浴缸放水并自动加热调节水温，调整窗帘、灯光、音响的状态；厨房配有可视电话，主人可以一边做饭，一边接打电话或查看门口的来访者；在公司上班时，家里的情况还可以显示在办公室的电脑或手机上，方便随时查看；门禁对讲机具有拍照留影功能，家中无人时如有来访者，则可自动拍照并保存。

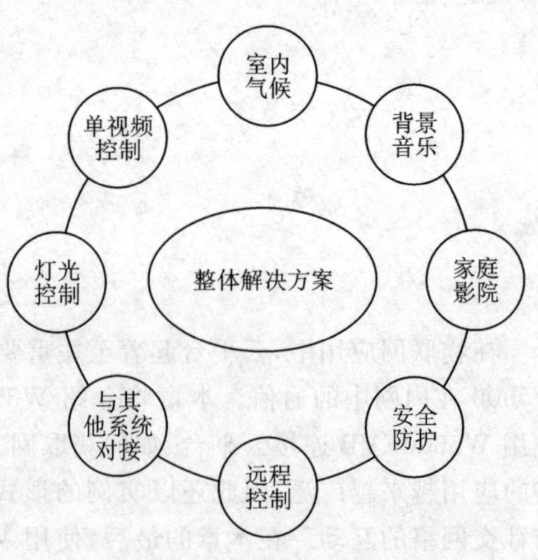


图 4-1-1　智能家居系统整体解决方案

智能家居系统有着非常广泛的应用前景，目前已有许多成功的应用案例。衡量一个智能家居系统的成功与否，并非仅仅取决于智能化系统的多少、系统的先进性或集成度，而且还要看系统的设计和配置是否经济合理，以及系统能否成功运行，系统的使用、管理和维护是否方便，系统或产品的技术是否成熟适用。换句话说，就是如何以最少的投入、最简便的实现途径来换取最大的功效，实现便捷高质量的生活。

了解了智能家居系统，我们再来看一下云相关的概念。云概念是指电脑、手机、电视等电子应用产品能够通过互联网提供包括云服务、云空间、云应用、云搜索等一系列资源分享应用。云概念是基于“云计算”技术，实现各种终端设备之间的互联互通。用户享受的所有资源、所有应用程序全部都由一个存储和运算能力超强的云端后台来提供。

云计算(Cloud Computing)也是近年来十分热门的一个话题。云计算是分布式处理、并行处理和网格计算的发展，或者说是这些计算机科学概念的商业实现。云计算这个名词借用了量子物理中的“电子云”(Electron Cloud)，强调说明计算的弥漫性、无所不在的分布性和社会性特征。云计算并不是一个单纯的产品，也不是一项全新的技术，而是一种产生和获取计算能力的新方式。它的出现对 IT 的应用和部署模式以及商业模式都产生了极大的影响。云的存在，使得计算或者数据能够分布在大量的分布式计算机上,而非本地计算机或远程服务器中,这便于用户将资源切换到需要的应用上,根据需求访问计算机和存储系统。

有这样一种说法,当今世界只有 5 台计算机,一台是 Google 的,一台是 IBM 的,一台是 Yahoo 的,一台是 Amazon 的,一台是 Microsoft 的。这是因为这 5 个公司率先在分布式处理的商业应用上捷足先登,引领潮流。它们所提供的服务或面向企业市场,或面向个人用户,在各个领域为使用者提供了良好的应用体验。

作为计算机的鼻祖,IBM 公司早在 2009 年年初就提出了如图 4-1-2所示的“智慧城市”理念。借助云计算,IBM 公司通过帮助城市建立实时的城市管理、整合的公共服务、高效的交通管理、可靠的安全监管等系统,逐步实现“智慧城市”。各国政府是 IBM 公司的大客户,IBM 公司已经与中国许多城市和企业合作,进行“智慧城市”的建设。

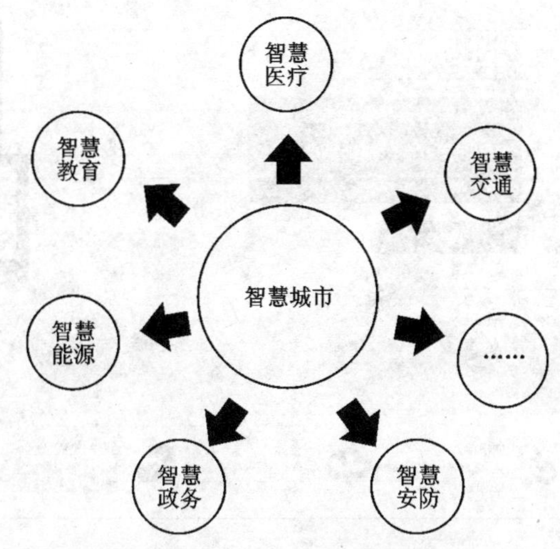


**图 4-1-2　IBM 智慧城市解决方案**

## 4.1.2　Yeelink 云平台简介

Yeelink 是一个免费的云平台,旨在利用无线网络、开源硬件和软件、智能手机和 App 共同打造一个家庭智能中心。Yeelink 云平台首页截图如图 4-1-3 所示。我们可以单击“快速开始”按钮注册一个账号,登录后可以添加自己的设备和传感器。它将复杂的传感器以极简的方式组合到同一个网络内,可满足智能家居的各种需求。通过 Yeelink 提供的数据接口,用户可以把自己的传感器通过互联网接入 Yeelink 云平台,从而实现随时随地获取传感器数据,为一些智能家居设备接入互联网提供了云平台支持。

实际上,早在 2003 年就出现了第一个为物联网服务的云平台,名为 pachube,现在称为 Xively。其首页截图如图 4-1-4 所示,感兴趣的读者可以登入 Xively 网站一探究竟。

云服务和云平台已逐渐成为了一种趋势,它使得物联网的实现变得更为简便,也使各个设备之间的联系更加紧密。为了更好地利用这些云平台,使设备接入互联网至关重要,下面将通过 W5500EVB 的实例来介绍如何使用 Yeelink 云平台。

**图 4-1-3　Yeelink 云平台首页**

**图 4-1-4　Xively 云平台首页**

### 4.1.3 连接 Yeelink

为了更好地用 W5500EVB 演示如何接入 Yeelink 平台，下面将采用一个温湿度传感器作为数据源，通过 W5500EVB 将温湿度数据实时提交到 Yeelink 平台，以演示通过物联网平台监视室内温湿度。这里与 W5500EVB 相连的 DHT11 是一款温湿度一体化的数字传感器，与单片机的通信只需要一个 GPIO，便可直接读取所采集的温湿度值。最后通过 W5500 把读取到的温湿度数据提交到云平台。

同大多数开源平台一样，Yeelink 提供的 API 也是基于 HTTP 协议提交和接收数据。用户在 Yeelink 上创建新的设备并在设备上添加新的传感器后，将会获得相应的设备 ID 和传感器 ID。传感器 ID 作为传感器在 Yeelink 平台上的唯一标识，用户可以使用 Yeelink 平台提供的 URL 更新指定传感器的数据。有关 API 文档的详细介绍请参考 Yeelink 网站，其中与本小节相关 API 的介绍如图 4-1-5 所示。

这里将 Yeelink 上传数据的整个过程分为 3 个文件：main.c 主文件实现 W5500EVB 上传数据的主流程，DHT11.c 文件实现 DHT11 对室内温湿度数据的采集，mcu_init.c 文件实现 W5500EVB 的初始化。

根据 Yeelink 的指引，我们新建的温湿度传感器页面如图 4-1-6 所示。使用 Yeelink 所提供的 API，下面介绍如何通过 W5500EVB 来更新该页面所要显示的温湿度数据。

为了使程序能方便地组建 Yeelink 所要求的 JSON 数据格式，我们把采集到数据直接替代这个字符串中的 xx 即可。

```
char  postH[] = {
"POST /v1.0/device/4469/sensor/6611/datapoints HTTP/1.1\r\n"
"Host: api.yeelink.net\r\n"
"Accept: * / * \r\n"
"U-ApiKey: 47278c6ec76acb7780e553698c88c645\r\n"
"Content-Length: 12\r\n"
"Content-Type: application/x-www-form-urlencoded\r\n"
"Connection: close\r\n"
"\r\n"
"{\"value\":xx}\r\n"
};          //xx 用来填充数值
```

在分析细节代码之前，按照惯例先来看一下主函数。在这里完成了对 W5500EVB 的初始化，并在主循环里面完成了向 Yeelink 提交数据。由于这个程序需要访问 Yeelink 平台，也就要求 W5500EVB 能访问外网，因此这里要确保给 W5500 配置正确的 IP 地址。

创建数据点

| URL | http://api.yeelink.net/v1.0/device/<device_id>/sensor/<sensor_id>/datapoints |
|---|---|
| 数据格式 | JSON |
| Method | POST |
| 返回 | HTTP Headers only |

对该URL的一个HTTP POST请求会为指定的传感器创建一个新的数据点，使用此API来为传感器存储历史数据。

一个datapoint是由key和value组成的键值对.

**数值型传感器** key为timestamp, value为数值;

**gps型传感器** key为timestamp, value为JSON格式, 由经度、纬度、速度等GPS信息组成; 同时可以指定是否修正地图上显示的偏移.

**泛型传感器** key为用户自定义字符串, 大小限定为128个字符; value为JSON格式,由用户自定义具体内容,大小限定为1024个字符.

**图像型传感器** key为timestamp, value为图像二进制信息;

**微博抓取器** 不支持;

Note: key为唯一索引; timestamp为ISO 8601标准时间格式(默认时区为中国标准时间CST), 例如: 2012-03-15T16:13:14.

对于数值型传感器和gps型传感器，如果上传的数据和历史数据的timestamp相同，则会被丢弃，若未指定timestamp，服务器会自动加上当前时间。

单个上传数据便子(JSON):

数值型传感器格式如下:

```
{
  "timestamp":"2012-03-15T16:13:14",
  "value":294.34
}
```

图 4-1-5 Yeelink 平台创建数据节点 API

DHT11温湿度传感器

编辑 删除

监测室内的温度

**数据曲线**

URL: http://api.yeelink.net/v1.0/device/4469/sensor/6479/datapoints

缩放 1h 3h 12h 1d 3d 1w 1m 3m 6m 1y All

30

27.5

图 4-1-6 所创建的温湿度传感器页面截图

```
void main()
{
RCC_Configuration();                    /*配置单片机系统时钟*/
GPIO_Configuration();                   /*配置 GPIO*/
NVIC_Configuration();                   /*配置嵌套中断向量*/
USART1_Init();                          /*初始化串口通信:115200@8-n-1*/
Reset_W5500();                          /*复位 W5500*/
WIZ_SPI_Init();                         /*初始化 SPI 接口*/
Timer_Configuration();                  /*配置时钟中断*/
set_default();                          /*恢复默认设置*/
set_network();                          /*为 W5500 进行网络设置*/
printf("Network is ready! \r\n");
while (1)
{
    uint8 ch = SOCK_HUMTEM;             /*定义一个 W5500 上传数据的 Socket*/
    uint16 anyport = 5000;              /*定义 Yeelink 客户端的端口号*/
    uint8 server_ip[4] = {42,96,164,52};  /* api.yeelink.net 的 IP 地址*/
    switch(getSn_SR(ch))
    {
      case SOCK_INIT:                   /*Socket 初始化完成*/
        if(send_flag == 1)              /*定义一个 1 min 的中断间隔*/
        {
          connect(ch, server_ip ,80);   /*向 Yeelink 发送连接请求*/
          send_flag = 0;
        }
        break;
      case SOCK_ESTABLISHED:            /*Socket 连接建立*/
        if(getSn_IR(ch) &Sn_IR_CON)
        {
        setSn_IR(ch, Sn_IR_CON);        /*Sn_IR 的第 0 位置 1*/
        }
        if( DHT11_GetValue(temp_rh))      /*读取 DHT11 采集的数据并存入 temp_rh 中*/
        {
     /*把采集到的 8 位湿度或温度数据存入 Buffer 中,i = 0 表示湿度,i = 1 表示温度*/
          memcpy(Buffer,post[i],strlen(post[i]));
          Buffer[235] = temp_rh[i]/10 + 0x30;
          Buffer[236] = temp_rh[i] % 10 + 0x30;
          send(ch,(const uint8 *)Buffer,sizeof(Buffer));/*W5500 上传数据到 Yeelink*/
          i =! i;                       /*切换发送数据类型*/
          disconnect(ch);               /*断开 Socket 连接*/
        }
          break;
```

```
42     case SOCK_CLOSE_WAIT:                /* Socket 等待关闭状态 */
43       if( DHT11_GetValue(temp_rh))
44       {
45         memcpy(Buffer,post[i],strlen(post[i]));
46         Buffer[235] = temp_rh[i]/10 + 0x30;
47         Buffer[236] = temp_rh[i] % 10 + 0x30;
48         send(ch,(const uint8 *)Buffer,sizeof(Buffer));
49         i =!i;
50         disconnect(ch);
51       }
52       break;
53     case SOCK_CLOSED:                    /* Socket 关闭状态 */
54       socket(ch, Sn_MR_TCP,anyport ++  , 0x00); /* 打开 Socket,并初始化为 TCP 模式 */
55       break;
56     default:
57       break;
58   }
59  }
60 }
```

主程序第 3～8 行实现 W5500EVB 的初始化，第 9 行配置时钟中断，第 10、11 行就是为 W5500 进行网络设置。这些初始化工作完成之后，单片机就可以读取数据和向 Yeelink 发送数据了。第 15、16 行定义 W5500 上传数据的 Socket 号和任意端口号，W5500EVB 作为 Yeelink 客户端，在向 Yeelink 上传数据时为 TCP 连接，所以这里按照 TCP 的状态机模式写程序。第 17 行定义 api. yeelink. net 的 IP 地址，这里也可以结合第 3 章讲到的 DNS 来获取 api. yeelink. net 的 IP 地址，考虑到篇幅，我们直接使用了这个域名的 IP 地址，大家可以自己添加 DNS 功能。

第 20 行，Socket 初始化之后，为了避免频繁地向 Yeelink 发出 TCP 连接请求，我们在这里设置了一个 1 min 的时钟中断，如果达到 1 min 了，W5500EVB 就向 Yeelink 发送连接请求，并把时钟中断的标志位复 0，从而完成了每分钟向 Yeelink 提交一次温湿度数据的任务。第 27 行，Socket 连接建立完成，首先把 Sn_IR 的第 0 位置 1 来清空中断，然后读取 DHT11 采集的数据，并保存在数组 temp_rh 中。第 34 行把发送的报文格式存在 Buffer 中。第 35、36 行是把请求报文中的 xx 替换成温度值或者湿度值。然后第 37 行发送请求报文到 Yeelink 服务器。第 38 行切换数据类型，就是进行温度和湿度的切换。第 39 行，断开 Socket 连接。第 42 行是 Socket 等待关闭状态，这个状态很简单，由于这个状态是一方断开连接，还能够继续向服务器发送数据，所以就和 Socket 建立连接状态基本相同了。第 53、54 行，Socket 关闭状态，打开 Socket 并初始化 TCP 模式。通观整个过程，W5500EVB 作为 Yeelink 客户端每分钟向 Yeelink 服务器上传一次数据，湿度和温度交替上传。

```
   /*单片机读取 DHT11 采集的数据*/
1  uint8 DHT11_GetValue(uint8 *p)
2  {
3  uint8 temp,temp1,temp2;
4  GPIO_DHT_Out_Mode();
   /*总线空闲状态为高电平,主机把总线拉低等待 DHT11 响应,主机把总线拉低必须大于
     18 ms,保证 DHT11 能检测到起始信号*/
5    GPIO_ResetBits(GPIOA,PA2);
6    Delay_ms(20);                /*精确延时 20 ms*/
7    GPIO_SetBits(GPIOA,PA2);
    /*主机发送开始信号结束后,延时等待 20~40 μs 后,读取 DHT11 的响应信号*/
8    Delay_us(40);                /*精确延时 40 μs*/
9    GPIO_DHT_Input_Mode();
    /*总线为低电平,说明 DHT11 发送响应信号*/
10   if(!rDHT11)
11   {
    /*判断从机发出的低电平响应信号是否结束*/
12     while(!rDHT11);
    /*DHT11 发送响应信号后,再把总线拉高 80 μs*/
13     while(rDHT11);
14     p[0]=DHT11_ReadData();     /*8 位湿度整数数据*/
15     temp1=DHT11_ReadData();    /*忽略无效数据*/
16     p[1]=DHT11_ReadData();     /*8 位温度整数数据*/
17     temp2=DHT11_ReadData();    /*忽略无效数据*/
18     temp=DHT11_ReadData();     /*8 位校验和*/
19     GPIO_DHT_Out_Mode();
20     GPIO_SetBits(GPIOA,PA2);
21     if(temp==(p[0]+p[1]+temp1+temp2))
22     {
23     return 1;
24     }
25   }
26   return 0;
27 }
```

上面的代码实现了单片机读取温湿度传感器 DHT11 数据的功能。我们来逐行分析一下单片机读取 DHT11 采集数据的驱动程序,第 4 行选取单片机的 PA2 引脚作为传输数据的接口,开始总线空闲状态为高电平,主机把总线拉低等待 DHT11 响

应，主机把总线拉低 20 ms，保证 DHT11 能检测到起始信号，然后把总线的电平拉高，开始信号结束时，然后延时等待 40 μm，读取 DHT11 的响应信号。第 8 行，如果总线为低电平，说明 DHT11 发送响应信号，当响应信号结束，把响应信号拉高，等待温湿度数据的读取。第 14～18 行为读取 40 bit 的传输数据，最后拉高总线电平，结束数据传输。第 21 行，如果校验正确，则返回 1，说明单片机正确读取 DHT11 采集的数据。如果读取数据不成功，则返回 0。

下面我们就来看一下 W5500EVB 的运行效果如何。首先，看 DHT11 是如何与 W5500EVB 连接的。DHT11 上的 VDD 引脚连接 W5500EVB 3V3 的 VCC 引脚，GND 对应相连，DATA 输出连接 PA2 引脚，如图 4-1-7 所示。

(a) 实物图

W5500EVB VCC → VDD DHT11
PA2 ↔ DATA
NC
GND — GND

(b) 引脚连接示意图

**图 4-1-7　W5500 开发板与 DHT11 的连接**

连接好线路之后，下载程序并运行。W5500EVB 便可每分钟向 Yeelink 平台提交采集到的温度、湿度各一次了。我们可以看到采集到的实时数据已图形化显示，图 4-1-8 和图 4-1-9所示分别为温度、湿度的数据曲线图。

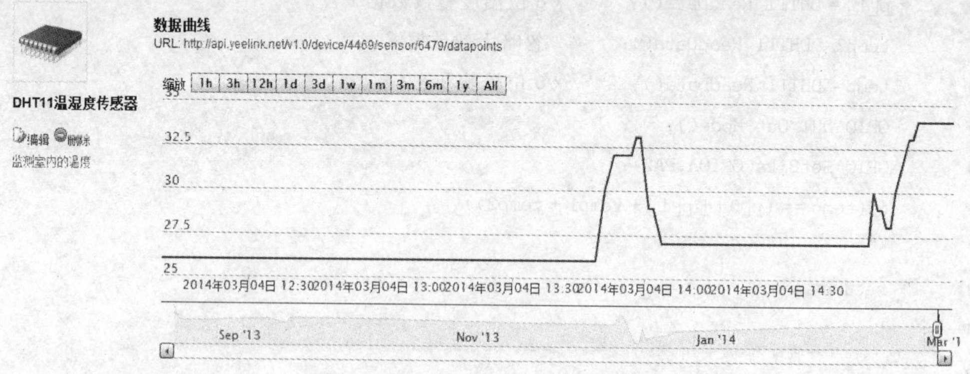


**图 4-1-8　温度数据曲线图**

现在已成功地将温湿度传感器 DHT11 采集到的数据传到了云平台 Yeelink 上，这样便可随时随地监控室内的温湿度了。如果再加上暖气和加湿器的控制，就构成了前文所说的智能家居系统，可以随时随地控制和调整家中的温湿度了。

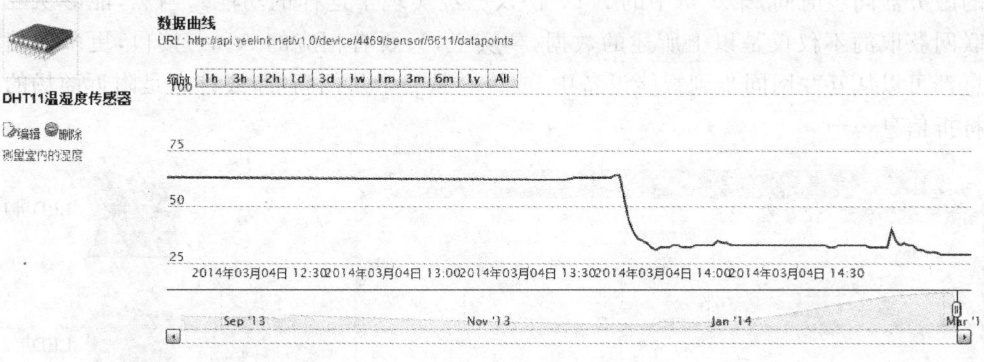


图 4-1-9　湿度数据曲线图

### 4.1.4　小　结

在本节中，介绍了 TCP/IP 在智能家居系统和云平台的应用。这就是我们所强调的 TCP/IP 在物联网中的重要性。建构物联网时，连接互联网是必需的。相信通过本书的学习，读者在开发联网设备时能有更一个清晰的思路。

这只是个简单例子，我们可以根据这个应用提出更多创新的理念，用各种传感器获取必要的信息，比如做空气质量监测 PM2.5/甲醛的采集、空气压力监测、或是汽车速度的采集。可以看到，无论何时何地，生活中的各种数据信息都可以上传至云平台图像化监测。物联网时代已经来临了！

## 4.2　物联网设备获取网页信息

4.1 节中介绍了，如何通过 W5500 将获取到的数据上传至云平台。在物联网技术中，运用了传感技术、网络通信技术实现了数据的上传。为了让物联网设备发挥更大的效用，不仅使设备能够向互联网上传信息，也可以从互联网获取信息，真正实现与网络的双向通信。

下面就来研究如何让物联网设备获取网页信息。

### 4.2.1　物联网设备获取网页信息的应用

物联网设备获取网页信息的应用，已经广泛应用于各个行业。在金融领域，银行外汇牌价、证券信息或是余额宝利息，这些实时变动的信息，需要用户随时跟踪，那么数据的实时性更新就要得到保证。获取网页上外汇牌价的应用如图 4-2-1 所示。在新型社区的建设中，小区大都设立 LED 屏幕用于显示每日天气情况，为居民提供便利，这里的天气预报就是从网络中获取并实时更新的。

下面再来说说单片机，很多单片机设备都没有自己的时钟，需要定期与互联网上的服务器同步时间，第 2 章中的 NTP 协议已经实现了这样的功能。当然，能够从互联网获取的不仅仅是以上所述的数据，事实上，只要有相应的 API[①] 接口，更多的信息都可以从互联网同步到智能设备中，或许它是一个热门新闻，或许它是附近商场的打折信息……

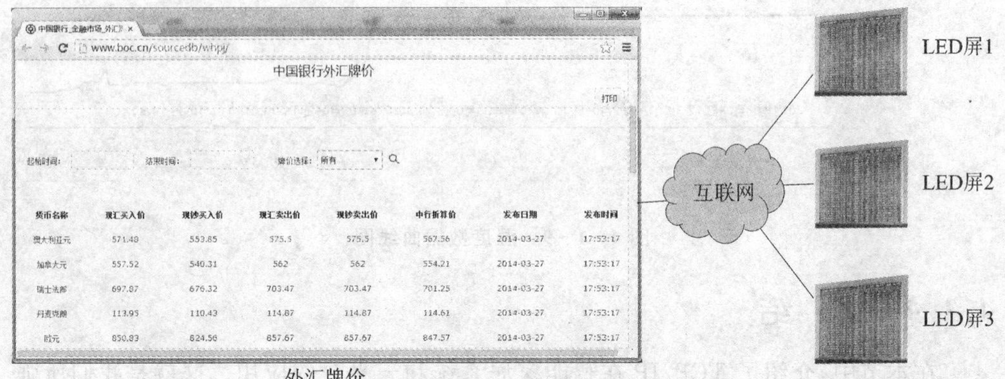


图 4-2-1　LED 屏显示网页上的外汇牌价

## 4.2.2　W5500 获取远程信息

第 2 章中已经介绍过 W5500 作为 HTTP 服务器的例子，对于 HTTP 的介绍就不在这里赘述了。下面的示例 W5500 作为 HTTP 客户端，利用雅虎天气 API 从网络获取设备所在城市（北京）的天气信息，向雅虎天气服务器发送请求并接收数据，以此说明物联网设备如何获取远程信息。

首先，我们来回忆一下 HTTP 客户端的工作原理：建立 TCP 连接→客户端向服务器端发送请求命令→客户端发送请求头信息→服务器应答→服务器发送应答头信息→服务器向客户端发送数据（客户端获取数据成功）→服务器关闭 TCP 连接。具体代码实现如下：

```
void do_http(void)
{
  uint8 ch = SOCK_HTTP;
  uint16 len;
  uint8 server_ip[4] = {203,84,197,27};      //weather.yahooapis.com 的 IP 地址
  char * http_point;
  char * data_point;
```

① API（Application Programming Interface，应用程序编程接口）是一些预先定义的函数，目的是提供应用程序与开发人员基于某软件或硬件的访问一组例程的能力，而又无须访问源代码，或理解内部工作机制的细节。

```
/ * HTTP 服务开始 * /
switch(getSn_SR(ch))
{
  case SOCK_INIT:
  connect(ch, server_ip ,80);          //连接雅虎天气服务器
  printf("Conecting the Server:weather.yahooapis.com\r\n");
    break;
  case SOCK_LISTEN:
    break;
  case SOCK_ESTABLISHED:
    if(send_flag){
      send(ch, (const uint8 * )getT, sizeof(getT));      //发送 get 指令
      printf("Sending the GET cmd\r\n");
      send_flag = 0;
    }
    if(getSn_IR(ch) &Sn_IR_CON)
    {
      setSn_IR(ch, Sn_IR_CON);
    }
    if ((len = getSn_RX_RSR(ch)) > 0)
    {
      if((buf_len + len)<4096)
      recv(ch, &tmp_buf[buf_len], len);
      buf_len + = len;
      if(buf_len>3000){
        if((http_point = strstr((const char * )tmp_buf, (const char * )location_str)))
                                                    //当接收到服务器数据中有天气信息时
        {
        printf(" * * Data From Yahoo * * \r\n");
        data_point = strstr(http_point, "region = ");  //提取城市信息
        strncpy((char * )tmp_print, http_point + 15, (data_point - http_point - 17));
        printf("City: % s\r\n", tmp_print);
        memset(tmp_print, 0, sizeof(tmp_print));
        http_point = strstr(data_point, "text = ");     //提取天气情况信息
        data_point = strstr(http_point, "code = ");
        strncpy((char * )tmp_print, http_point + 6, (data_point - http_point - 9));
        printf("Weather: % s\r\n", tmp_print);
```

```
43              memset(tmp_print, 0, sizeof(tmp_print));
44              http_point = strstr(data_point, "temp = ");          //提取温度数据
45              data_point  =  strstr(http_point, "date = ");
46              strncpy((char * )tmp_print, http_point + 6, (data_point - http_point - 9));
47              printf("Temprature: % s C\r\n", tmp_print);
48              memset(tmp_print, 0, sizeof(tmp_print));
49              http_point = strstr(data_point, "date = ");          //提取此次温度发布的时间
50              data_point  =  strstr(http_point, "forecast");
51              strncpy((char * )tmp_print, http_point + 6, 25);
52              printf("BuildDate: % s\r\n", tmp_print);
53              memset(tmp_print, 0, sizeof(tmp_print));
54              printf("Disconnect\r\n");
55              disconnect(ch);
56              }
57              memset(tmp_buf, 0, sizeof(tmp_buf));
58            }
59          }
60          break;
61          case SOCK_CLOSE_WAIT:
62          disconnect(ch);
63          break;
64          case SOCK_CLOSED:
65          socket(ch, Sn_MR_TCP, 6000, 0x00);               //重新初始化 Socket
66          break;
67        default:
68        break;
69      }
70    }
```

源程序中 main 函数和此前介绍的其他程序大同小异，主要是完成系统的相关配置及初始化操作。程序关键的功能都由 do_http()这个函数实现，所以下面着重分析一下这个函数。第 3～7 行进行一些变量的定义及初始化，其中 server_ip 数组保存着雅虎天气 API 的 IP 地址(可以在电脑命令行窗口 Ping 一下雅虎天气的网址就能获取到 IP)。从第 8 行开始是一个处理 TCP 客户端 Socket 的状态机模式。其中，第 10～13 行为当 Socket 初始化完成时，连接雅虎天气服务器并打印成功信息。第 16 行当 Socket 为 ESTABLISHED 状态时，即客户端与服务器连接成功，此时第 17～21行是当开关 send_flag 为 true 时，发送 get 指令，打印信息，并把 send_flag 关闭，这是为了防止反复发送。

当第 26 行缓存区有数据到达时，第 28 行为溢出保护，第 29 行接收天气服务器发送回来的信息，存入 tmp_buf 变量中。由于 HTTP 数据是分为多个数据包发送的，所以每次接收到的数据都持续添加进 tmp_buf。第 30 行对 buf_len 变量进行累加，它代表 tmp_buf 中数据的长度。实际的雅虎天气服务器传回的完整数据如图 4-2-2 所示。


```
HTTP/1.1 200 OK
Date: Fri, 24 Jul 2015 10:59:23 GMT
P3P: policyref="http://info.yahoo.com/w3c/p3p.xml", CP="CAO DSP COR CUR ADM DEV TAI PSA PSD IVAi IVDi CONi TELo OTPi OUR DELi SAMi OTRi UNRi PUBi IND PHY ONL UNI PUR FIN COM NAV INT DEM CNT STA POL HEA PRE LOC GOV"
Cache-Control: max-age=200, public
Vary: Accept-Encoding
Content-Length: 2763
Content-Type: text/xml;charset=UTF-8
Age: 0
Via: http/1.1 ats13.weather.gq1.yahoo.com (ApacheTrafficServer/5.3.0 [cMsSfW]), http/1.1 r21.ycpi.tw1.yahoo.net (ApacheTrafficServer [cMsSfW])
Server: ATS
Connection: keep-alive

<?xml version="1.0" encoding="UTF-8" standalone="yes" ?>
        <rss version="2.0" xmlns:yweather="http://xml.weather.yahoo.com/ns/rss/1.0" xmlns:geo="http://www.w3.org/2003/01/geo/wgs84_pos#">
            <channel>

<title>Yahoo! Weather - Beijing, CN</title>
<link>http://us.rd.yahoo.com/dailynews/rss/weather/Beijing__CN/*http://weather.yahoo.com/forecast/CHXX0008_c.html</link>
<description>Yahoo! Weather for Beijing, CN</description>
<language>en-us<
/language>
<lastBuildDate>Fri, 24 Jul 2015 5:00 pm CST</lastBuildDate>
<ttl>60</ttl>
<yweather:location city="Beijing" region=""   country="China"/>
<yweather:units temperature="C" distance="km" pressure="mb" speed="km/h"/>
<yweather:wind chill="29"   direction="180"   speed="11.27" />
<yweather:atmosphere humidity="51"  visibility="11.01"  pressure="999.9"  rising="0" />
<yweather:astronomy sunrise="5:04 am"   sunset="7:36 pm"/>
</image>
<item>
<title>Conditions for Beijing, CN at 5:00 pm CST</title>
<geo:lat>39.91</geo:lat>
<geo:long>116.39</geo:long>
<link>http://us.rd.yahoo.com/dailynews/rss/weather/Beijing__CN/*http://weather.yahoo.com/forecast/CHXX0008_c.html</link>
<pubDate>Fri, 24 Jul 2015 5:00 pm CST</pubDate>
<yweather:condition  text="Mostly Cloudy"  code="28"  temp="29"  date="Fri, 24 Jul 2015 5:00 pm CST" />
<description><![CDATA[
<img src="http://l.yimg.com/a/i/us/we/52/28.gif"/><br />
<b>Current Conditions:</b><br />
Mostly Cloudy, 29 C<BR />
<BR /><b>Forecast:</b><BR />
Fri - Mostly Clear. High: 31 Low: 22<br />
Sat - Partly Cloudy. High: 33 Low: 23<br />
```


**图 4-2-2 天气服务器返回的数据包**

其中，这里需要提取的内容是方框内的部分。根据计算可知，当接收包的总长度大于 3 000 时，肯定能接收全部需要提取的内容，所以在第 31 行判断 buf_len 大于 3 000时，开始提取信息。

第 32 行判断 tmp_buf 中有没有包含 location_str 中的字符串（此处是“location city”），若存在，则表明接收到服务器数据中有城市信息，此时便执行下面提取信息的操作。第 35～53 行是提取城市信息、天气情况信息、温度数据和此次温度发布时间并打印出来。其中涉及简单的字符串查询和复制操作。完成这些操作之后，第 55 行断开与服务器的连接。第 57 行清空 tmp_buf 中的内容。第 61～63 行是当 Socket 为 CLOSE-WAIT 状态时断开连接。第 64～66 行是当 Socket 为 CLOSED 状态时打开并初始化 Socket。这些都和前面章节中介绍的内容相同。

程序的运行结果通过串口工具打印出来，如图 4-2-3 所示。可以看到，我们需要的城市、天气、气温和发布时间信息都已成功地显示出来。

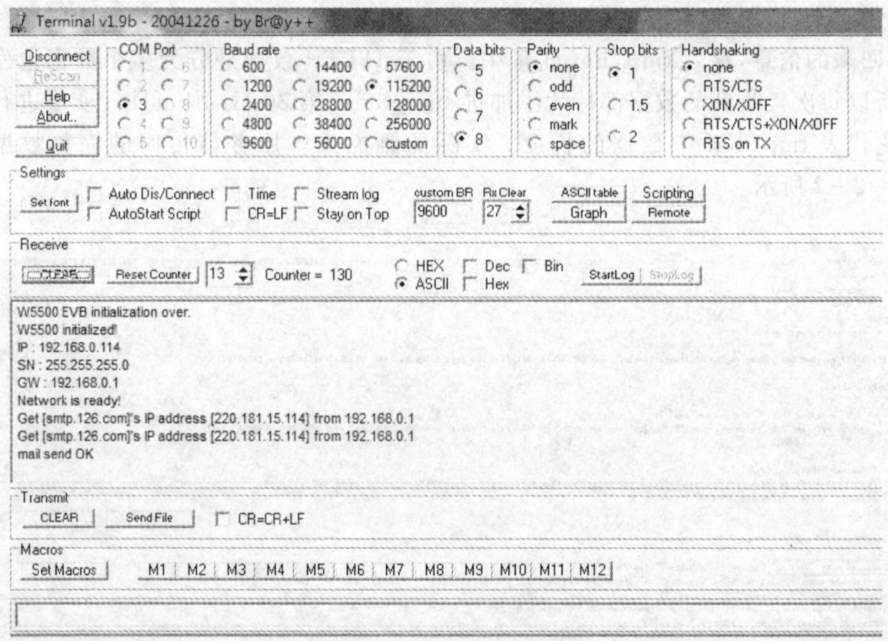


图 4-2-3　打印天气信息

### 4.2.3　小　结

物联网时代的到来，让信息传递的发展如同汽车开上了高速公路，特别是近几年随着智慧城市、智能电网、智能家居等的实现已完成了从概念到产品的蜕变。我们完全有理由相信，物联网的普及指日可待。与本节演示的应用一样，其实网络上很多有用的数据我们都可以随手拈来，让物联网设备获取信息发挥更大的效能。

## 4.3　微博在物联网中的应用与实现

### 4.3.1　微博的特点

微博（Weibo）是微型博客的简称，是一种通过关注机制分享简短实时信息的广播式的社交网络平台。用户可通过 Web、WAP 等各种客户端组建个人社区，以简短的文字更新信息，并实现即时分享。

最早也最著名的“微博”是美国的 Twitter。2009 年 8 月中国门户网站新浪推出“新浪微博”内测版，成为国内门户网站中第一家提供微博服务的网站，微博正式进入中文上网主流人群视野。随着微博在网民中的日益普及，在微博中诞生的各种网络热词也迅速走红网络，微博效应正在逐渐形成。2013 年上半年，新浪微博注册用户达到 5.36 亿，腾讯、网易、搜狐等公司的微博也有着非常良好的发展势头。微博成为中国网民上网的主要活动之一。

微博的迅速走红，除了因为赶上了网络社交兴起的大潮外，还因为微博具有以下几个鲜明的特点：

➢ 关注机制：分为单向和双向两种，供使用者自己选择。
➢ 内容简短：通常为140字（含标点符号），主题鲜明，易于阅读。
➢ 实时信息：微博通常能够提供最新的实时信息。
➢ 广播式：信息公开，关注此微博的任何人都可以浏览。
➢ 社交网络平台：把微博归为社交网络，是因为通过微博可以实现联系人之间的相互关注、内容分享和私信联系等社交功能。

随着用户群的不断发展，微博的用途也从最初的简单社交、关注好友到了解资讯、讨论话题，再发展到企业利用微博进行营销，政府机构利用微博发布通知、组织调研等。微博已经成为了人们生活中一个全方位的信息平台。于是，微博和与人们生活息息相关的物联网的融合也进入了开发者的视野。

微博自身的特点以及应用发展方向，使其与新兴的物联网有了更多融合的可能。物联网融合传统的传感器网络和互联网，使每个硬件设备都有机会连接互联网。随着微电子技术的发展，尤其是单片机的迅猛发展，实现芯片价格下降的同时，运算能力也得到大幅提升，使得一些传统的白色家电（如电视、空调以及冰箱等）连接网络成为现实。更有一些公司推出了物联网云平台，例如国内比较知名的Yeelink和乐为物联等。用户可以通过这些平台随时随地了解自己设备的状态并可远程控制。而微博也可以理解为一种特殊的云平台，物联网中的设备如果可以自行“发微博”，把设备的运行状态等信息及时上传到微博平台，便可以让所有关注此微博的人了解到设备的运行状态，非常方便、实用。

早在2011年底，就有一些大学生开发出了会发微博的饮水机，可方便用户随时知道饮水机的状态，如图4－3－1所示。不过当时的做法相对原始，并没有实现饮水机联网，而是通过一个设备把饮水机的状态传送给电脑，由电脑来完成联网发微博的功能。我们接下来要介绍的主要内容是让设备自己发微博，不需要电脑辅助，也就是说如何实现给饮水机一根网线就能让它发微博。

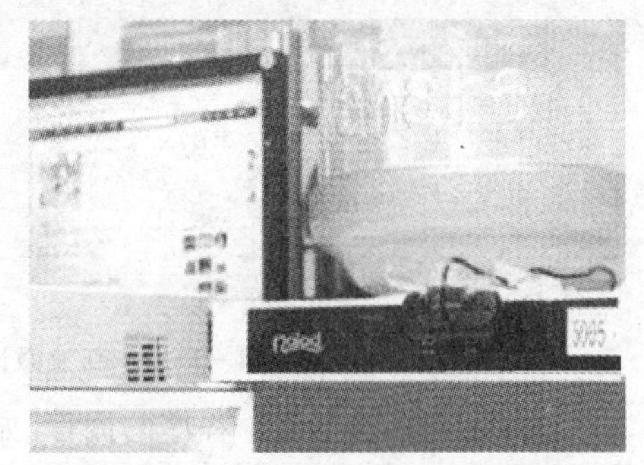

（图片源自：http://info.js.hc360.com/2012/04/0908545081.shtml）

**图4－3－1　会发微博的饮水机**

## 4.3.2　使用W5500发微博

本程序的设计思想是让W5500通过一个简单的代理服务器与新浪微博开放平台的接口通信完成发微博的操作。为什么需要使用代理服务器而不是直接与新浪微博服务器通信呢？这需要从新浪微博开放平台的变化说起。刚开始时，新浪微博和

Twitter 一样，都有一个基于 Basic Auth 的用户认证开放接口；但基于安全方面的考虑，新浪微博关闭了这个接口，对现有第三方应用，只能使用 OAuth 2.0 这个接口来开发应用。然而，基于 SSL[①] 的 OAuth 2.0 虽然安全性得到了提高，但是复杂性也有所增加，通过单片机来实现变得更加困难。因此，本程序采用增加代理服务器的方式，由代理服务器来做 OAuth 2.0 授权和认证，单片机只要把自己的微博账号和密码，以及要发的微博内容提交给代理服务器即可，如图 4-3-2 所示。

新浪微博开放平台网站应用如图 4-3-3 所示，新浪微博会给每一个应用分配一个 App Key 来标记其唯一性。

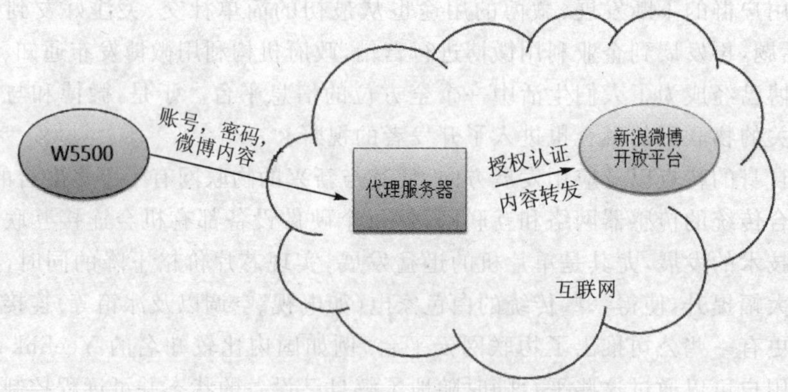


**图 4-3-2　W5500 通过代理服务器发微博**

**图 4-3-3　新浪微博开放平台网站应用**

下面首先介绍一下整个程序的流程，如图 4-3-4 所示。在硬件初始化完成后，将进行网络参数配置，用户需要根据自己的网络情况来配置 W5500 的 IP 地址等网络参数，确保 W5500 能连接外网；然后初始化 W5500 的一个 Socket，再连接服务器，等待连接成功后，直接发送微博内容。

① SSL 的英文全称是 Secure Sockets Layer，中文名称为安全套接层协议层，是基于 Web 应用的安全协议。SSL 协议制定了一种在应用程序协议（如 HTTP、Telnet、SMTP 和 FTP 等）和 TCP/IP 协议之间提供数据安全性分层的机制，它为 TCP/IP 连接提供数据加密、服务器认证、消息完整性以及可选的客户机认证。

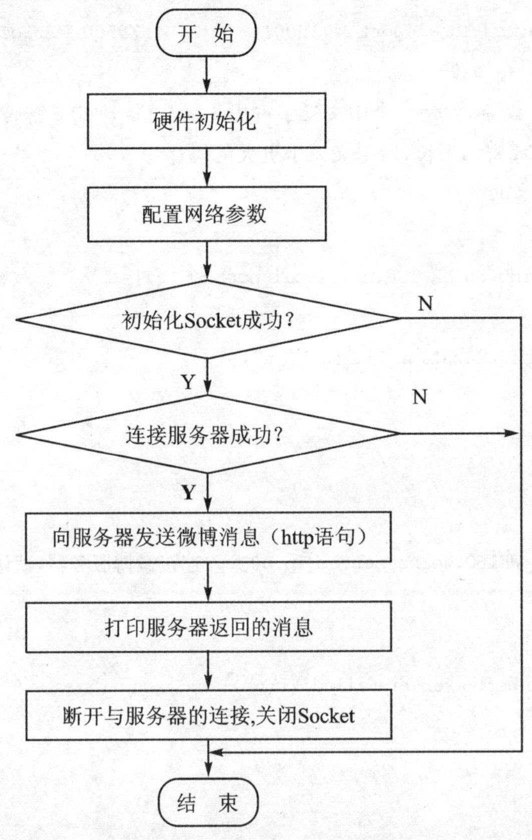


**图 4-3-4　W5500 发微博流程图**

接下来就来看一下具体的代码实现，与前面的章节相同，这里只提供关键部分的代码。以下是发送微博实现部分的代码(位于文件 weibo.c 中)：

```
#include "w5500/socket.h"
#include "w5500/w5500.h"
#include <stdio.h>
#include <string.h>
#define SOCK_WEIBO2                                    //定义用于微博的 Socket 号
#define WEIBO_SERVER     "61.109.255.136"              //微博服务器 IP 地址
#define HTTP_PATH        "/wiznet/"                    //HTTP 路径
#define WEIBO_ID         "xxxx@xxxx.xxx"               //你的新浪微博 ID
#define WEIBO_PWD        "******"                      //你的新浪微博密码
chartmp_buf[512] = {0x00,};                   //定义一个用于存储微博内容和 HTTP 头的缓冲区
unsigned char post_weibo(char * weibo);
```

```
unsigned char weibo_server_ip[4] = {61,109,255,136};  //微博服务器 IP 地址
static unsigned intany_local_port = 1000;         //W5500 TCP Socket 本地端口号
charpost_data[385] = {0x00,};
//微博内容(140 个汉字,但是一个中文汉字占用 2 字节!) + ID & 密码信息。
//如果新浪微博 ID& 密码太长,请定义一个更大的缓存
unsigned char ret = 0;
unsignedintlen = 0;
if(socket(SOCK_WEIBO,Sn_MR_TCP,any_local_port ++ ,0)!= 1)      //初始化一个 TCP Socket
{
printf("Socket initialization failed.\r\n");
return 0;
}
else
{
ret = connect(SOCK_WEIBO,weibo_server_ip,80);//连接微博服务器,默认 HTTP 服务器端口是 80
if(ret!= 1)
{
  printf("Connect Weibo server failed.\r\n");
  return 0;
}
else
{
while(getSn_SR(SOCK_WEIBO)!= SOCK_ESTABLISHED);    //等待 TCP 连接建立
printf("Connected with Weibo server.\r\n");
sprintf(post_data,"id= % s&pw= % s&cmd= update&status= % s",(char * )WEIBO_ID,(char
* )WEIDO_PWD,weibo);
sprintf(tmp_buf,"POST % s HTTP/1.1\r\nHost: % s\r\nUser-Agent: w5500\r\nContent-Type:
application/x-www-form-urlencoded;
charset= gb2312\r\nContent-Length: % d\r\n\r\n% s",(char * )HTTP_PATH,(char * )WEIBO_
SERVER,strlen(post_data),post_data);
len= send(SOCK_WEIBO,(unsigned char * )tmp_buf,strlen(tmp_buf));         //上传微博内容
    while(1)
    {
      len= getSn_RX_RSR(SOCK_WEIBO);
    if(len>0)
    {
    memset(tmp_buf,0x00,512);
```

```
18 len = recv(SOCK_WEIBO, (unsigned char * )tmp_buf, len);    //收到来自微博服务器的返回值
   char * p = strstr(tmp_buf,(char * )"\r\n\r\n") + 4; //获取不带 HTTP 头的 HTTP 负载:返回值
       printf(" % s\r\n",p);
19       disconnect(SOCK_WEIBO);                      //断开与微博服务器的连接
20       close(SOCK_WEIBO);                           //关闭 Socket
21           return 1;                                //成功! 返回 1
         }
       }
     }
   }
  }
```

主程序第 1、2 行把 W5500 的库和 Socket 库文件引用过来。第 3～7 行为宏定义部分,第 3 行是给微博选一个 Socket,鉴于 W5500 共有 8 个 Socket 可同时通信,这里随便选取一个没有用到的 Socket 即可,这里选的是 2。第 4、5 行定义的是要访问的服务器地址和具体的 HTTP 路径,请不要更改。第 6、7 行需要填写设备的新浪微博用户名和密码,本程序仅支持新浪微博。这里要填写正确的新浪微博用户名和密码,否则无法发送。

第 8 行是要连接的服务器 IP 地址,放到了一个数组里面;第 9 行为该 Socket 定义了一个本地端口号,这个数值在 0～65 535 中任取。这里我们采用服务器接收 HTTP 格式提交的数据,第 10 行定义的数组就是为了临时保存该格式的微博内容;读者也许会问,微博最多能够接受 140 个字符,为什么这里要定义一个 385 字节的数组呢?因为这个数组不仅要保存微博内容,还有微博的账号和密码。此外,如果微博内容是汉字的话,那么一个汉字将占用 2 字节,一条全是汉字的微博的最大长度将是 280 字节,因此如果微博账号和密码过长的话,请适当调整该数组的长度。

下面就是 Socket 的操作了,第 11 行初始化一个 Socket,接着第 12 行对服务器发出连接请求,第 13 行一直等待连接的建立,与服务器成功建立连接后,第 14、15 行负责组建带有微博的 HTTP 数据包,第 16 行负责发送。

然后接收服务器返回,第 17 行是读取 W5500 接收到的数据长度,当该长度大于 0 时,第 18 行从 W5500 的接收缓存中把接收到的数据读到 tmp_buf 中,由于接收到的数据包含了 HTTP 头,接下来的一行是把 HTTP 头去掉,我们只关心服务器的返回结果。收到了服务器的返回,说明与服务器的通信是成功的。但是,通信成功并不说明微博一定是百分之百发出去了的,请查看一下服务器返回结果的类型,如表 4-3-1 所列。

**表 4-3-1 服务器返回值说明**

| 服务器返回值 | 说明及故障排除 |
|---|---|
| 0：only wiznet's products are allowed to use this service | 如果返回该值，请检查代码的第 15 行中的 User－Agent 部分，是否正确填写了 WIZnet 的芯片型号。该示例所用的芯片为 W5500。目前该代码仅限于 WIZnet 的以太网芯片参考使用 |
| 1：weibo id or password error | 新浪微博账号或密码为空。请检查第 6、7 行是否正确填写了你的微博账号和密码，并且检查 14 行组包是否正确 |
| 2：login failed | 登录失败。请检查第 6、7 行是否正确填写了你的微博账号和密码 |
| 3：weibo content(status) is invalid | 微博内容为空。请调用 post_weibo()函数时，正确写入要发布的 140 字符以内的微博内容 |
| 4：too frequent message ###.### | 发送微博太频繁。为了控制服务器流量，规定每个新浪微博账户发送微博的时间间隔为 2 min。如果发送微博与上一条微博发送时间小于 2 min 时，将收到该错误提示。###.###表示此次微博发送与上次之间的时间间隔，单位为 s |
| 255：ok | 新浪微博成功发出 |

最后，第 19 行断开与服务器的连接，第 20 行关闭 Socket。与服务器通信成功，第 21 行返回 1。

微博发送内容编辑请查找 main.c 文件中语句进行更改，例如：

```
post_weibo_update("《为您的设备添加社交网络功能》——成功实现 W5500 开发板发微博应用!");
```

编译代码，烧到单片机里面，上电，看串口调试信息："255：ok"。说明上传成功。登录到微博看看，刚才写进程序里面的那句话果然出现在了微博上面，如图 4-3-5 所示。

《为您的设备添加社交网络功能》– 成功实现W5500开发板发微博应用!

50秒前 来自iWIZnet

阅读(11) 推广 | | 转发 | 收藏 | 评论

**图 4-3-5 微博发送成功**

可以看到下方标注"来自 iWIZnet"，正是我们与新浪微博平台对接的网站应用，单击之后可链接到指定网站。

## 4.3.3 小 结

基于社交网络上的应用开发已不再是凤毛麟角。在微博应用泛开涟漪之后，各种新奇的理念层出不穷。你甚至不知道正在跟你对话的是人还是机器，饮水机发微博，电冰箱发短信……当然，这一切都离不开网络，设备上的远程控制都在网络中得以实现。

## 4.4 网页摄像头

自 2004 年以来，各地平安城市建设项目投入加大，视频监控与防盗报警及网络系统、GPS 及智能交通相关产品、警用设备、生物识别及智能卡一起为平安城市建设做出了突出贡献。

传统安防需求较为旺盛的行业对安全监控的需求与日俱增，如金融、公安行业。交通、电力、医院和各类园区也都成为监控快速增长的新兴行业。在外忙碌的年轻夫妇查看保姆是否照看好婴儿、老人在家是否安然无恙以及基于视频监控的客流量统计等，都成为新兴应用。

另外，从全球来看，接连发生的恐怖袭击事件使地铁、飞机和体育馆成为摄像头"紧盯"的场所。我国数字安防产品需求的增长则来自于热点活动，如北京 2008 年奥运会、60 年国庆阅兵、上海世博会和广州亚运会。

从这些角度出发，我们用一个摄像头和一块单片机设计一个网页摄像头，用手机或电脑连接网络，就能看到监控区域的情况。

### 4.4.1 W5500EVB 与摄像头模块

#### 1. OV2640 简介

OV2640 像素输出最高支持 200 万像素，支持 QCIF(176×144)、QVGA(320×240)、VGA(640×480)、1 027×768 和 1 600×1 200 等像素输出。它具备以下两种输出格式：

- 原始数据如 RGB565、RGB RAW 和 YUV422；
- JPEG 压缩图像格式(可极大减小传输带宽，例如 640×480 分辨率的原图片大小在 300 KB 左右，JPEG 编码输出后大小仅约为 16 KB)。

在本系统中，由于使用原始数据格式，因此若图像文件过大(以 RGB RAW 为例，一帧 640×480 的图像文件大小为 640×480×3＝900 KB)则将影响数据传输速率和更新图像的频率，进而影响浏览器的视频显示效果；其次，Cortex－M3 单片机处理能力有限，无法运行复杂的图像压缩算法。因此，OV2640 内部 DSP 压缩后的 JPEG 压缩图像格式是最佳选择。

#### 2. W5500EVB 与 OV2640 接口电路

MCU 与 OV2640 的通信采用串行与并行相结合。OV2640 带有 SCCB(Serial Camera Control Bus)双线串行接口，MCU 通过 SCCB 接口配置和读取 OV2640 的

信息;MCU 通过并行总线的方式来接收 OV2640 的图像数据。系统的硬件电路连接如图 4-4-所示。

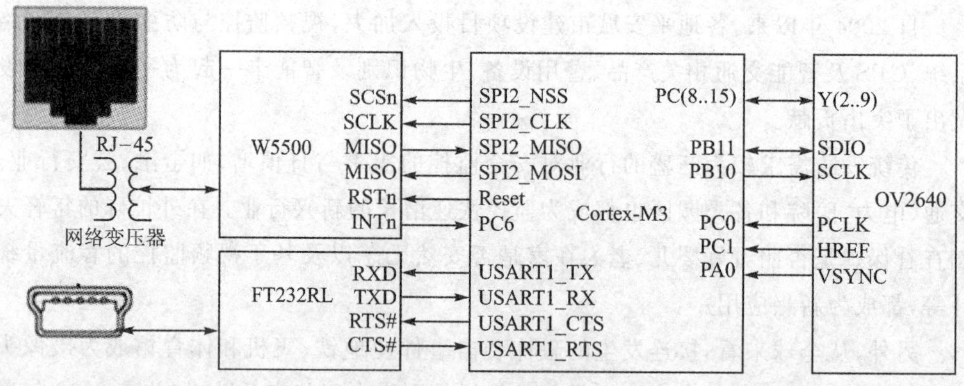


图 4-4-1 系统硬件电路连接

其中,Y(2..9)为 8 位 MSB(Most Significant Bit,最高有效位模式)并行总线,SDIO、SCLK 为 SCCB 接口,PCLK 为像素时钟输出引脚(每个周期从并行总线上输出一个像素),VSYNC 为列同步输出引脚(每帧图像发生一次跳变),HERF 为行参考输出引脚(每个周期总线从并行总线上输出一行图像数据)。SVGA 模式时序参考图如图 4-4-2 所示,系统实物图如图 4-4-3 所示。

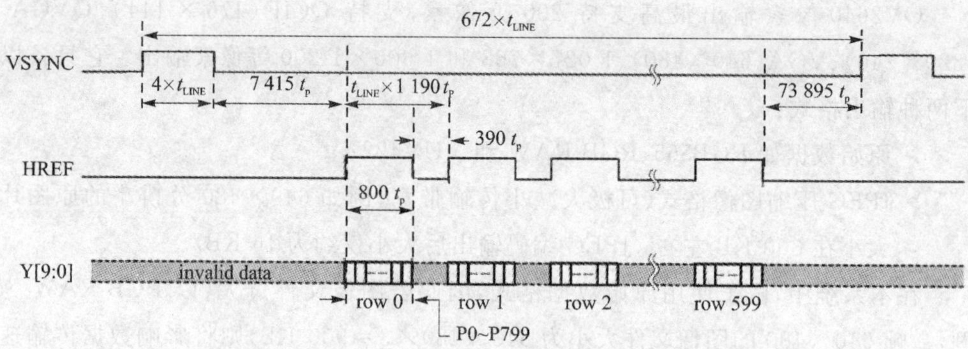


图 4-4-2 OV2640 SVGA 模式下图像输出时序

系统上电后,MCU 配置 OV2640 的工作方式,然后在 OV2640 准备好图像后,VSYNC 会被拉高一段时间,MCU 通过 PCLK 上升沿中断按字节接收图像数据。接下来我们将对 OV2640 的初始化配置程序和图像数据缓存程序进行介绍。

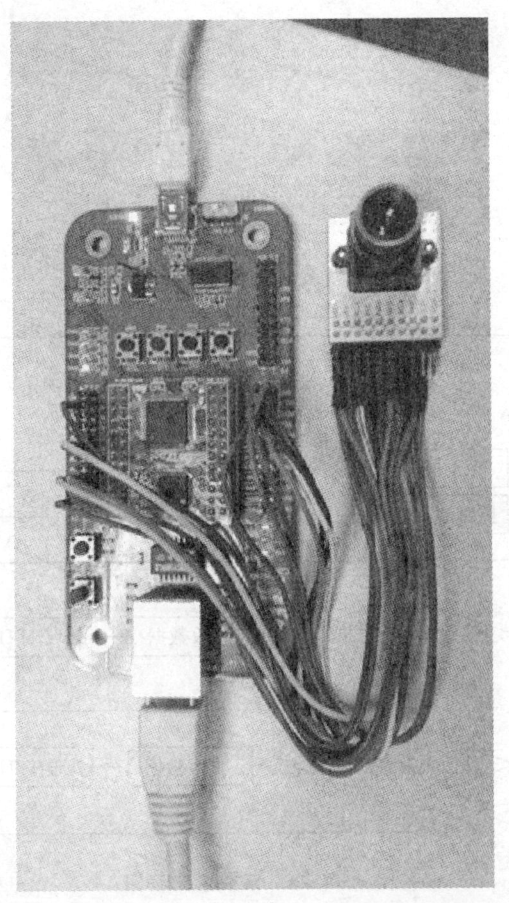

图 4-4-3　W5500EVB 与 OV2640 摄像头连接图

## 4.4.2　摄像头驱动程序

### 1. 系统主流程图和获取图片流程图

首先我们了解一下整个的程序流程，流程图由系统主流程图（见图 4-4-4）、获取图片数据子流程图（见图 4-4-5）和处理 HTTP 请求子流程图（见图 4-4-6）组成。在主程序中一直处理 HTTP 请求。在硬件初始化完成之后，将进行网络参数配置，这是要根据自己网络的情况来配置 W5500 的 IP 地址等网络参数，确保 W5500 能连接外网。使用 W5500 的 1 个 Socket 资源，用来创建 HTTP 服务器，这样在浏览器上输入配置的 IP 地址，浏览器作为客户端就能远程访问我们的硬件了。

### 2. OV2640 驱动程序介绍

初始化配置程序代码如下：

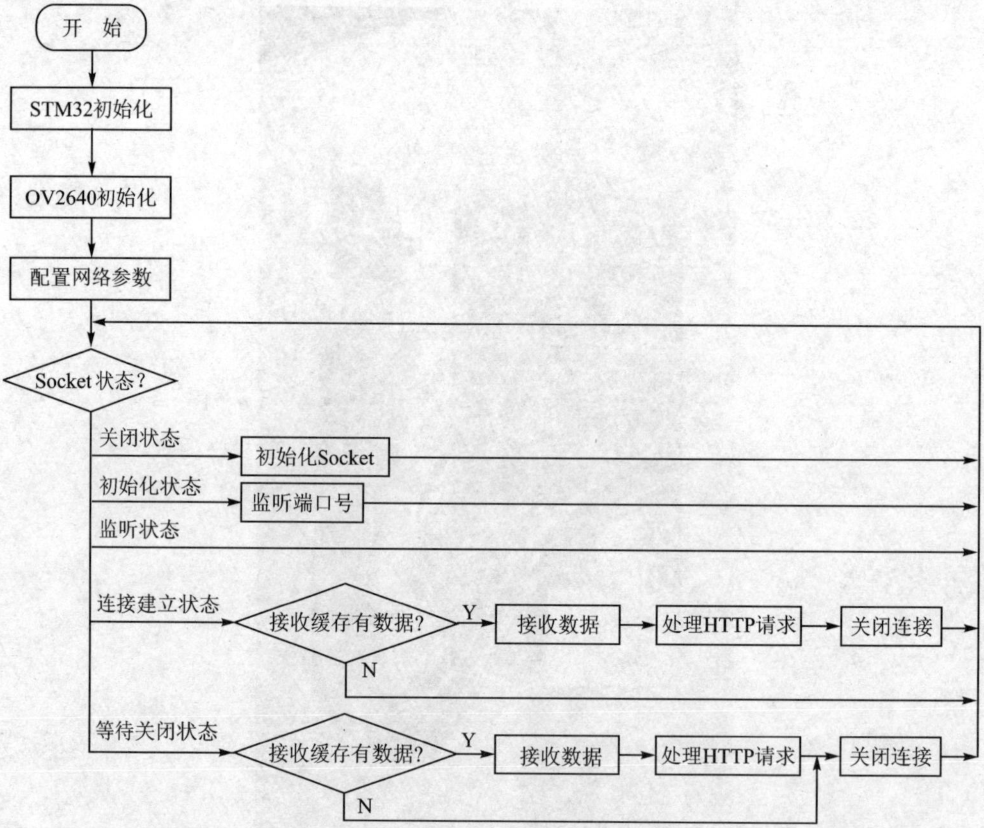

图 4-4-4　系统主流程图

```
iic_init();/＊初始化 MCU I2C_2,与 OV2640 SCCB 接口通信＊/
ov2640_jpeg_config(JPEG_640x480);                /＊设置输出图像格式＊/
/＊设置 COMS 参数 ＊/
ov2640_brightness_config(0×40);                  /＊设置亮度模式:亮度+2＊/
ov2640_auto_exposure(3);                         /＊设置自动曝光等级 0~4＊/
ov2640_contrast_config(0×28,0x0c);               /＊设置对比度:对比度+2＊/
ov2640_black_white_config(0×00);                 /＊设置黑白彩色模式:正常模式＊/
ov2640_color_saturation(0×68,0×68);              /＊设置色饱和度:饱和度+2＊/
ov2640_light_mode_config(OFFICE);                /＊设置场景模式:办公室＊/
o2640_capture_gpio_init();                       /＊初始化并行传输 I/O 引脚＊/
```

以上代码配置 OV2640 的工作模式,代码在 main.c 文件中。

图像数据缓存程序代码如下：

```
u8 temp;
EXTI_ClearITPendingBit(EXTI_Line0);              /＊清除 PC0(PCLK)中断＊/
if(GPIO_ReadInputDataBit(GPIOC,GPIO_Pin_1) == 0)  /＊HREF 引脚为低＊/
```

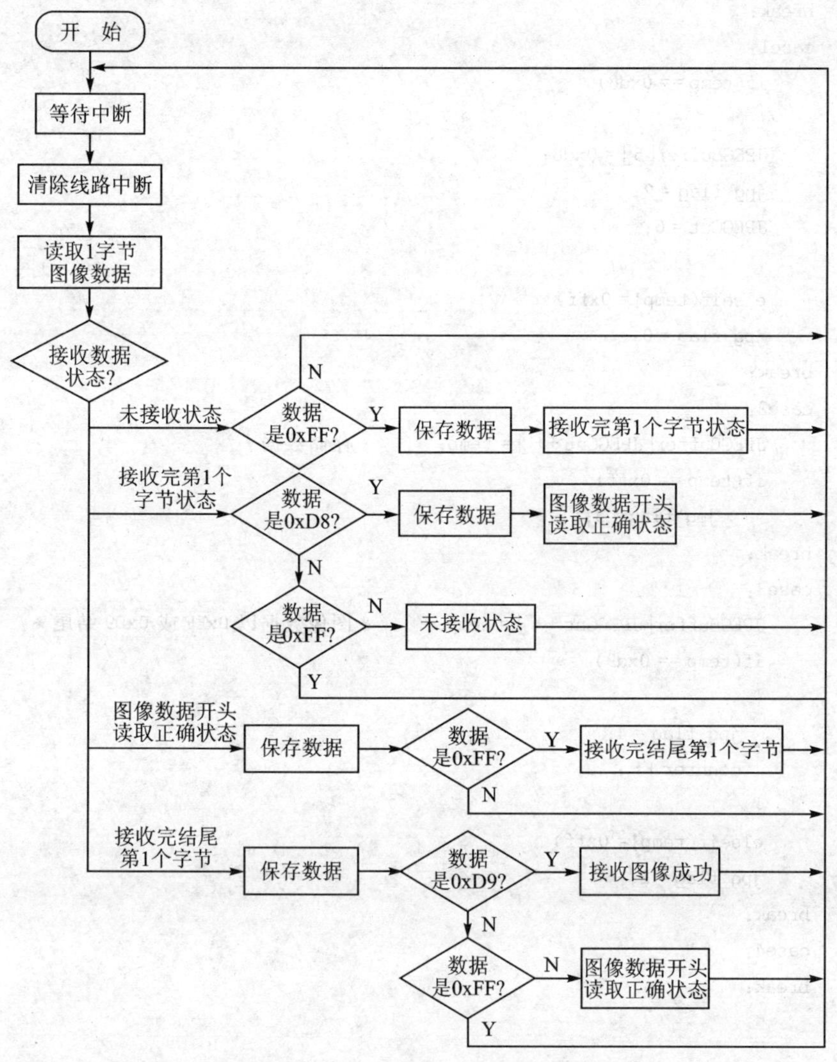


图 4-4-5 获取图片数据流程图

```
return;
temp = (u8)((GPIOC->IDR)>>8&0x00ff); /* 读取 1 字节图像数据 */
switch(jpg_flag)
{
    case0:
        if(temp == 0xff)                    /* 图像数据以 0xFF 或 0xD8 开头 */
        {
          JPEGBuffer[4] = 0xff;
          jpg_flag = 1;
        }
```

```
break;
case1:
    if(temp == 0xd8)
    {
    JPEGBuffer[5] = 0xd8;
    jpg_flag = 2;
    JPEGCnt = 6;
    }
    elseif(temp! = 0xff)
    jpg_flag = 0;
break;
case2:
    JPEGBuffer[JPEGCnt ++ ] = temp;        /* 存储数据 */
    if(temp == 0xff)
        jpg_flag = 3;
break;
case3:
    JPEGBuffer[JPEGCnt ++ ] = temp;        /* 图像数据以 0xFF 或 0xD9 结尾 */
    if(temp == 0xd9)
    {
      jpg_flag = 4;
      counter ++ ;
    }
    elseif(temp! = 0xff)
    jpg_flag = 2;
break;
case4:
break;
}
```

在中断函数中通过以上程序即可正确读取每一帧图像的数据了。程序思想已经在图 4-4-5 中体现。JPEGBuffer 为一个全局的图像缓存区,在主函数中,检测到缓存区数据准备完毕后,就可以将图像发送给浏览器了。以上代码在 stm32f10x_it.c 文件中。

## 4.4.3 动态网页实现

### 1. 浏览器定时发送 HTTP 请求

程序代码如下:

```
functionupdateCam(){
varoUpdate = $ ('cam');
```

```
t_update = setTimeout(function () {
oUpdate.src = 'camera.jpg';},10);
t_update = setTimeout('updateCam()',20);
}
```

这是浏览器每隔 20 ms 向 HTTP 服务器发送请求，请求图片数据的 Javascript 程序，程序代码在 webpage.c 中。

## 2. 处理 HTTP 请求程序设计

在主函数中，W5500EVB 一直在处理 HTTP 请求，处理 HTTP 请求流程图如图 4-4-6 所示。

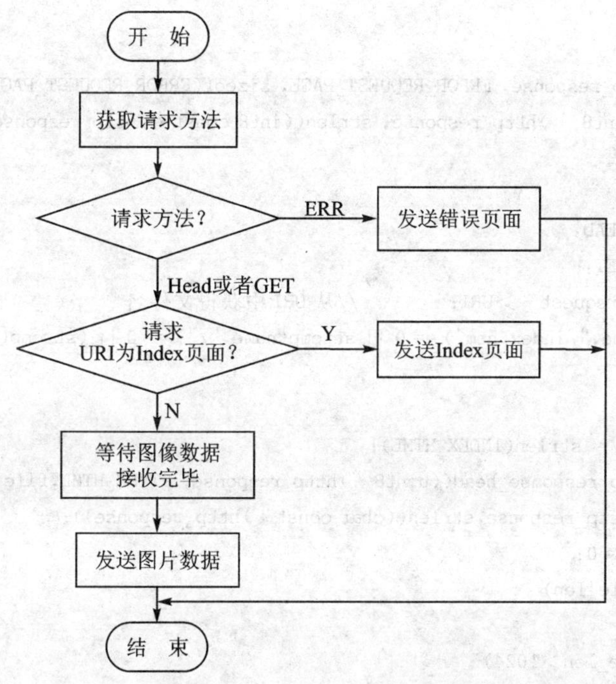


**图 4-4-6 处理 HTTP 请求流程图**

处理 HTTP 请求程序代码如下：

```
void proc_http(SOCKET s, uint8 * buf)
{
int8 * name;                          //GET 请求方法文件名
int8 req_name[32] = {0x00,};          //POST 请求方法文件名
unsigned long file_len = 0;
uint16 send_len = 0;
uint8 * http_response;
st_http_request * http_request;
```

```
  memset(tx_buf,0x00,MAX_URI_SIZE);
  http_response = (uint8 * )rx_buf;
  http_request = (st_http_request * )tx_buf;
  parse_http_request(http_request, buf);  //分析请求,转化为 HTTP 请求
  switch (http_request->METHOD)
{
  case METHOD_ERR :
  if(strlen((int8 const * )boundary)>0)
{
  printf("Error = % s\r\n",http_request->URI);
}
else
{
  memcpy(http_response, ERROR_REQUEST_PAGE, sizeof(ERROR_REQUEST_PAGE));
  send(s, (uint8 * )http_response, strlen((int8 const * )http_response));
}
break;
case METHOD_HEAD:
case METHOD_GET:
name = http_request->URI;          //从 URI 中获得文件名
if(strcmp(name,"/index.htm") == 0 || strcmp(name,"/") == 0 || (strcmp(name,"/index.ht-
ml") == 0))
  {
    file_len = strlen(INDEX_HTML);
    make_http_response_head((uint8 * )http_response, PTYPE_HTML,file_len);
    send(s,http_response,strlen((char const * )http_response));
    send_len = 0;
    while(file_len)
    {
      if(file_len>1024)
      {
        if(getSn_SR(s) != SOCK_ESTABLISHED)
        {
          return;
        }
      send(s, (uint8 * )INDEX_HTML + send_len, 1024);
      send_len += 1024;
      file_len -= 1024;
      }
 else
      {
        send(s, (uint8 * )INDEX_HTML + send_len, file_len);
```

```
            send_len += file_len;
            file_len -= file_len;
          }
        }
      }
    else if((strcmp(name,"/camera.jpg") == 0) || (strcmp(name,"/test.jpg") == 0))
      {
        while(jpg_flag!=4);
        file_len = JPEGCnt;
        make_http_response_head((unsigned char *)http_response, PTYPE_JPEG, (uint32)
        file_len);
        send(SOCK_HTTP, (uint8 const *)http_response, strlen((char const *)http_re-
        sponse));
        send_len = 0;
        while(file_len)
            {
              if(file_len>PACKET_LEN)
              {
                send(SOCK_HTTP, (uint8 *)(JPEGBuffer + send_len), PACKET_LEN);
                send_len += PACKET_LEN;
                file_len -= PACKET_LEN;
              }
    else
              {
              send(SOCK_HTTP, (uint8 *)(JPEGBuffer + send_len), file_len);
              send_len += file_len;
              file_len -= file_len;
              }
            }
      jpg_flag = 0;
      }
      break;
      case METHOD_POST:
      break;
      default :
      break;
  }
}
```

在处理 HTTP 请求程序中，首先根据接收到的浏览器端的请求，分析请求方法。如果请求方法错误，就发送错误页面；如果请求方法是 Head 或者 GET，就分析请求 URI；如果是请求 Index 页面，就将 Index 页面数据发送出去；如果是请求图片，就等待图片数据接收完成，发送图片数据。在发送时，由于 W5500 每个 Socket 都有自己的收发缓存区，在设备初始化时可配置，默认设置 4 KB，所以一帧大小为 12 KB 的图像是无法一次发送出去的，发送图片数据就是将数据包切割分几次发送。W5500 也再次展示了它硬件协议栈易于使用且快速传输的优越性能，使远程监控轻松实现。

当在浏览器上访问硬件的 IP 地址时，浏览器会向 W5500 发送 HTTP 请求，W5500 在收到请求后将 HTML 的网页程序发送给浏览器，每当硬件轮询到新的图像准备好后，就会将图像数据发送给浏览器，浏览器收到数据后即在界面上绘制图像。实际效果如图 4-4-7 所示。

图 4-4-7 系统浏览器端效果图

## 4.4.4 小 结

视频监控系统在智能交通、智能社区、金融和公共安全等方面发挥着越来越重要的作用，而且一般都需要通过互联网连接到远程的控制中心，因此以太网控制器在其中充当重要角色。W5500 联网方便，很容易实现 HTTP 服务器的功能，因此可以很方便地实现基于 W5500 和 HTTP 协议的网页摄像头，为视频监控行业做出一份贡献。

# 第5章 高级篇

通过前几章的学习,读者已经对 W5500 如何在内网中通信和连接外网通信有了初步了解。在本章中,我们准备了一些更复杂的例子供大家学习,如通过网络更新物联网设备的固件,以及结合当前热门的 HTML5 讲解如何在 W5500EVB 上的实现。最后,我们还将介绍如何利用 NetBIOS 为网络设备命名,以及通过 UPnP 自动配置家用路由器,使得接入家庭内部的设备能连接到外网中去,从而实现在外网中控制内网设备的功能。

## 5.1 为物联网设备实现远程更新固件

在前面的章节中,多次提到了固件(Firmware)这个名词,想必大家对它已经很熟悉了。所谓固件,就是写入 Flash 等可编程只读存储器中的程序,通俗来讲就是"固化的软件"。与普通软件完全不同,固件是固化在集成电路内部的程序代码,负责控制和协调集成电路的功能,一般不轻易更改。大到计算机、服务器,小到路由器、手机、数码相机,几乎所有的电子设备都有固件,它为用户提供了最基础的服务。

固件质量的好与坏,往往与设备的功能和稳定性紧密相关。例如我们使用的智能手机,它的固件(也就是操作系统)就会经常提醒更新升级,通过这些升级来修补原来的漏洞、提高效率以及提供最新的产品功能等。

如果设备的固件升级需要工程师现场烧录新版本的程序,则将大大提高产品的维护成本。对于联网的设备,通过网络远程更新固件的方式可以完美地解决这一问题。因此,很多设备都具有远程固件升级功能,例如我们经常用到的电视机顶盒、家用无线路由器等设备。

与前面章节所介绍的远程配置设备类似,我们还以 W5500EVB 为示例,介绍两种远程更新固件的方法:一种是使用上位机程序,另一种是使用浏览器。这两种方法各有特点,可以根据实际的应用场合选择适合的方法,二者之间的差别将在本节后面讲解。下面先来看一下如何使用上位机程序来更新设备固件。

### 5.1.1 方法 1:使用上位机程序更新设备固件

在此演示的程序中,将 Flash 人为地分成 4 个区,如图 5-1-1 所示。

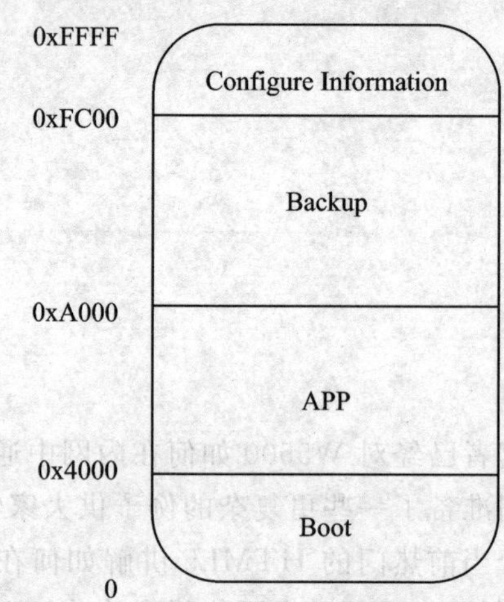


**图 5-1-1　W5500EVB 程序空间分配**

在 W5500EVB 的 MCU 内的 Flash 中存储的程序就是 W5500EVB 的固件，其中包含了 Boot 程序和 APP 程序。如表 5-1-1 所列，从地址 0x0000～0x3FFF 共 16 KB 作为系统引导程序存储区，也就是 Boot 区；然后，真正的用户程序，也就是 APP，它被分配了从 0x4000～0x9FFF，共 24 KB。通过上位机程序更新固件时，W5500EVB 从上位机下载完固件到 Backup 区后，设备重启进入 Boot 程序，由 Boot 将 Backup 区程序写入 APP 区，最后引导进入新的 APP 程序。

**表 5-1-1　W5500EVB 区域配置**

| 区　域 | 地址范围 | 大小/KB | 作　用 |
|---|---|---|---|
| Boot 区 | 0x0000～0x3FFF | 16 | 系统引导 |
| APP 区 | 0x4000～0x9FFF | 24 | 主程序 |
| Backup 区 | 0xA000～0xFBFF | 23 | 存放用于更新的程序 |
| Configure Information 区 | 0xFC00～0xFFFF | 1 | 存放网络配置信息以供程序调用 |

了解了空间分配之后，再来看一下这个演示中各部分的主要功能。这个演示主要由两个工程(Boot 和 APP)和一个上位机软件 ConfigTool 组成。

首先，我们来看一下 Boot 程序的主要功能：

① 与上位机程序通信。

② 当 APP 成功接收新版本的固件后，会跳转到 Boot。这时，Boot 会把暂存在 Backup 区的新版本程序复制到 APP 区。

APP 理论上可以是任意用户程序，但是需要包含 do_udp_config()和 do_fw_update()这两个线程。前者负责保持与上位机的通信，后者负责接收新的固件更新。

ConfigTool 是上位机程序，在这里可用来实现对单片机的查找、配置和固件更新等功能。

下面我们来看一下最核心的Boot程序，它接收并响应来自上位机的UDP广播，并引导了固件更新。

Boot程序的主要程序代码如下。

```
void main()
{
RCC_Configuration();
GPIO_Configuration();
NVIC_Configuration();
USART1_Init();
WIZ_SPI_Init();
Reset_W5500();
printf("\r\nW5500 Demo Code for Remote IAP.\r\n");
get_config();  /* 从 Flash ConfigAddr 位置读取设备配置信息 */
u32 addr, app_first_4_bytes;
addr = ApplicationAddress;
app_first_4_bytes =  *(vu32 *)addr;
if ((app_first_4_bytes & 0xffffffff) == 0xffffffff)        /* Flash 里没有 APP 程序 */
{
    printf("Please upload APP by using ConfigTool\r\n");
    set_default();
    set_network();
}
else                                            /* Flash 里有 APP 程序 */
{
    switch (ConfigMsg.state)
    {
    case NORMAL_STATE:                          /* 正常状态 */
      printf("Welcome to use W5500.\r\n");
      for(uint16 i = 0;i<1000;i ++ ); /* 延时一段时间 */
      reboot_app();                             /* 引导设备运行 APP 程序 */
      break;
    case NEW_APP_IN_BACK:                       /* 备份区域有新的 APP 程序 */
      printf("copy app: % d\r\n", ConfigMsg.fw_len);
      copy_app(ConfigMsg.fw_len);     /* 将备份区域的程序编写到 APP 程序区域 */
      ConfigMsg.state = NORMAL_STATE; /* 切换状态并更新配置信息 */
      write_config_to_flash();
      printf("Welcome to use W5500.\r\n");
      reboot_app();
      break;
    case CONFIGTOOL_FW_UP:                      /* 更新配置信息 */
      printf("configtool upload app\r\n");
```

```
39      set_network();                    /*重新配置网络参数*/
40      break;
41    default:
42      printf("unknown state = %d\r\n",ConfigMsg.state);
43      break;
44    }
45  }
46  while(1)
47  {
48    do_udp_config();
49    do_fw_update();
50  }
51  }
```

主程序第 3～9 行是 W5500EVB 的初始化工作，直接调用库文件。第 10 行读取 Flash 中的 MAC 地址、IP 地址等基本配置信息。第 11 行为 W5500 进行网络设置。第 14～19 行判断当 Flash 中的 APP 区没有程序时，恢复默认配置，并为 W5500 配置网络。如果 APP 区有程序，进入第 22 行开始的状态机模式。第 24～28 行，如果是正常状态，则先延时一段时间，然后引导设备运行 APP 程序。第 29～36 行，如果备份区域有新的 APP 程序，将 Backup 区的程序复制到 APP 区，然后切换状态并更新配置信息，最后引导设备运行 APP 程序。第 37～40 行完成配置信息的更新。第 46～50 行为一个死循环，反复执行 do_udp_config()和 do_fw_update()两个函数。其中，do_udp_config()响应上位机的查找和配置更新，内容与 3.2 节中的该函数相同；do_fw_update()完成固件更新。下面来着重介绍一下 do_fw_update()这个函数：

```
void do_fw_update(void)
{
uint32 len = 0;
uint32 i;
switch(getSn_SR(SOCK_FW))
{
case SOCK_ESTABLISHED:
    if(getSn_IR(SOCK_FW) & Sn_IR_CON)
    {
  //解锁 Flash
      FLASH_Unlock();                 //解锁 Flash,为 Flash 更新做准备
  // 清除所有待处理标记
      FLASH_ClearFlag(FLASH_FLAG_BSY | FLASH_FLAG_EOP | FLASH_FLAG_PGERR | FLASH_FLAG_
      WRPRTERR);
      setSn_IR(SOCK_FW, Sn_IR_CON);
    }
```

```
    if((len = getSn_RX_RSR(SOCK_FW))>0)
    {
      if((len == 4) && (isErased == 0))
      {
        recv(SOCK_FW, (uint8 * )&fLen,4);
        nPage = FLASH_PagesMask(fLen);
        for(nErasedPage = 0; nErasedPage<nPage; nErasedPage ++ )
        {
          FLASH_ErasePage(flashDest + pageSize * nErasedPage);
                                                        /* 擦除Flash中APP程序区域 */
        }
        isErased = 1;
        send(SOCK_FW, (uint8 * )&fLen, (uint16)4);
        printf(">");
      }
      else
      {/* 接收固件程序信息,并写入Flash中 */
        recv(SOCK_FW, buf, len);
        printf(".");
        for(i = 0;i<len;i +  = 4)
        {
          FLASH_ProgramWord(flashDest, * (uint32 * )((uint32)buf + i));
                                                  /* 将接收到的固件程序编写进Flash */
          flashDest += 4;
        }
        rxLen += len;
       /* 反射到PC端程序 */
        send(SOCK_FW, (uint8 * )&len, (uint16)4);
        if(rxLen == fLen)
        {
          disconnect(SOCK_FW);
         /* 保存至Flash */
          ConfigMsg.state = NORMAL_STATE;         /* 更新设备状态 */
          write_config_to_flash();
          printf("\r\nOK.\r\n");
           /* 跳转到APP */
          for(i = 0;i<1000;i ++ );    /* 延时 */
          reboot_app();                     /* 引导设备运行APP程序 */
        }
      }
```

```
49      }
50      break;
51  case SOCK_CLOSE_WAIT:
52      break;
53  case SOCK_CLOSED:
54      rxLen = 0;                                                  /*初始化参数*/
55      nPage = 0;
56      nErasedPage = 0;
57      fLen = 0;
58      isErased = 0;
59      flashDest = ApplicationAddress;
60      close(SOCK_FW);
61      socket(SOCK_FW,Sn_MR_TCP,30000,Sn_MR_ND);    /*建立 TCP 服务器*/
62      break;
63   case SOCK_INIT:
64      listen(SOCK_FW);
65      break;
66   }
67 }
```

下面按照程序的执行顺序来解释这个 TCP 状态机模式。第一次运行时 Socket 状态为 CLOSED，所以进入程序第 53～62 行，初始化各种参数并打开一个 TCP 模式的 Socket，之后 Socket 会进入 INIT 状态。第 63～65 行为 TCP 服务器开始监听。

当上位机发起连接时，进入从第 7 行开始的 ESTABLISHED 模式。其中第 8～13行是解锁 Flash，并清除相关的标志位和中断。第 16～27 行是接收固件长度信息，擦除 Flash 中需要占用的页，为固件传输做准备，并在第 25 行向上位机回传固件长度信息作为 ack。第 30～38 行完成接收固件内容的工作。由于固件较大而单片机缓存有限，所以需要分为多次接收，并同时写入 Flash，由 rxLen 记录已收到的大小。当 rxLen 等于 fLen 时，进入第 39～47 行，即全部接收完成时断开 TCP 连接，更新设备状态，并引导设备运行 APP 程序。

从 Boot 中代码可以看到，只有当 APP 区中尚未被写入程序时，Boot 中后面的过程才会执行，否则就会直接执行 APP 区中的程序。我们准备的 APP 程序中包含 do_udp_config()和 do_fw_update()这两个线程。其中 do_udp_config()与 Boot 中相同，do_fw_update()也是基本相同，只是在固件写入地址上有所区别：Boot 中是写入 APP 区，而 APP 程序中是写入 Backup 区，然后通过引导重启进入 Boot 完成更新的固件从 Backup 区到 APP 区的复制。

分析完关键代码，看看程序的实际使用情况。接好线路，下载代码，运行上位机程序。单击菜单栏的 Search 按钮，结果如图 5-1-2 所示。

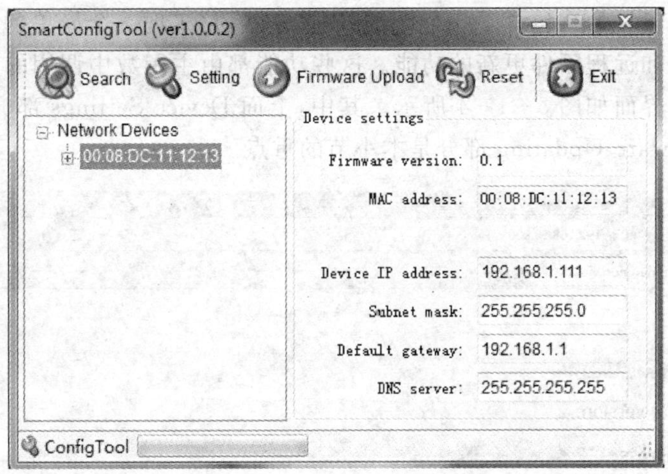


图 5-1-2 通过上位机程序更新固件前

下一步,便是要向这台下位机下载更新固件了。单击 Firmware Upload 按钮,在弹出窗口中选择新固件 app.bin 并确定。待烧录完成后,可以看到固件已经更新到 2.0 版本,如图 5-1-3 所示。

图 5-1-3 通过上位机程序更新固件后

## 5.1.2 方法 2:使用浏览器更新设备固件

使用浏览器更新设备固件时,我们仍然需要像前面一样先将 Boot 程序烧录到单片机中,它起到的是一个引导固件 APP 运行的作用。接下来就需要烧录 APP 程序了。可以通过烧录程序将该 APP 下载到单片机 Flash 中的指定地址。不过在这里我们自己设计的 Boot 程序已经包含了这个功能,方便起见,直接使用上面的上位机程序进行烧录即可。

在此 APP 程序中，包含了一个 HTTP 服务器，它实现一个简单的网页，并支持远程配置设备和远程固件更新的功能。这些功能都由主函数中调用的 do_http()函数实现。网页界面如图 5-1-4 所示。其中，上面 Device Settings 部分和 3.2 节相同，下面 Firmware Updating 部分是本小节的重点。

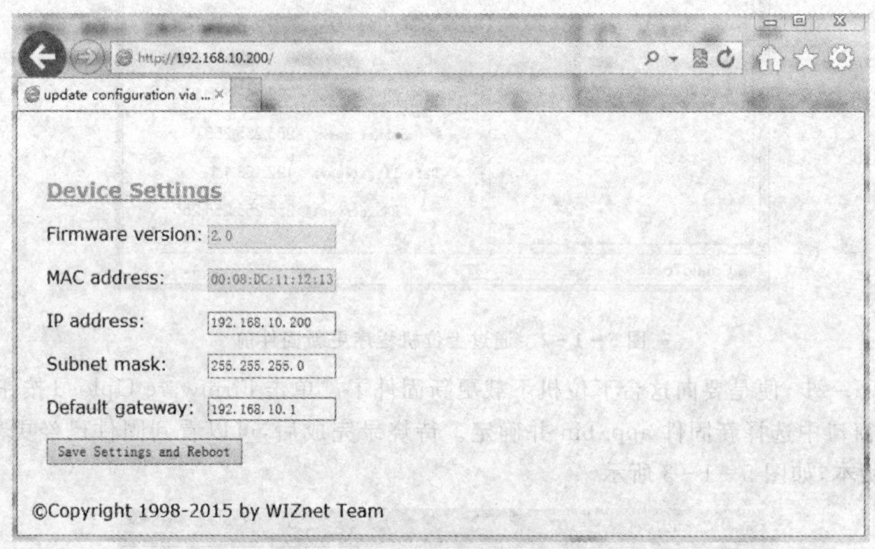


**图 5-1-4 使用浏览器更新设备固件**

do_http()包含一个常规的 HTTP 状态机，这里需要特别介绍接收固件的代码位于该状态机的 case METHOD_POST 下面，其中关键代码部分如下：

```
else if(strcmp(req_name,"firmware.cgi") == 0)
{
  mid((int8 * )http_request->URI,"boundary = ", "\r\n", (int8 * )boundary);
  uint16 tmp_len = 0;
  uint32 content_len = 0;
  uint32 rx_len = 0;
  uint32 upload_file_len = 0;                    //文件长度
  int8 sub[10];
   /*获取内容长度*/
  mid((char * )http_request->URI,"Content-Length: ","\r\n",sub);
  content_len = ATOI32(sub,10);
   /*Flash 操作变量*/
  uint32 flash_dest  = AppBackupAddress;
  uint16 fw_offset  =  0;                        /*固件数据偏移量*/
  uint16 wr_len  =  0;                           /*接收包的真实写长度*/
  uint8 remain_buf[3] = {0xff,};
  uint8 remain_len  =  0;                        /*剩余字节长度*/
```

```
while(rx_len! = content_len)
{
tmp_len = getSn_RX_RSR(s);
if(tmp_len>0)
{
   if(tmp_len>1460) tmp_len = 1460;
   tmp_len = recv(s, (uint8 * )rx_buf, tmp_len);
   if(rx_len == 0)                //带头的第一包
   {
     int8 *  pos1 = strstr((int8 * )rx_buf,(int8 * )boundary);
     int8 *  pos2 = strstr((int8 * )rx_buf,"\r\n\r\n");
     uint16 hdr_len = strlen((int8 * )boundary) + 6 + 2 + (pos2 - pos1) + 4 + 2;
     upload_file_len = content_len - hdr_len;
     if(ConfigMsg.debug) printf("\r\n>");
     / * 将固件文件写入应用备份 Flash * /
     fw_offset  =  pos2 - pos1 + 4 + 2; //计算固件数据的位置
     / * 解锁 * /
     FLASH_Unlock();
     FLASH_ClearFlag(FLASH_FLAG_BSY | FLASH_FLAG_EOP | FLASH_FLAG_PGERR | FLASH_FLAG
     _WRPRTERR);
     / * 擦除请求页 * /
     for(uint32 n_erased  =  0; n_erased < 23; n_erased ++ )
     {
       FLASH_ErasePage(AppBackupAddress  +  0x400  *  n_erased);
     }
     wr_len  =  tmp_len - fw_offset;
     / * 缓存的 1/4 长度用来存放剩余的字节 * /
     remain_len  =  wr_len % 4;
     memcpy(tmp_buf,&rx_buf[fw_offset],wr_len - remain_len);
     wr_len  =  wr_len  -  remain_len;     //真实长度
     if(remain_len! = 0)
     {
       memcpy(remain_buf,&rx_buf[tmp_len - remain_len],remain_len);
     }
   }else{
     if(rx_len + tmp_len == content_len)  //最后一包且包括边界值
     {
       wr_len  =  tmp_len  -  strlen((int8 * )boundary)  -  8;
     }else{
       wr_len  =  tmp_len;
     }
     fw_offset = 0;
```

```
   /*使用缓存*/
   if(remain_len)
   {
     memcpy(tmp_buf,remain_buf,remain_len);
   }
   if(wr_len+remain_len>1460)
   {
     memcpy(&tmp_buf[remain_len],rx_buf,wr_len-remain_len);
     /*保存剩余字节*/
     memcpy(remain_buf,&rx_buf[tmp_len-remain_len],remain_len);
   }else{
     memcpy(&tmp_buf[remain_len],rx_buf, wr_len);
     memset(&tmp_buf[wr_len+remain_len],0xff,3);
     wr_len=wr_len+remain_len;
   }
 }
 /*写入 Flash*/
   for(uint16 i = 0; i<wr_len; i+=4)
   {
     FLASH_ProgramWord(flash_dest, *(uint32*)((uint32)(tmp_buf + i)));
     flash_dest += 4;
   }
   rx_len+=tmp_len;
   if(ConfigMsg.debug) printf(".");
   /*程序结束*/
   if(rx_len==content_len)
   {
     /*再次锁定 Flash*/
   FLASH_Lock();
   ConfigMsg.state = NEW_APP_IN_BACK;
   ConfigMsg.fw_len = upload_file_len;
   write_config_to_flash();
   if(ConfigMsg.debug) printf("\r\nThe firmware is updated. Rebooting...\r\n");
   reboot_flag = 1;
   make_cgi_response(6,(int8*)ConfigMsg.lip,tx_buf);
   sprintf((char *)http_response,"HTTP/1.1 200 OK\r\nContent-Type: text/html\r\
   nContent-Length: %d\r\n\r\n%s",strlen(tx_buf),tx_buf);
   send(s, (uint8 *)http_response, strlen((char *)http_response));
   }
   }
 }
}
```

第 3～15 行为初始化工作。其中，第 10 行将经过处理的固件大小信息转化成整数存入 content_len 变量，第 11 行指明程序的写入地址为 Flash 的 Backup 区。从第 16 行开始接收固件。和前面的程序一样，由于固件较大而单片机缓存有限，所以需要分为多个包经多次接收，第 16 行这个循环就是判断当已接收大小未达到固件大小时，继续接收。下面就是接收固件的部分。第 23～44 行处理的是 Web 端传过来的第一个包的情况。其中，第 31 行解锁 Flash，第 32 行清除中断，第 33～36 行擦除 Backup 区的 Flash 内容为写入做准备。之后的 37～44 行将收到的新固件经处理后存到 tmp_buf 中。

第 45～66 行是收到的非第一个包的情况。同样是对收到的信息进行相关处理，并存入 tmp_buf 中。第 67～71 行是将 tmp_buf 中内容写入 Flash 中。第 74～85 行判断当固件接收完毕时，重新对 Flash 加锁，写入配置信息，以及向 Web 端发送响应报文。

下面运行示例程序，尝试为设备更新固件。首先按照前面的步骤将 Boot 程序烧录到单片机，再使用上位机程序上传 APP 程序。然后在浏览器中输入 IP 地址（本例中是 192.168.1.112），更新配置与固件的网页界面就显示出来了。单击下面“选择文件”按钮，找到我们提供的新版本固件，最后单击右边的“Upload”按钮。等待几秒钟之后，页面会自动刷新，此时可以看到上面的版本信息已经从原来的 2.0 更新到 2.1，如图 5-1-5 所示。

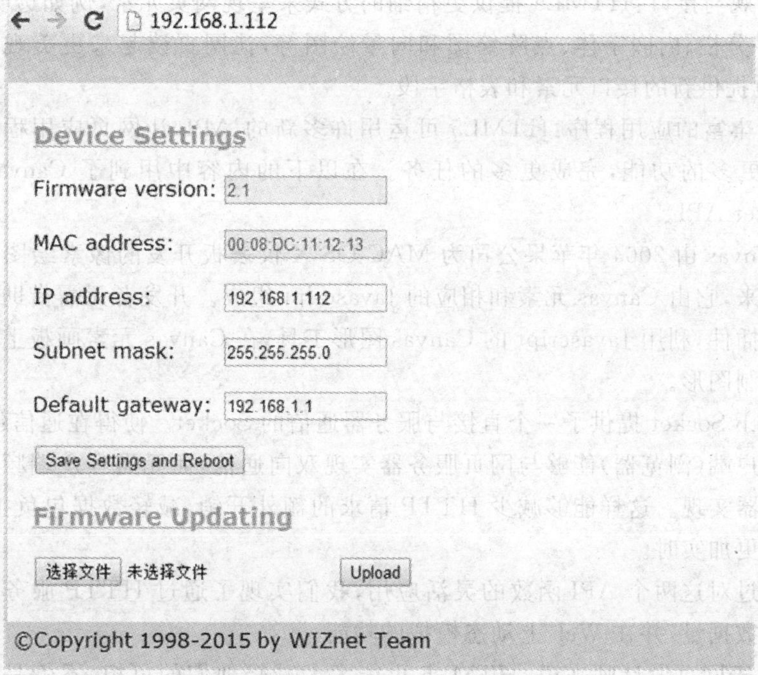

**图 5-1-5　使用浏览器更新设备固件**

## 5.2 利用 HTML5 实现在线实时采集系统

正如前面提到的，HTTP 是一个传输协议，负责传输 HTML 的内容。每次刷新页面，浏览器就从 Web 服务器获取最新的内容。但是，现实世界是时时刻刻发生变化的。在 4.4 节使用 Javascript 实现了短时间间隔的数据更新，本节用最新的 HTML5 技术实现一直保持变化的数据网页。通过这种最新的 Web 语言，为大家呈现一种更为实时、高效的在线实时采集系统。

### 5.2.1 HTML5 简介

全球信息网在过去经历了几次革新，例如 CSS 的运用以及 Web 2.0 的出现等。HTML5 是革命性的网页新标准。网页运用 HTML5 之后，使用者将会在以下几个方面感受到它的影响。

① 减少对外挂模块的依赖：现今的网页应用程序已经相当丰富，但使用者可能需要安装各种浏览器外挂模块，才能享受到所有的接口元素、应用程序和游戏。例如，需要加装 Flash 才能玩 Facebook 上的某些游戏，或需要 Google Gears 才能使用脱机网页应用程序。相比之下，HTML5 为多媒体和网页应用程序立下标准并提供运作机制，减少了使用外挂模块的需要。

② 外观与接口：HTML5 提供更精细的方式来呈现网页元素，例如透明度、图文旋转、文字分栏、内嵌字体、点阵绘图和向量绘图等，让网页读起来更美观、更舒适。此外，它也提供新的接口元素和表格字段。

③ 更丰富的应用程序：HTML5 可运用许多新的 API，让网页应用程序可以轻松地实现更多的功能，完成更多的任务。在以下的内容中用到了 Canvas API 和 Web Socket API。

- Canvas 由 2004 年苹果公司为 MAC OS X 仪表板开发的像素绘图元素发展而来，它由 Canvas 元素和相应的 Javascript 组成。开发者无需借助其他第三方插件，利用 Javascript 的 Canvas 图形工具，在 Canvas 元素画板上实现动态绘制图形。
- Web Socket 提供了一个直接与服务器通信的 Socket。使得在通信建立之后，客户端(浏览器)能够与网页服务器实现双向通信，而无需客户端频繁轮询服务器实现。这样能够减少 HTTP 请求的额外开销，减轻数据包负担，而且通信更加实时。
- 通过对这两个 API 函数的灵活应用，我们实现了通过 HTTP 服务器实时接收数据量，并在 Web 上动态模拟的功能。

④ 对于网页设计师来说，HTML5 也能大大减轻他们的负担，不管是要加上声音、影片还是文字样式，都变得相当简单，程序的撰写也会更加轻松。

## 5.2.2 实时数据网页的实现

为了实现实时在线，我们使用 HTML5 的 Socket API 在网页上建立一个后台隐藏的链路。具体来说就是，浏览器先使用 HTTP 访问 W5500 系统的 Web 服务器。当 Web 页面被下载到浏览器显示后，网页上的 Socket API 就使用 TCP Client 连接 W5500EVB 的 TCP 服务器实现一直处于连接状态的 Socket。这样就实现了任何时间、任何数据变化均可显示在网页上。

程序流程如图 5-2-1 所示。在硬件初始化完成之后，配置 IP 地址等网络参数，确保 W5500 能联网。本程序中，我们使用 W5500 的两个 Socket 资源：一个用来创建 HTTP 服务器，这样在浏览器上输入配置的 IP 地址，就能远程访问我们的硬件了；另一个用来创建 WebSocket 服务器，与网页端建立通信链路，用来传输我们的温湿度数据。

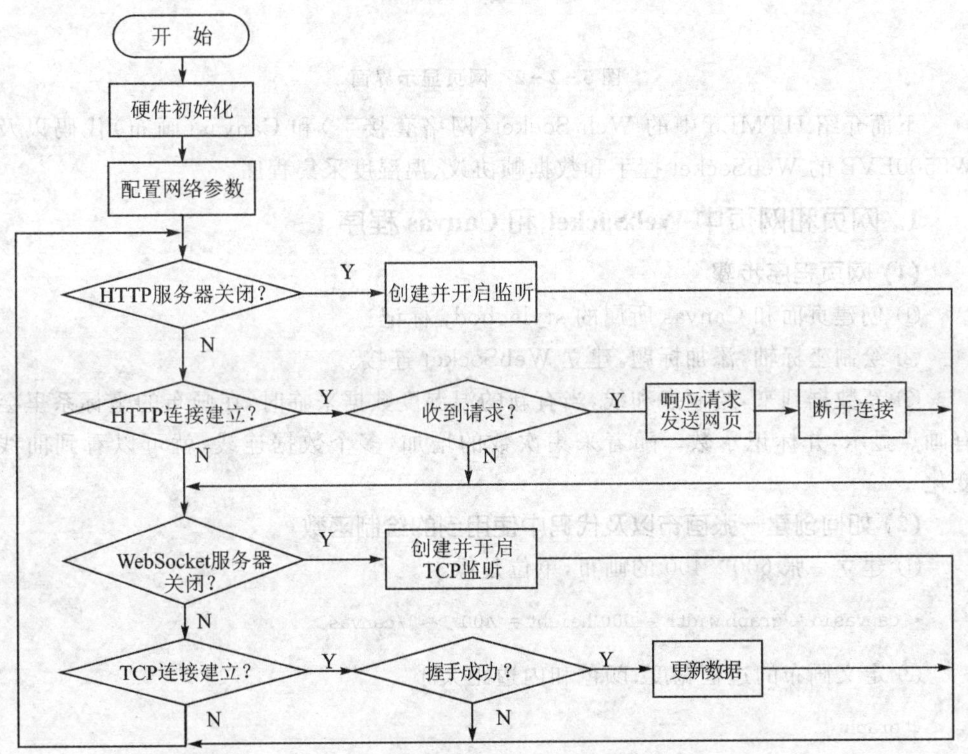


图 5-2-1 硬件运行流程

当在浏览器上访问硬件的 IP 地址时，会向 W5500EVB 发送 HTTP 请求，W5500EVB 在收到请求后将 HTML5 的网页信息发送给浏览器，这样浏览器上就能显示温湿度检测系统的主界面了，如图 5-2-2 所示。在网页的代码中，HTML5 代码会主动连接 W5500EVB 的 TCP Socket 服务器，建立数据通信通道。这样硬件就可以无障碍地将温湿度数据发送给浏览器端，网页 API 在收到温湿度数据后，使用画布功能，在指定位置画出温湿度示数的点和曲线。

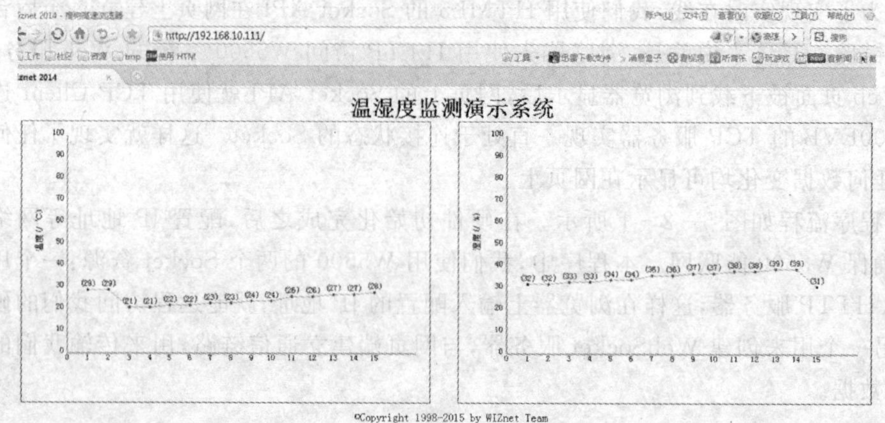


**图 5-2-2　网页显示界面**

下面介绍 HTML5 中的 Web Socket（网络套接字）和 Canvas（画布）代码以及 W5500EVB 的 WebSocket 握手和数据帧协议、温湿度采集程序。

### 1. 网页和网页中 WebSocket 和 Canvas 程序

#### (1) 网页程序步骤

① 创建页面和 Canvas 所属的 style、body 标记。

② 绘制坐标轴，添加标题，建立 WebSocket 连接。

③ 新数据到来，绘制点和线，当有新的温湿度数据来临时，在画布的坐标系里会有画点显示，并标识示数。随着采集次数的增加，多个数据连线，就可以看到曲线变化。

#### (2) 如何创建一张画布以及代码中使用到的绘制函数

① 建立一张 600×400 的画布，单位是像素。

```
<canvasid = 'graph'width = '600'height = '400'></canvas>
```

② 定义画布的边框宽度、颜色和内边距大小。

```
#graph {
border: 1px solid #03F;
margin:0 40px 0 80px;
}
```

③ 为了在 Javascript 中对 Canvas 进行绘制，首先需要通过目标 Canvas 的 ID 获取绘制环境。代码需要通过 ID 获取 Canvas 元素，然后使用此元素的 getContex 方法获取其二维绘制环境的引用。

```
canvas = document.getElementById('graph');
context = canvas.getContext('2d');
```

④ 绘制一条线段。

```
context.lineWidth = 2;              //设置线宽
context.strokeStyle = '#999';       //设置线的颜色
context.moveTo(x1,y1);              //移动到起点
context.lineTo(x2,y2);              //创建到终点的路径
context.stroke();                   //实际绘出这段直线
```

⑤ 绘制圆。

```
context.fillStyle = '#000';         //设置填充色
context.beginPath();
context.arc(x,y,2,0,Math.PI * 2,true);  //在坐标(x,y)处绘制半径为 2 的圆
context.closePath();
context.fill();                     //在圆内填充颜色
```

⑥ 在指定位置写标题文字。

```
context.fillText(text,x,y,maxWidth);
```

使用以上函数组合即可绘制画布示例图如图 5-2-3 所示，如果觉得这还不够炫，HTML5 的 Canvas 中还提供了渐变色、旋转和插图等函数，尽情发挥你的设计才能，动手制作属于自己的前端界面吧！

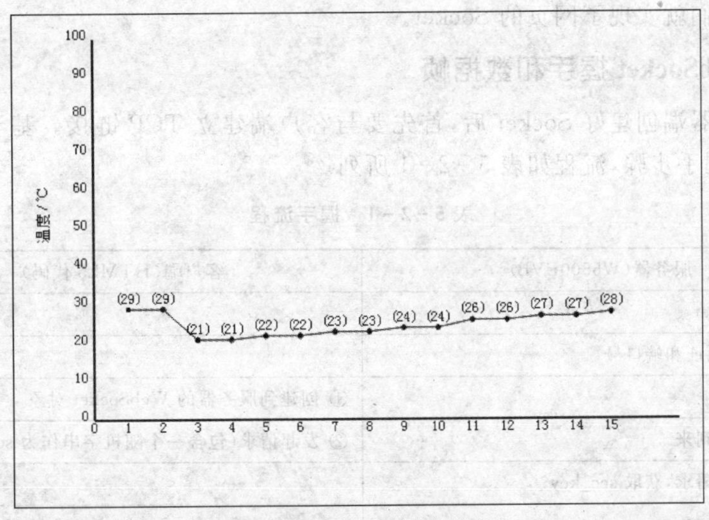


图 5-2-3 画布示例图

**(3) HTML5 中 WebSocket 的使用以及相关函数**

① 为了创建一个 WebSocket 连接，代码需要创建一个 WebSocket 接口实例，传

入 Web 服务 URL 地址，sensorWebSocket 对象会试图连接与监听相应的 URL 的服务。

```
varwsUri = 'ws:192.168.10.111:1818';
sensorWebSocket = newWebSocket(wsUri);
```

② 注册事件并为事件链接相应处理函数，例如在浏览器页面收到来自服务器端的数据后，触发 onmessage 事件，进而调用 onmessage 函数，代码中我们注册了 onopen、onmessage、onclose 和 onerror 四个事件。

```
sensorWebSocket.onmessage = function(evt){onMessage(evt)};
```

③ 消息处理函数，在硬件上我们将采集来的温湿度数据用'.'号连接，在浏览器端接收到数据后，使用字符串分割函数将温度和湿度数据分割，存储在一个数组对象里。之后的代码就是将示数转化成坐标值在画布上显示出来，这里不再赘述。

```
functiononMessage(evt){
vararrayTH = new Array(2);
arrayTH = evt.data.split('.');
……
}
```

④ 主动关闭 WebSocket 连接。

```
sensorWebSocket.close();
```

这样我们就实现了网页的 Socket。

## 2. WebSocket 握手和数据帧

在服务器端创建好 Socket 后，首先要与客户端建立 TCP 链接。基于安全性考虑，增加了握手步骤，流程如表 5-2-1 所列。

表 5-2-1 握手流程

| 服务器(W5500EVB) | 客户端(HTML5 代码) |
|---|---|
| ① 创建 Socket | |
| ② 绑定 IP 地址和端口号 | |
| ③ 开启监听 | ① 创建到服务器的 WebSocket 对象 |
| ④ 等待连接到来 | ② 发起请求(包含一个随机字串作为 sec_key) |
| ⑤ 解析连接请求，获取 sec_key | |
| ⑥ 使用 sha1 和 Base64 对 sec_key 编码，生成 accept_key(协议规定) | |
| ⑦ 发送 accept_key 到客户端进行握手 | ③ 收到 accept_key，判断是否正确：如正确，握手成功；反之，断开连接 |

客户端的代码在前面已经介绍了，下面是 W5500EVB 中服务器 1、2 的代码：

```
#define WS_SERVER_PORT   1818                  //定义服务器监听的端口号
socket(s,Sn_MR_TCP,WS_SERVER_PORT,0x20);  //W5500 中建立 Socket 连接
listen(s);                 //开启监听 s 变量为 W5500 的 Socket 序号,此例程中使用 2 号
```

以下是给 W5500 配置的网络信息，其中 IP 地址即为浏览器页面程序 WebSocket 对象的监听地址：

```
uint8 mac[6] = {0x00,0x08,0xdc,0x11,0x11,0x11};
uint8 lip[4] = {192,168,10,111};
uint8 sub[4] = {255,255,255,0};
uint8gw[4] = {192,168,10,1};
setSHAR(mac);
setSUBR(sub);
setGAR(gw);
setSIPR(lip);
```

硬件中有关服务器 5、6、7 流程的代码如下：

```
charsec_ws_key[32] = {0x00,};
characcept_key[32] = {0x00,};
//获取 Sec - WebSocket - Key:
if(strstr((charconst * )wsRxBuf,"Sec - WebSocket - Key: "))
{
mid((char * )wsRxBuf,"Sec - WebSocket - Key: ","\r\n",sec_ws_key);       //截取 sec_key
calc_accept_key(sec_ws_key,accept_key);  //编码函数
sprintf((char * )wsTxBuf,"HTTP/1.1 101 SwitchingProtocols\r\nUpgrade: WebSocket\r\
nConnection:Upgrade\r\nSec - WebSocket - Accept: % s\r\n\r\n",accept_key);
                                                              //生成握手消息
send(s,wsTxBuf,strlen((char * )wsTxBuf));  //发送给客户端
}
handshaked = 1;
```

这样看起来可能有点抽象，下面来看看实际的数据包。图 5-2-4 所示为握手过程抓包信息，其中上半部分为浏览器页面的握手请求，Sec - WebSoket - Key 后即为我们截取的 sec_key，最后 4 行为服务器端的握手回复，Sec - WebSoket - Accept 后为我们编码后的 accept_key。

在握手成功后，在硬件端就可以将每隔一段时间采集来的温湿度数据发送给浏览器页面。WebSocket 协议的数据包非常轻量，解决了实时 Web 应用的实现方式冗余信息过多的问题。目前的大部分是围绕轮询和其他服务器端推送技术展开的，Comet、轮询、长轮询和流(Streaming)解决方案，所有这些提供实时数据的方式包含有大量额外的、不必要的报头数据，会造成传输延迟。

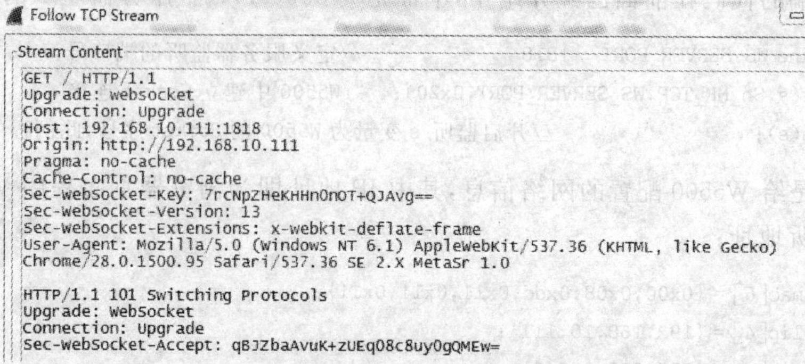


**图 5-2-4　握手过程抓包信息**

下面介绍数据包的帧格式，如图 5-2-5 所示。

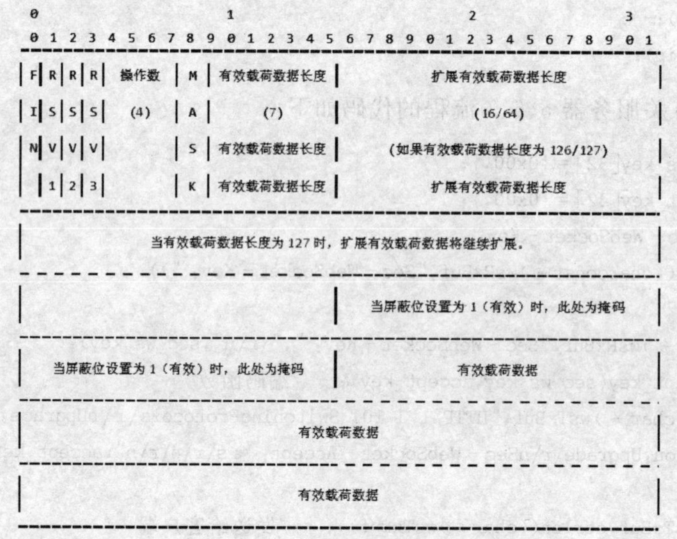


**图 5-2-5　WebSocket 数据帧格式**

图 5-2-5 是官方提供的结构图，第一个字节中的第一位是 FIN，后面三位是 RSV1～RSV3。RSV 是预留的空间，用 0 填充，那么前 4 位只有第一位的 FIN 需要设置。接着后面的 4 位是储存 OPCode 的值，OPCode 定义负载数据的解释。FIN 用来指示消息的最后片段，如果只有一条消息，那么 FIN 就是 1；这里我们用 OPCode 定义数据是文本 0x1，这样第一个字的二进制是 1000001(0x81)，第一个 1 是 FIN 的值，最后一个 1 是 OPCode 的值。

接着是第二个字节的数据，它由 1 位的 MASK 和 7 位的 Payload Len 组成，MASK 标识这个数据帧的数据是否使用掩码，Payload Len 表示数据部分的长度。但是 Payload Len 只有 7 位，换成无符号整型的话只有 0～127 的取值，这么小的数值当然无法描述较大的数据，因此规定当数据长度小于或等于 125 时它才作为数据长度的描述；如果这个值为 126，则用后面的 2 字节来存储数据长度；如果为 127，则用后面 8 字节来存储数据长度。这里我们每次发送的温湿度数据只有 5 字节，并且不使用掩码，所以配置为 0x05。

再接着是上面图表中的 Masking-key，它占 4 字节，储存掩码的实体部分。但是只有在前面的 MASK 被设置为 1 时才存在这个数据，否则不使用掩码也就没有这个数据了。

最后是数据部分，如果掩码存在，那么所有数据都需要与掩码进行一次异或运算。如果不存在掩码，那么后面的数据就可以直接使用。

让我们看看数据发送的代码是如何实现的：

```
wsTxBuf[0] = 0x81;
wsTxBuf[1] = 0x05;
wsTxBuf[2] = Temp/10 + 0x30;
wsTxBuf[3] = Temp % 10 + 0x30;
wsTxBuf[1] = 0x2E;                                    //分隔符'.'
wsTxBuf[2] = Humi/10 + 0x30;
wsTxBuf[3] = Humi % 10 + 0x30;
send(s,wsTxBuf,strlen((char * )wsTxBuf));
```

### 3. 数据采集

下面简述一下数据的采集过程。

我们选用的是温湿度传感器 DHT11，进行对室内温湿度数据的实时采集与上传。这里就用 DHT11 与 W5500EVB，它与单片机的通信只需要一个 I/O 口，使用很简单。

具体 DHT11 与单片机的连接与相关调试，在前面章节已有电路和代码介绍。

## 5.2.3 小　结

在上面这个例子中，最重要的是为了在半双工 HTTP 的基础上模拟全双工通信，目前的许多解决方案都是使用了两个连接：一个用于下行数据流，另一个用于上行数据流。这两个连接的保持和协作也会造成大量的资源消耗，并增加了复杂度。

HTML5 的 WebSocket 就是解决以上问题的方案。为了建立 WebSocket 通信，客户端和服务器在初始握手时，将 HTTP 协议升级到 WebSocket 协议。这样，我们就更加丰富了 Web 服务器的功能，可以实现更加灵活的物联网应用。

# 5.3 NetBIOS 在物联网中的应用与实现

在 5.2 节中，我们在浏览器中访问设备 IP 地址，即可实现对设备实时的数据查看,然而IP地址并不是一个容易记住的标识,我们需要名字服务来解决这一问题。在第2章中我们学习了DNS协议,可以使用域名来代替IP地址,然而域名需要申请甚至付费,并且在内网中还需要架设域名服务器等复杂操作,如果能对每个设备定义一个主机名,并与其IP关联起来,这样我们直接在浏览器中输入该设备的主机名就可以访问该设备。本节介绍的NetBIOS协议就可以实现上述功能。

NetBIOS提供以下三种不同的服务:

- 名字服务(NetBIOS Name Service,NBNS):名字登记和解析;
- 会话服务:可靠的基于连接的通信;
- 数据报服务:不可靠的无连接通信。

本节主要针对名字服务做详细介绍和实例分析。

## 5.3.1 NetBIOS简介

早在20世纪80年代,IBM公司就已开发了NetBIOS协议,主要用于数十台计算机的小型局域网资源共享。NetBIOS协议是一种应用程序编程接口(API),应用于局域网程序中,为程序提供请求低级服务的统一的命令集,作用是给局域网提供网络服务以及其他特殊功能。自诞生起,NetBIOS成为许多其他网络应用程序的基础。很多局域网都是在NetBIOS协议的基础上工作的。

在NetBIOS局域网环境下,计算机通过名字被系统识别。网络中每台计算机都有用不同方法编的永久性名称。NetBIOS名称用来在网络上鉴别资源。程序可以用这些名称开始和结束会话。每个程序都有独特的NetBIOS名称。每台支持应用的网络设备也有用户定义或通过内部方法获得的NetBIOS站名。NetBIOS名称能包含至多16位阿拉伯数字。在整个资源路由网络里,字符组合是唯一的。在一台使用NetBIOS的网络设备在网络上能完全工作起来之前,网络设备必须先登记NetBIOS名称。

随着TCP/IP取代OSI模型成为事实上的标准,NetBIOS over TCP/IP从20世纪80年代后期开始广泛使用,缩写为NBT,或是NetBT的协议。NBT被IEFT发布在RFC1001和RFC1002中。

在NetBIOS里,面向连接(TCP)和无连接(UDP)通信均支持。它支持广播和组播,支持三个分开的服务:名字、会话和数据报。在Windows操作系统中,默认情况下在安装TCP/IP协议后会自动安装NetBIOS协议。NetBIOS的报文类型较多、结构复杂,在不同的网络环境和不同的用途中会使用不同的报文,可用端口进行区分:WINS协议使用的NetBIOS名字报文使用UDP 137端口;NetBIOS数据报文使用UDP 138端口;NetBIOS会话报文使用TCP 139端口。

## 5.3.2 NetBIOS报文和工作流程

下面介绍NetBIOS的名字报文格式,其他两种服务的报文请参考RFC1001和

RFC1002 中的详细说明。

NetBIOS 的名字报文总体格式如图 5-3-1 所示。

| 事务 ID(2 字节) | 通用标志(2 字节) |
|---|---|
| 问题记录个数(2 字节) | 回答记录个数(2 字节) |
| 权威记录个数(2 字节) | 附加记录个数(2 字节) |
| 问题记录(若干字节) | |
| 回答记录(若干字节) | |
| 权威记录(若干字节) | |
| 附加记录(若干字节) | |

**图 5-3-1　NetBIOS 名字报文总体格式**

2 字节的通用标志中更详细的字段划分,如图 5-3-2 所示。

| 操作类型 | 操作标志 | 结果代码 |
|---|---|---|
| 5 位 | 7 位 | 4 位 |

**图 5-3-2　2 字节通用标志详细字段划分**

报文的前 12 字节总称为 NetBIOS 名字报文的首部(NetBIOSHeader),具体的每字段含义如下:

- ➢ 事务 ID:请求方为每次名字服务请求所设定的 ID 值,响应方在相应的响应报文中要填入这个事务 ID 值;
- ➢ 操作类型:指示报文的类型,如图 5-3-3 所示。

| 0 | 1 | 2 | 3 | 4 |
|---|---|---|---|---|
| R | OPCode | | | |

**图 5-3-3　操作类型对应位**

操作类型的第 0 位表示该报文是请求包(0)还是应答包(1)。

- ➢ 操作标志:操作标志位;
- ➢ 结果代码:在响应报文中指示请求的结果;
- ➢ 问题记录个数:在问题记录部分的问题数量,如果是响应报文,则该字段为 0;
- ➢ 回答记录个数:在回答记录部分的回答数量;
- ➢ 权威记录个数:在权威记录部分的记录数量;
- ➢ 附加记录个数:在附加记录部分的记录数量。

NetBIOS 名字报文中最常见的是携带问题记录的报文,问题记录的格式如图 5-3-4 所示。

<table>
<tr><td colspan="3">名称长度(1字节)</td><td colspan="3">问题名称(1～16字节)</td><td colspan="2">终止符(1字节)</td></tr>
<tr><td colspan="4">问题类型(2字节)</td><td colspan="4">问题类别(2字节)</td></tr>
</table>

图 5-3-4 问题记录格式 1

其中,问题名称会被编码,其编码方法称为 Second-Level Encoding,首先将名称用 space(0x20)补全 16 字节,然后对每个字符进行编码,编码时将每个字符拆分成两个半字节(half-ASSIC),然后各加上 0x41,用新的两个字符表示原来的字符,例如 0x20 可以表示为 0x43 0x41。终止符固定为 0x00。这样编码后的问题记录的格式如图 5-3-5 所示。

<table>
<tr><td colspan="3">编码长度(0x20)</td><td colspan="3">名称编码(32字节)</td><td colspan="2">终止符(0x00)</td></tr>
<tr><td colspan="4">问题类型(2字节)</td><td colspan="4">问题类别(2字节)</td></tr>
</table>

图 5-3-5 问题记录格式 2

设备在收到名字请求后,进行解码,如果是针对自身主机名称查询报文后,会回复回答记录报文,其格式可以如图 5-3-6 所示。

<table>
<tr><td colspan="3">记录名长度(0x20)</td><td colspan="3">名称编码(32字节)</td><td colspan="2">终止符(0x00)</td></tr>
<tr><td colspan="4">记录类型(2字节)</td><td colspan="4">记录类别(2字节)</td></tr>
<tr><td colspan="8">生存时间(4字节)</td></tr>
<tr><td colspan="4">记录长度(2字节)</td><td colspan="3">名字标志(1字节)</td><td>数　据</td></tr>
<tr><td colspan="8">数据(4字节)</td></tr>
</table>

图 5-3-6 回答记录报文

NetBIOS 解析方式和不同的名称注册方式优选级进行不同的组合,就构成不同的名称解析策略。在 NetBIOS 标准中,将使用不同名称解析策略的模式称为不同的 NetBIOS 节点类型,主要有以下几种:

- B 节点(广播)——使用广播来注册和解析 NetBIOS 名称。
- P 节点(端对端)——直接使用 WINS 服务器解析 NetBIOS 名称。P 节点不使用广播,而是直接查询名称服务器。
- M 节点(混合)——B 节点和 P 节点的组合,即先使用 NetBIOS 广播来解析,解析失败后再向 WINS 服务器发起查询。
- H 节点(混合)——P 节点和 B 节点的组合,即先向 WINS 服务器发送查询,解析失败后再使用 NetBIOS 广播来解析。

Windows 系统中的 NetBIOS 名字服务器被称作 Windows Internet Name Service (WINS),我们可以通过它的解析流程图(如图 5-3-7 所示)来了解对于不同节点的解析过程。大部分 NBT 客户机都是 H-节点。在回答记录中的名字标志中表明了设备的节点类型,其格式如图 5-3-8 所示。

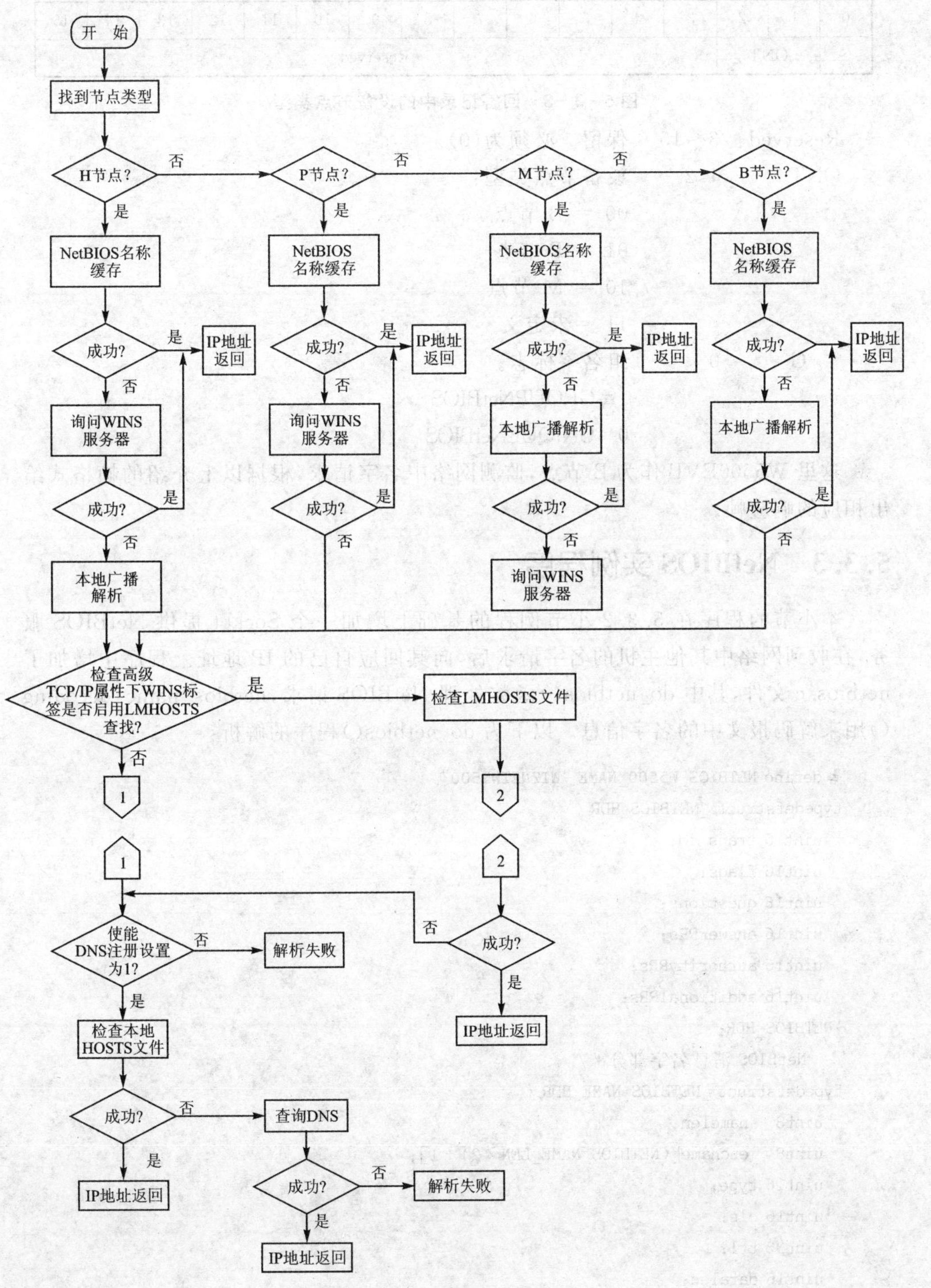


图 5-3-7 名字解析流程图

| 0 | 1 | 2 | 3 | 4 | 5 | 6 | 7 | 8 | 9 | 10 | 11 | 12 | 13 | 14 | 15 |
|---|---|---|---|---|---|---|---|---|---|---|---|---|---|---|---|
| G | ONT | | Reserved | | | | | | | | | | | | |

图 5-3-8 回答记录中的设备节点类型

Reserved　3～15　保留。必须为(0)。

ONT　1,2　设备节点类型：

00 = B 节点

01 = P 节点

10 = M 节点

11 =未定义

G　0　组名字标志。

1=GROUPNetBIOS

0=UNIQUENetBIOS

这里 W5500EVB 作为 B 节点，监测网络中名字请求，根据以上介绍的帧格式给出相应的响应帧。

### 5.3.3 NetBIOS 实例程序

本小节的程序在 5.3.2 小节例程的基础上增加一个 Socket 提供 NetBIOS 服务，在收到网络中其他主机的名字请求后，向其回应自己的 IP 地址。程序中增加了 netbios.c 文件，其中 do_netbios()函数处理 NetBIOS 请求，netbios_name_decoding()用来解码报文中的名字信息。以下为 do_netbios()程序的解析：

```
#define NETBIOS_W5500_NAME "WIZNETW5500"
typedefstruct _NETBIOS_HDR {
  uint16 trans_id;
  uint16 flags;
  uint16 questions;
  uint16 answerRRs;
  uint16 authorityRRs;
  uint16 additionalRRs;
}NETBIOS_HDR;
/* NetBIOS 消息名字部分 */
typedefstruct _NETBIOS_NAME_HDR {
  uint8   namelen;
  uint8   encname[(NETBIOS_NAME_LEN * 2) + 1];
  uint16 type;
  uint16 cls;
  uint32 ttl;
  uint16 datalen;
  uint16 flags;
```

```
  uint8  addr[4];
}NETBIOS_NAME_HDR;
```

以上是对 NetBIOS 名字报文的首部和问题记录的定义，以下是 NetBIOS 执行主程序：

```
void do_netbios(void)
{
unsignedchar state;
unsignedint len;
state = getSn_SR(NETBIOS_SOCK);
switch(state)
    {
      caseSOCK_UDP:
      if((len = getSn_RX_RSR(NETBIOS_SOCK))>0)
      {
        unsignedchar rem_ip_addr[4];
        uint16 rem_udp_port;
        char netbios_name[NETBIOS_NAME_LEN + 1];
        NETBIOS_HDR * netbios_hdr;
        NETBIOS_NAME_HDR * netbios_name_hdr;
        len = recvfrom(NETBIOS_SOCK,(unsignedchar * )&netbios_rx_buf,len,rem_ip_ad-
            dr,&rem_udp_port);
        netbios_hdr  = (NETBIOS_HDR * )netbios_rx_buf;
        netbios_name_hdr  = (NETBIOS_NAME_HDR * )(netbios_hdr + 1);
/ * 如果此包是一个 NetBIOS 名字查询请求 * /
        if(((netbios_hdr - >flags &ntohs(NETB_HFLAG_OPCODE)) ==
        ntohs(NETB_HFLAG_OPCODE_NAME_QUERY))&&
        ((netbios_hdr - >flags &ntohs(NETB_HFLAG_RESPONSE)) == 0)&&
        (netbios_hdr - >questions  == ntohs(1)))
      {
        printf("netbios name query question\r\n");
/ * NetBIOS 名字解码 * /
        netbios_name_decoding((char * )(netbios_name_hdr - >encname),netbios_name,
        sizeof(netbios_name));
        printf("name is % s\r\n",netbios_name);
        / * 如果包中含有 NetBIOS_W5500_NAME 表示是查询本机设备 * /
        if((strcmp(netbios_name,NETBIOS_W5500_NAME) == 0))
        {
          uint8 ip_addr[4];
          NETBIOS_RESP * resp = (NETBIOS_RESP * )netbios_tx_buf;
          / *  准备 NetBIOS 头响应 * /
          resp - >resp_hdr.trans_id          = netbios_hdr - >trans_id;
```

```
        resp->resp_hdr.flags            = htons(NETB_HFLAG_RESPONSE |
                                            NETB_HFLAG_OPCODE_NAME_QUERY |
                                            NETB_HFLAG_AUTHORATIVE |
                                            NETB_HFLAG_RECURS_DESIRED);
        resp->resp_hdr.questions        = 0;
        resp->resp_hdr.answerRRs        = htons(1);
        resp->resp_hdr.authorityRRs     = 0;
        resp->resp_hdr.additionalRRs    = 0;
/* 准备 NetBIOS 头数据 */
        memcpy(resp->resp_name.encname,netbios_name_hdr->encname,sizeof(net-
        bios_name_hdr->encname));
        resp->resp_name.namelen = netbios_name_hdr->namelen;
        resp->resp_name.type            = netbios_name_hdr->type;
        resp->resp_name.cls             = netbios_name_hdr->cls;
        resp->resp_name.ttl             = htonl(NETBIOS_NAME_TTL);
        resp->resp_name.datalen         = htons(sizeof(resp->resp_name.flags)
                                            + sizeof(resp->resp_name.addr));
        resp->resp_name.flags           = htons(NETB_NFLAG_NODETYPE_BNODE);
        getSIPR(ip_addr);
        memcpy(resp->resp_name.addr,ip_addr,4);
/* 发送 NetBIOS 响应 */
        sendto(NETBIOS_SOCK,(unsignedchar *)resp,sizeof(NETBIOS_RESP),rem_ip_ad-
        dr,rem_udp_port);
        printf("send response\r\n");
        }
      }
    }
    break;
    caseSOCK_CLOSED:
    close(NETBIOS_SOCK);
    socket(NETBIOS_SOCK,Sn_MR_UDP,NETBIOS_PORT,0);
    break;
    default:
    break;
  }
}
```

程序编译完毕后，下载到 W5500EVB 中运行，打开 WireShark 做好抓包准备，然后打开浏览器，并在地址栏输入程序中定义好的主机名“WIZNETW5500”，按回车键后将出现如图 5-3-9 所示的界面。浏览器地址是不区分大小写的，所以使用“wiznetw5500”也可以。

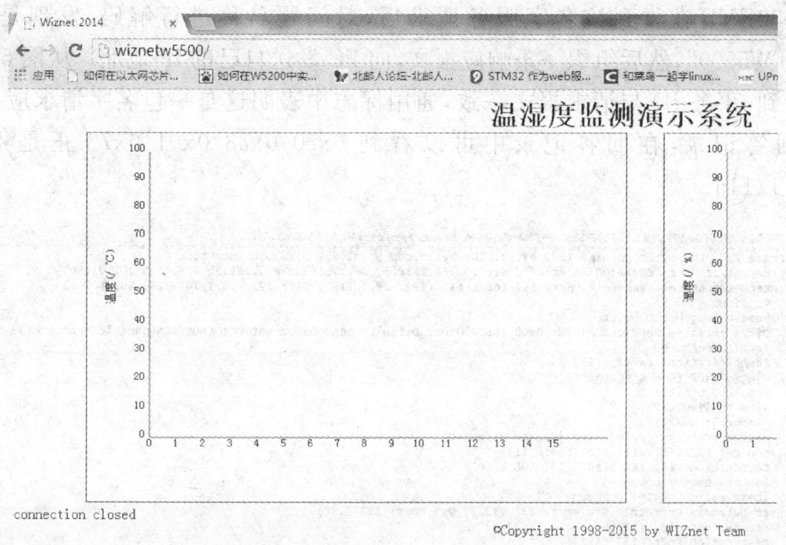


图 5-3-9　使用主机名打开主页面

接下来用抓包工具看一下数据报文中的数据。图 5-3-10 所示为 PC 端向网络中广播的名字服务请求包，事务 ID 为 0x8E2B，通用标志为 0x0110，操作码为 0b00000 表示名字请求。问题记录数为 1，问题记录中可以看到 0x20 代表问题名称编码后的固定长度。在 32 个问题名称编码字节后有终止符，最后 2 字节其中一个是问题类型，另一个是问题类别。具体含义可以查看详细的 NetBIOS 协议文档。

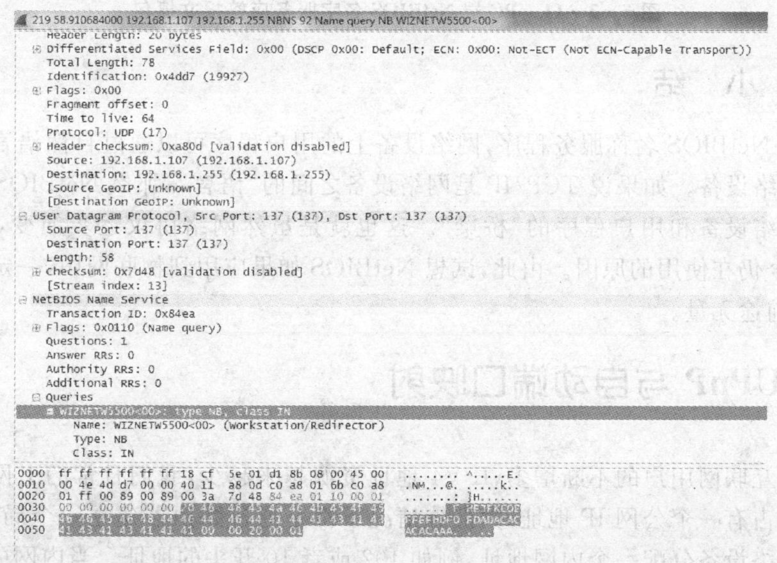


图 5-3-10　PC 端 NetBIOS 名字服务请求报文抓包

W5500EVB 在收到该名字服务请求后，对问题名称进行解码，发现是主机名“WIZNETW5500”，然后组织一条响应报文，向 PC 发送自己的 IP 地址。从图 5-3-11 中可以看到，事务 ID 与请求报文一致，通用标志中表明这是一包名字请求应答包，包含一个回答记录，在回答记录中可以看到 0xc0 0xa8 0x01 0x73 正是 IP 地址 192.168.1.115。

```
220 58.919632000 192.168.1.113 192.168.1.107 NBNS 104 Name query response NB 192.168.1.113
⊞ Frame 220: 104 bytes on wire (832 bits), 104 bytes captured (832 bits) on interface 0
⊞ Ethernet II, Src: c0:a8:00:58:ff:ff (c0:a8:00:58:ff:ff), Dst: LiteonTe_01:d1:8b (18:cf:5e:01:d1:8b)
⊟ Internet Protocol Version 4, Src: 192.168.1.113 (192.168.1.113), Dst: 192.168.1.107 (192.168.1.107)
    Version: 4
    Header Length: 20 bytes
  ⊞ Differentiated Services Field: 0x00 (DSCP 0x00: Default; ECN: 0x00: Not-ECT (Not ECN-Capable Transport))
    Total Length: 90
    Identification: 0x0035 (53)
  ⊞ Flags: 0x02 (Don't Fragment)
    Fragment offset: 0
    Time to live: 128
    Protocol: UDP (17)
  ⊞ Header checksum: 0x7631 [validation disabled]
    Source: 192.168.1.113 (192.168.1.113)
    Destination: 192.168.1.107 (192.168.1.107)
    [Source GeoIP: Unknown]
    [Destination GeoIP: Unknown]
⊟ User Datagram Protocol, Src Port: 137 (137), Dst Port: 137 (137)
    Source Port: 137 (137)
    Destination Port: 137 (137)
    Length: 70
  ⊞ Checksum: 0x37a4 [validation disabled]
    [Stream index: 14]
⊟ NetBIOS Name Service
    Transaction ID: 0x84ea
  ⊞ Flags: 0x8500 (Name query response, No error)
    Questions: 0
    Answer RRs: 1
    Authority RRs: 0
    Additional RRs: 0
  ⊞ Answers
0000  18 cf 5e 01 d1 8b c0 a8  00 58 ff ff 08 00 45 00   ..^..... .X....E.
0010  00 5a 00 35 40 00 80 11  76 31 c0 a8 01 71 c0 a8   .Z.5@... v1...q..
0020  01 6b 00 89 00 89 00 46  37 a4 84 ea 85 00 00 00   .k.....F 7.......
0030  00 01 00 00 00 00 20 46  48 45 4a 46 4b 45 4f 45   ...... F HEJFKEOE
0040  46 46 45 46 48 44 46 44  46 44 41 44 41 43 41 43   FFEFHDFD FDADACAC
0050  41 43 41 43 41 41 41 00  00 20 00 01 00 00 00 0a   ACACAAA. . ......
0060  00 06 00 00 c0 a8 01 71                            .......q
```

**图 5-3-11　PC 端 NetBIOS 名字服务应答报文抓包**

### 5.3.4 小　结

通过 NetBIOS 名称服务程序，网络设备上的用户程序可以通过自然语言的名字来访问网络设备。如果说 TCP/IP 是网络设备之间的“语言”，那么 NetBIOS 名称服务就是网络设备和用户程序的“桥梁”。这也就是虽然网络协议逐步演变，但 NetBIOS 至今仍在使用的原因。由此，试想 NetBIOS 如果应用到物联网中，一定可以大显身手，前途无量。

## 5.4 UPnP 与自动端口映射

随着互联网用户的不断增多，IPV4 地址资源越来越少，我们日常的上网设备很少能独自占有一个公网 IP 地址，大部分情况下都是通过路由器建立一个局域网（内网），为网络设备分配一个内网地址，例如 192 或者 10 开头的地址。当内网中设备访问外网时，路由器会无条件转发，然而当外网访问内网设备时，如果没有采取一些技术手段的话，路由器并不知道外网访问的端口对应哪个内网设备，处理这个问题的解决办法就是端口映射，即路由器将外网某一个端口与内网中某个设备的 IP 地址和端口号建立一一对应关系。端口映射可以手动配置路由器的转发规则，但手动添加还是有很多局限性的，本节将讲解如何在 W5500 上通过 UPnP 部分协议实现自动的端口映射。

## 5.4.1 UPnP 概念及结构规范

UPnP(Universal Plug and Play)的概念最早来源于即插即用。即插即用是描述计算机总线特性、设备规格的一个专业术语。利用即插即用可以大大简化系统的整个硬件组成，而不需要再进行物理设备的配置，也避免了解决资源冲突时用户的干预。

如今人们已将 UPnP 即插即用的概念创造性地应用于网络环境下。UPnP 最大的愿景是任何设备一旦连接上网络，所有在网络上的设备马上就能知道有新设备加入，这些设备彼此之间能互相通信，更能直接使用或者控制它，一切都不需要人工设置，实现完全的即插即用。

### 1. UPnP 结构

服务、设备和控制点是 UPnP 网络的基本组件，这三个组件的定义如下：

设备(Device)——UPnP 网络中定义的设备具有很广泛的含义，各种各样的家电、电脑外设、智能设备、无线设备、个人电脑等都可以称为设备。一台 UPnP 设备可以是多个服务的载体或多个子设备的嵌套。

服务(Service)——在 UPnP 网络中，最小的控制单元就是服务。服务指的是设备在不同情况下的动作和设备的状态。例如，时钟服务可以表述为时间变化值、当前时间值以及设置时间和读取时间两个活动。通过这些动作，就可以控制服务。

控制点(Control Point)——在 UPnP 网络中，控制点指的是可以发现并控制其他设备的控制设备。在 UPnP 网络中，设备可以和控制点合并为同一台设备，同时具有设备的功能和控制点的功能，即可以作为设备提供服务，也可以作为控制点发现和控制其他设备。

概括起来就是，控制点控制设备执行特定的服务。UPnP 网络结构如图 5-4-1 所示。

### 2. UPnP 实现的工作流程

UPnP 定义了设备之间、设备和控制点以及控制点之间通信的协议。完整的 UPnP 有设备寻址、设备发现、设备描述、设备控制、事件通知和基于 HTML 的描述等几部分构成。UPnP 协议最底层是 TCP/IP 协议，UPnP 实现的工作流程如图 5-4-2 所示。

下面对每个步骤进行详细解释。

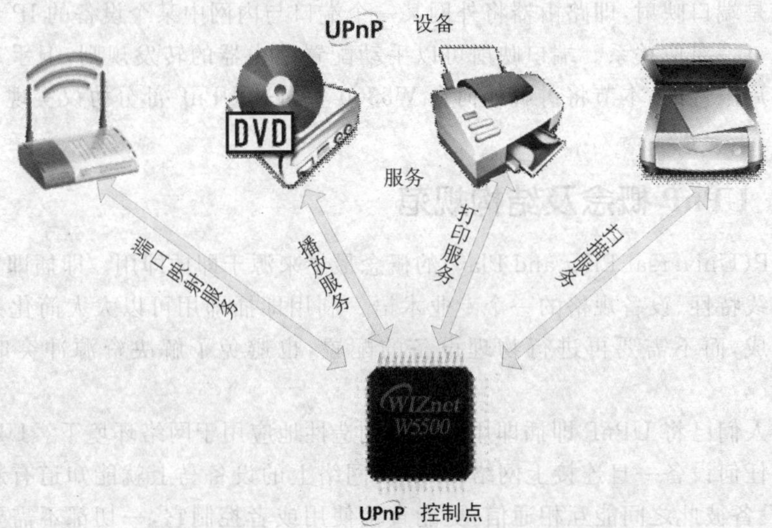


图 5-4-1　UPnP 网络结构

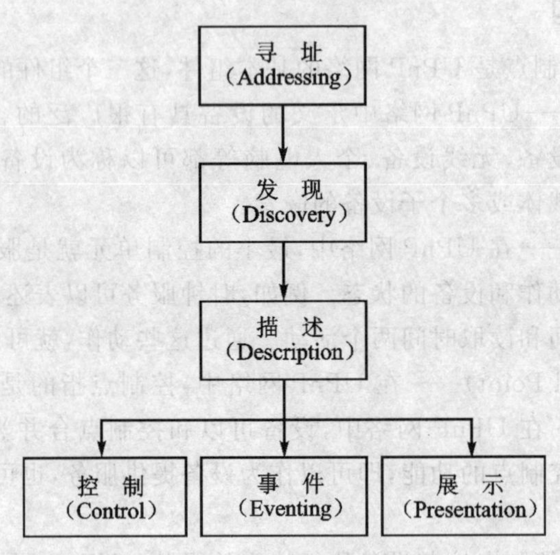


图 5-4-2　UPnP 实现的工作流程

**(1) 寻　址**

UPnP 协议栈的基础是 TCP/IP 协议，这就决定了每一个 UPnP 组件必须有 IP 地址。寻址是通过控制点和设备取得网络地址的过程。当设备首次与网络建立连接后，利用 DHCP 服务，使设备得到一个 IP 地址。这个 IP 地址可以是 DHCP 系统指定的，也可以是由设备选择的。当然，有能力自己选择 IP 地址的设备，必然是那些"聪明"的设备！这也就是所谓的 AutoIP 地址。

在第 2 章中介绍了如何使用 DHCP 协议获取 IP 地址。本小节中 W5500 的 IP 地址继续使用该协议自动获取，如果获取失败则将使用默认 IP 地址配置。

**(2) 发　现**

当一台设备加入到网络中时,发现过程允许设备向网络上的控制节点告知(Advertise)它所能提供的服务,设备会定期以组播的方式宣告自身的存在并表明自身服务;当一个控制点加入到网络中,设备发现过程允许控制点寻找(Search)网络上感兴趣的设备,控制点向网络中发送 Search Packets 来发现具有某些服务的设备,具有该服务的设备以单播的方式应答。在这两种情况下,基本的交换信息就是发现消息。发现消息包括设备的一些特定信息或者某项服务的信息,例如它的类型、标志符等。图 5-4-3 所示为 UPnP 的发现过程。

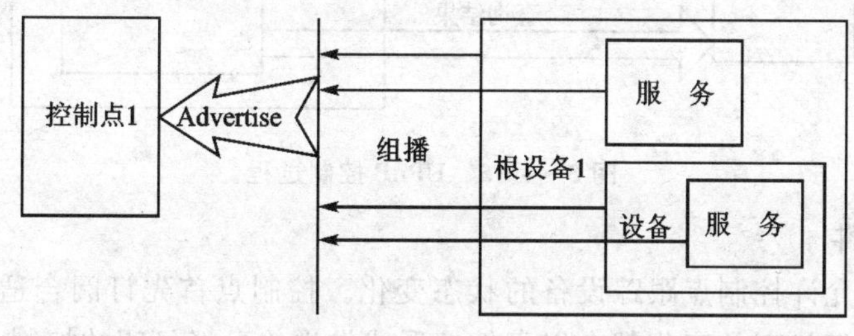


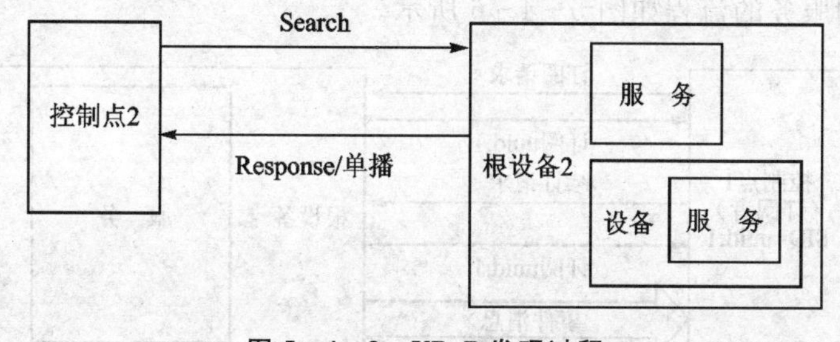


图 5-4-3　UPnP 发现过程

本小节中 W5500 将作为控制点的角色出现,在 UPnP 协议上仅实现了 Search 的过程,对网络中的 Advertise 消息不做处理。

**(3) 描　述**

在控制点发现一台设备后,控制点可能仅仅知道设备或者服务的 UPnP 类型,设备的 UUID(用唯一识别码)和设备描述的 URL 地址,还需要知道更多的信息。控制点可以从发现消息中得到设备描述的 URL,通过 URL 取回设备描述的信息。图 5-4-4 所示为 UPnP 获取描述的过程。

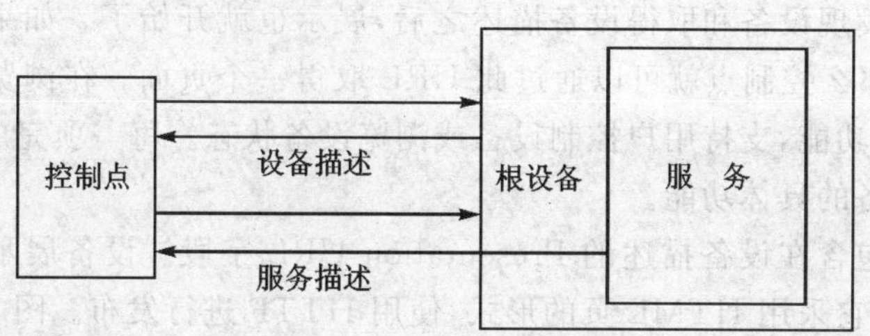


图 5-4-4　UPnP 获得描述过程

(4) 控　制

在接收设备和服务描述之后，控制点可以向这些服务发出动作，同时控制点也可以轮询服务的当前状态。控制点将动作发送到设备服务，在动作完成或者失败后，服务返回相应的结果或者错误信息。控制过程如图 5-4-5 所示。

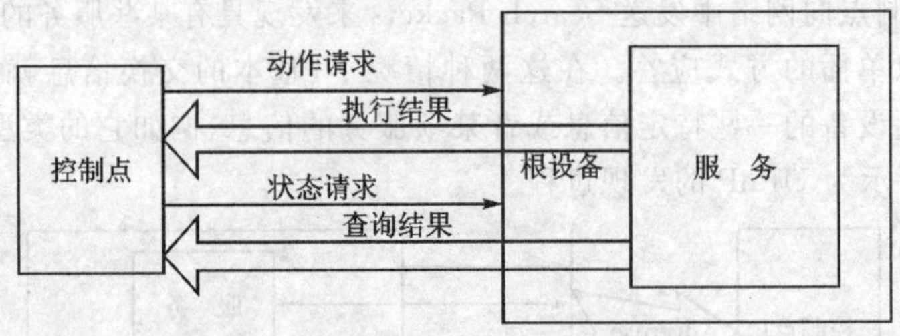


图 5-4-5　UPnP 控制过程

(5) 事　件

事件过程允许控制点跟踪设备的状态变化。控制点首先订阅合适的服务，随后设备服务中任何状态的变化都会以事件的形式发送给已经订阅的控制点来保证它们的更新。订阅服务的流程如图 5-4-6 所示。

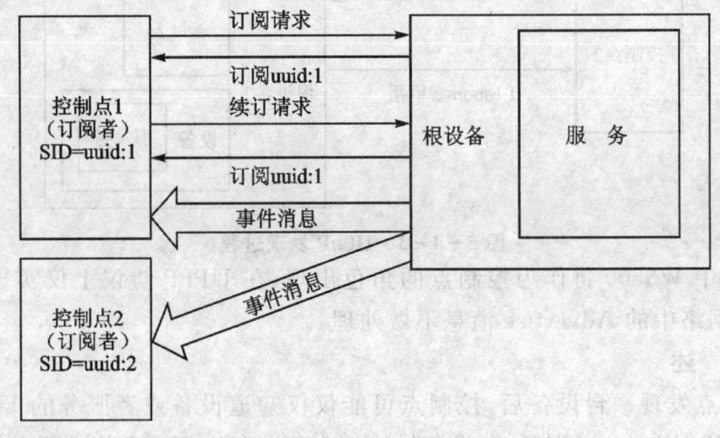


图 5-4-6　UPnP 订阅服务过程

(6) 展　示

在控制点发现设备和取得设备描述之后，展示也就开始了。如果设备拥有进行展示的 URL，那么控制点就可以通过此 URL 取得一个页面。在浏览器中加载该页面，并根据页面功能，支持用户控制设备或浏览设备状态。每一项完成的程度取决于展示页面和设备的具体功能。

设备展示包含在设备描述的 Presentation URL 字段。设备展示可以完全由设备制造商提供，它采用 HTML 页的形式，使用 HTTP 进行发布。图 5-4-7 所示为展示的流程示意图。

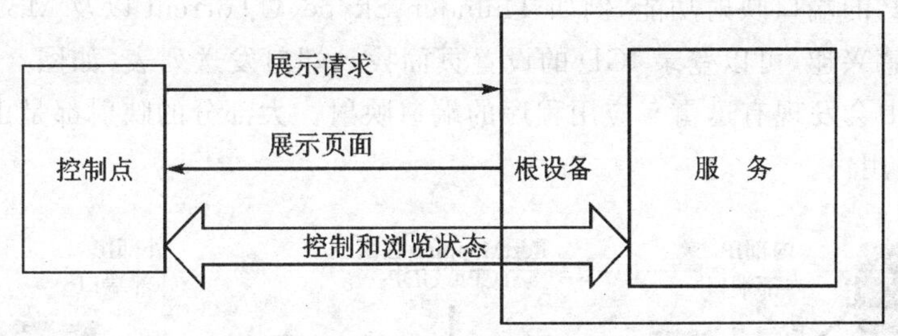


图 5-4-7 UPnP 获得展示过程

展示是 UPnP 网络中设备中不可缺少的流程，但这里 W5500 作为控制点，并不需要实现展示的功能，而且作为嵌入式硬件，也不需要发送展示请求。

### 3. 使用 UPnP 实现端口映射

简单来说，端口映射是将内网 IP 的固定端口映射到外网 IP 的固定端口。与传统 NAT(IP 地址一一对应，是一个三层技术)不同，它是一个四层技术。实现端口映射的设备一般是路由器，在 UPnP 协议中称为外部互联网网关设备(IGD)。

请参考图 5-4-8 来理解端口映射的应用。

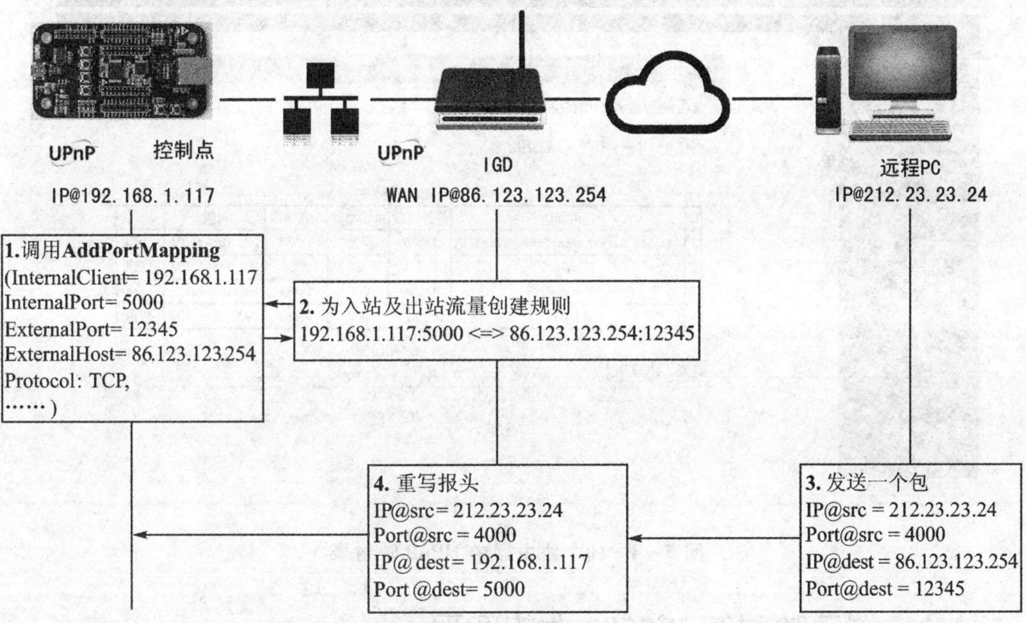


图 5-4-8 UPnP 端口映射示意图

端口映射是 IGD 众多功能中最基本的一个(更多的 IGD 标准功能可以在 UPnP IGD 服务模板中找到)。尽管端口映射功能可以手动配置路由器完成，但是通过使用 UPnP，端口映射功能默认执行操作(如图 5-4-9 所示)。很多类型的 P2P 软件都支持 UPnP 的端口映射功能，例如 Thunder、Skype、UTorrent 以及 MSN。如果读者对 UPnP 感兴趣，可以登录 IGD 的设置页面找到端口发送列表(如图 5-4-10 所示)，在列表中会发现有迅雷 5 应用程序的端口映射。大部分的映射都是由 UPnP 完成的，而不是用户。

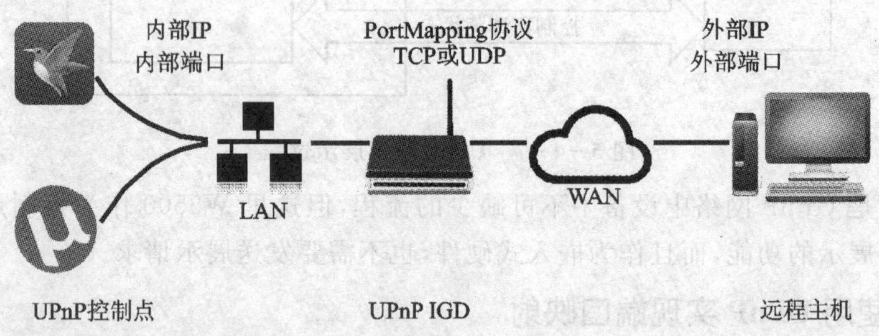


图 5-4-9 P2P 软件自动端口映射示意

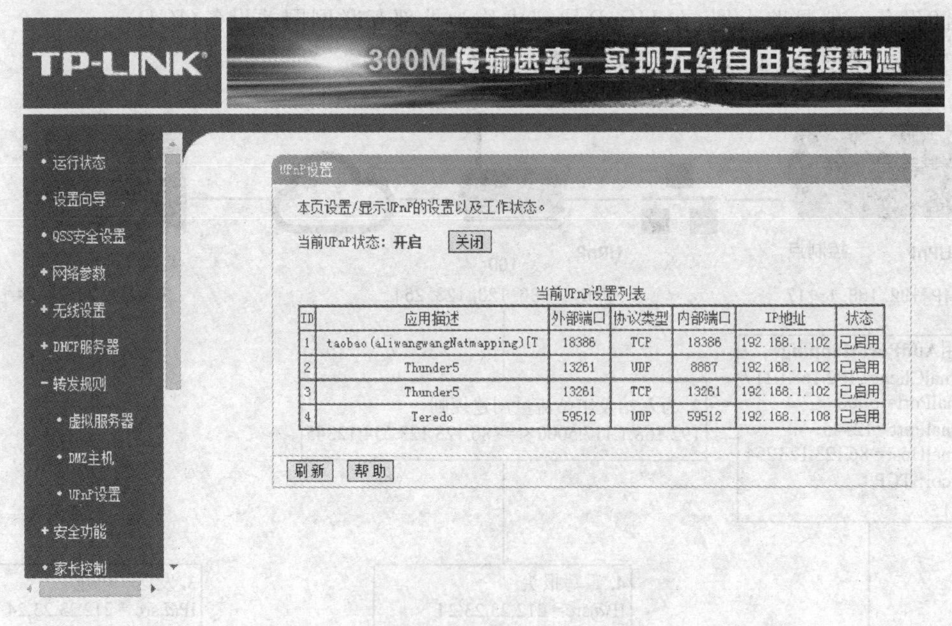


| ID | 应用描述 | 外部端口 | 协议类型 | 内部端口 | IP地址 | 状态 |
|---|---|---|---|---|---|---|
| 1 | taobao(aliwangwangNatmapping)[T | 18386 | TCP | 18386 | 192.168.1.102 | 已启用 |
| 2 | Thunder5 | 13261 | UDP | 8887 | 192.168.1.102 | 已启用 |
| 3 | Thunder5 | 13261 | TCP | 13261 | 192.168.1.102 | 已启用 |
| 4 | Teredo | 59512 | UDP | 59512 | 192.168.1.108 | 已启用 |

图 5-4-10 路由器中 UPnP 映射表

## 5.4.2 端口映射在 W5500 上的实现

在本小节实例中，W5500EVB 是 IGD 的控制点，它能够控制 IGD 执行端口映射服务。这样，外网中的 PC 就可以与内网中的 W5500EVB 建立连接。根据前面的介绍，在经过寻址、发现和获得描述后，使用端口映射服务包括两个步骤：一是添加端口映射,另一个是删除端口映射。

图 5-4-11 所示为 W5500EVB UPnP 端口映射的过程。

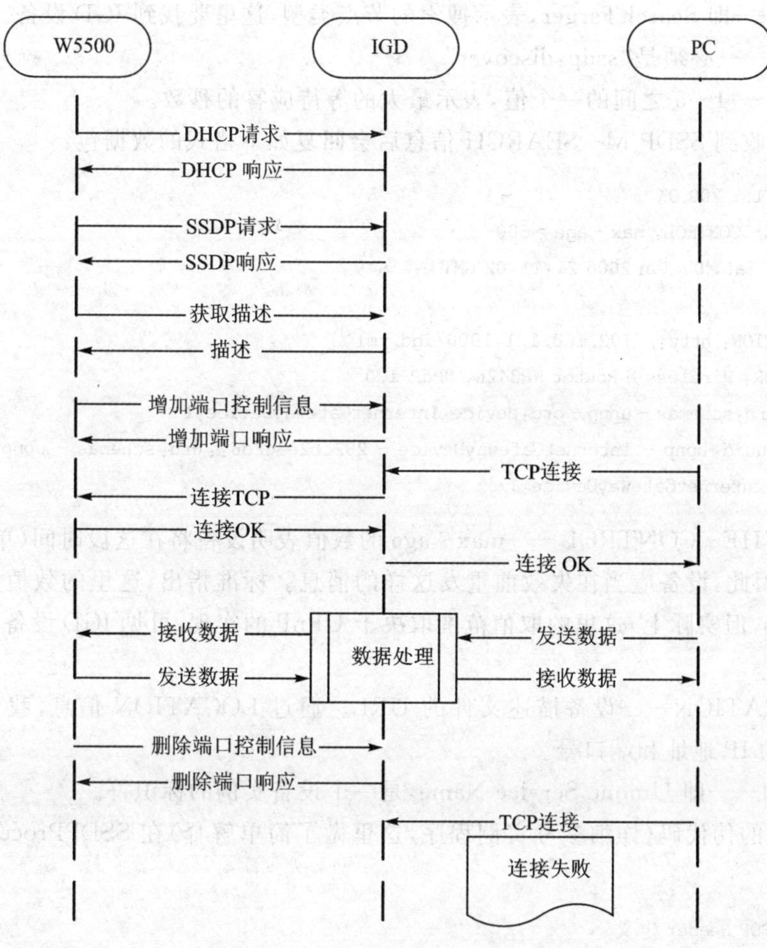


**图 5-4-11　端口映射程序执行流程图**

**(1) 步骤 1:使用 DHCP 协议自动获取 IP**

请参考第 2 章中 DHCP 的执行过程,这里不再赘述。

**(2) 步骤 2:使用 SSDP 发现设备**

为了能够搜索在相同子网中的 IGD,W5500 必须使用 UDP 多播地址发送 SSDP M-SEARCH 信息。控制点入网后会组播如下格式数据包:

```
M-SEARCH * HTTP/1.1
Host:239.255.255.250:1900
ST:urn:schemas-upnp-org:device:InternetGatewayDevice:1
Man:"ssdp:discover"
MX:3
```

Host——这里必须使用 IANA(Internet Assigned Numbers Authority)为 SSDP 预留的组播地址 239.255.255.250:1900。

ST——即 SearchTarger,表示搜索的节点类型,这里要找到 IGD 设备。

Man——必须是"ssdp:discover"。

Mx——1~5 之间的一个值,表示最大的等待应答的秒数。

设备收到 SSDP M-SEARCH 信息后会回复如下格式的数据包:

```
HTTP/1.1 200 OK
CACHE-CONTROL: max-age = 600
DATE: Sat, 07 Jan 2006 21:11:02 GMT
EXT:
LOCATION: http://192.168.1.1:1900/igd.xml
SERVER: Wireless N Router WR842N, UPnP/1.0
ST: urn:schemas-upnp-org:device:InternetGatewayDevice:1
USN: uuid:upnp-InternetGatewayDevice-282cb2e942d6::urn:schemas-upnp-org:device:InternetGatewayDevice:1
```

CACHE-CONTROL——max-age 的数值表明设备将在这段时间(单位为秒)后失效,因此,设备应当在失效前重发这样的消息。标准指出,这里的数值应当不小于1 800 s,但实际上,这里的取值范围取决于 UPnP 的实现,可见 IGD 设备的生存时间为 600 s。

LOCATION——设备描述文件的 URL。通过 LOCATION 信息,我们能够获得 IGD 的 IP 地址和端口号。

USN——即 Unique Service Name,是一个设备实例的标识符。

下面的伪代码(详细参考实例程序,这里做了简单解释)在 SSDPProcess()函数中实现:

```
/*SSDP Header 定义 */
constchar SSDP[] = "\
M-SEARCH * HTTP/1.1\r\n\
Host:239.255.255.250:1900\r\n\
ST:urn:schemas-upnp-org:device:InternetGatewayDevice:1\r\n\
Man:\"ssdp:discover\"\r\n\
MX:3\r\n\
\r\n\
";
signedcharSSDPProcess(SOCKET sockfd)      //使用 Socket 建立 UDP 完成 SSDP 流程
{
//初始化一个 UDP Socket
socket(sockfd,Sn_MR_UDP,PORT_SSDP,0);
//发送 SSDP 搜索包
```

```
sendto(sockfd,(const uint8 * )SSDP,strlen(SSDP);
//接收网络中设备回复
recvfrom(sockfd,(uint8 * )recv_buffer,RECV_BUFFER_SIZE,recv_addr,&recv_port);
//完成 SSDP 流程,关闭 Socket
close(sockfd);
//解析 SSDP 数据包
if((ret_value = parseSSDP(recv_buffer)) == 0)
UPnP_Step = 1;                                  //收到指定设备数据包,进入下一步骤
returnret_value;
}
```

**(3) 步骤 3:获取 IGD 服务的描述**

利用 IGD 的 IP 地址和端口号生成 HTTP GET Header,然后将其发送给 IGD。当 IGD 接收到 HTTP GET Header 后,IGD 将会让 W5500EVB 获知它的描述。

描述过程将会使 W5500EVB 获知它的 Control URL 以及 eventSubURL URL:

```
GET /igd.xml HTTP/1.1
Accept: text/xml, application/xml
User - Agent: Mozilla/4.0 (compatible; UPnP/1.0; Windows NT/5.1)
Host: 192.168.1.1:1900
Connection: Keep - Alive
Cache - Control: no - cache
Pragma: no - cache
```

在 IGD 回复的信息中,可以看到设备描述和服务描述。WANIPConnection 对应端口映射服务,可以看到 IGD 设备有该项服务。在 WANIPConnection 服务描述中可以得到 Control URL 和 eventSubURL URL,分别用来控制和订阅。

```
HTTP/1.1 200 OK
Content - Type: text/xml
Connection: close
Content - Length: 2728
Server: Wireless N Router WR842N, UPnP/1.0
<? xml version = "1.0"? >
<root xmlns = "urn:schemas - upnp - org:device - 1 - 0">
<specVersion>
<major>1</major>
<minor>0</minor>
</specVersion>
<URLBase></URLBase>
…
<device>
<deviceType>urn:schemas - upnp - org:device:WANConnectionDevice:1</deviceType>
```

```
<friendlyName>WAN Connection Device</friendlyName>
<manufacturer>TP-LINK</manufacturer>
<manufacturerURL>http://www.tp-link.com.cn</manufacturerURL>
<modelDescription>WAN Connection Device</modelDescription>
<modelName>WAN Connection Device</modelName>
<modelNumber>1</modelNumber>
<modelURL></modelURL>
<serialNumber>12345678900001</serialNumber>
<UDN>uuid:upnp-WANConnectionDevice-282cb2e942d6</UDN>
<UPC>123456789001</UPC>
<serviceList>
<service>
<serviceType>urn:schemas-upnp-org:service:WANIPConnection:1</serviceType>
<serviceId>urn:upnp-org:serviceId:WANIPConnection</serviceId>
<controlURL>/ipc</controlURL>
<eventSubURL>/ipc</eventSubURL>
<SCPDURL>/ipc.xml</SCPDURL>
</service>
</serviceList>
</device>
</deviceList>
</device>
</deviceList>
</device>
</root>
```


下面的伪代码是由 GetDescriptionProcess()函数来执行的：

```
signedcharGetDescriptionProcess(SOCKET sockfd)
{
//检查 SSDP 是否成功完成
if(UPnP_Step<1)
return -2;
//生成 HTTP GET Header
MakeGETHeader(send_buffer);
//descIP 和 descPORT 在 SSDP 过程中获得,转化格式
ipaddr = inet_addr((uint8 *)descIP);
ipaddr = swapl(ipaddr);
port = ATOI(descPORT,10);
//初始化一个 TCP Socket
socket(sockfd,Sn_MR_TCP,PORT_UPNP,Sn_MR_ND);
//连接 IGD(Internet Gateway Device)
connect(sockfd,(uint8 *)&ipaddr,port);
```

```
//发送 Get Description Message
send(sockfd,(void * )send_buffer,strlen(send_buffer));
//接收 IGDDescription
recv(sockfd,(void * )recv_buffer,RECV_BUFFER_SIZE);
//描述过程结束,断开连接
close(sockfd);
//解析 Description Message
if((ret_value = parseDescription(recv_buffer)) == 0)
UPnP_Step = 2;                                  //收到指定设备数据包,进入下一步骤
returnret_value;
}
```

**(4) 步骤 4:添加端口控制**

利用 IGD 的 IP 地址、端口号以及控制 URL 来完成 XML,然后通过 HTTP POST method-based SOAP 执行 AddPortMapping 操作。在 SOAP 的描述中可以看到 ExternalPort、Protocol、InternalPort 以及控制点 IP 地址等信息。

```
POST /ipc HTTP/1.1
Content - Type: text/xml; charset = "utf - 8"
SOAPAction: "urn:schemas - upnp - org:service:WANIPConnection:1 # AddPortMapping"
User - Agent: Mozilla/4.0 (compatible; UPnP/1.0; Windows NT/5.1)
Host: 192.168.1.1:1900
Content - Length: 1123
Connection: Keep - Alive
Cache - Control: no - cache
Pragma: no - cache
<? xml version = "1.0"? >
<SOAP - ENV:Envelopexmlns:SOAP - ENV = "http://schemas.xmlsoap.org/soap/envelope/"
SOAP - ENV:encodingStyle = "http://schemas.xmlsoap.org/soap/encoding/"><SOAP - ENV:
Body><m:AddPortMapping
xmlns:m = "urn:schemas - upnp - org:service:WANIPConnection:1"><NewRemoteHost
xmlns:dt = "urn:schemas - microsoft - com:datatypes"
dt:dt = "string"></NewRemoteHost><NewExternalPortxmlns:dt = "urn:schemas - mi-
crosoft - com:datatypes"
dt:dt = "ui2">12345</NewExternalPort><NewProtocolxmlns:dt = "urn:schemas - mi-
crosoft - com:datatypes"
dt:dt = "string">TCP</NewProtocol><NewInternalPortxmlns:dt = "urn:schemas - mi-
crosoft - com:datatypes"
dt:dt = "ui2">5000</NewInternalPort><NewInternalClientxmlns:dt = "urn:schemas -
microsoft - com:datatypes"
dt:dt = "string">192.168.1.117</NewInternalClient><NewEnabledxmlns:dt = "urn:
schemas - microsoft - com:datatypes"
```

```
dt:dt = "boolean">1</NewEnabled><NewPortMappingDescriptionxmlns:dt = "urn:sche-
mas - microsoft - com:datatypes"
dt:dt = "string">W5500_EVB</NewPortMappingDescription><NewLeaseDuration
xmlns:dt = "urn:schemas - microsoft - com:datatypes"
dt:dt = "ui4">0</NewLeaseDuration></m:AddPortMapping></SOAP - ENV:Body></
SOAP - ENV:Envelope>
```

IGD 在收到这样的控制请求后，会给出如下应答：

```
HTTP/1.1 200 OK
Content - Type: text/xml
Connection: close
Content - Length: 295
Server: Wireless N Router WR842N, UPnP/1.0
<? xml version = "1.0"? >
<s:Envelopexmlns:s = "http://schemas.xmlsoap.org/soap/envelope/"
s:encodingStyle = " http://schemas. xmlsoap. org/soap/encoding/" > < s: Body > <
u:DeletePortMappingResponse
xmlns:u = "urn:schemas - upnp - org:service:WANIPConnection:1"></u:DeletePortMap-
pingResponse></s:Body></s:Envelope>
sentationURL>
……
</service>
</serviceList>
</device>
</deviceList>
</device>
</deviceList>
</device>
</root>
```

IGD 收到“urn:schemas-upnp-org:service:WANIPConnection:1”后，即表明端口映射添加成功。

下面的伪代码是由 AddPortProcess()函数执行的：

```
signedshortAddPortProcess(SOCKET sockfd,                /* Socket 号 */
constchar * protocol,                                    /* 协议名称,"TCP" 或者"UDP" */
constunsignedintextertnal_port,                          /* 外部端口号 */
constchar * internal_ip,                                 /* 内部 IP 地址 */
constunsignedintinternal_port,                           /* 内部端口号 */
constchar * description                                  /* 端口转发描述 */
)
{
```

```
//检查 Description 过程是否成功完成
if(UPnP_Step<2)return -2;
MakeSOAPAddControl(content,protocol,extertnal_port,internal_ip,internal_port,de-
scription);
len = strlen(content);
MakePOSTHeader(send_buffer,len,ADD_PORT);
strcat(send_buffer,content);
//descIP 和 descPORT 在 SSDP 过程中获得,转化格式
ipaddr = inet_addr((uint8 * )descIP);
ipaddr = swapl(ipaddr);
port = ATOI(descPORT,10);
//初始化一个 TCP Socket
socket(sockfd,Sn_MR_TCP,PORT_UPNP,Sn_MR_ND);
//连接 IGD
connect(sockfd,(uint8 * )&ipaddr,port);
//发送 SOAP 信息
send(sockfd,(void * )send_buffer,strlen(send_buffer));
//接收应答
recv(sockfd,(void * )recv_buffer,RECV_BUFFER_SIZE);
//控制过程结束,断开连接
close(sockfd);
//检查控制是否成功
returnparseAddPort(recv_buffer);
}
```

在添加端口映射成功后,就可以在外网访问内网中指定 IP 地址和端口了。如果添加了 TCP 端口映射,就可以建立连接并发送数据测试。

**(5) 步骤 5:删除端口控制**

利用 IGD 的 IP 地址、端口号以及控制 URL 来完成 XML,然后通过 HTTP POST method-based SOAP 执行 DeletePortMapping 操作。删除操作只需 ExternalPort 和 Protocol 两个参数即可。

```
POST /ipc HTTP/1.1
Content - Type: text/xml; charset = "utf - 8"
SOAPAction: "urn:schemas - upnp - org:service:WANIPConnection:1 # DeletePortMapping"
User - Agent: Mozilla/4.0 (compatible; UPnP/1.0; Windows NT/5.1)
Host: 192.168.1.1:1900
Content - Length: 605
Connection: Keep - Alive
Cache - Control: no - cache
Pragma: no - cache
```

```
<? xml version = "1.0"? >
<SOAP - ENV:Envelopexmlns:SOAP - ENV = "http://schemas.xmlsoap.org/soap/envelope/"
SOAP - ENV:encodingStyle = "http://schemas.xmlsoap.org/soap/encoding/"><SOAP - ENV:
Body><m:DeletePortMapping
xmlns:m = "urn:schemas - upnp - org:service:WANIPConnection:1"><NewRemoteHost
xmlns:dt = "urn:schemas - microsoft - com:datatypes"
dt:dt = "string"></NewRemoteHost><NewExternalPortxmlns:dt = "urn:schemas - mi-
crosoft - com:datatypes"
dt:dt = "ui2">12345</NewExternalPort><NewProtocolxmlns:dt = "urn:schemas - mi-
crosoft - com:datatypes"
dt:dt = "string">TCP</NewProtocol></m:DeletePortMapping></SOAP - ENV:Body>
</SOAP - ENV:Envelope>
```

应答格式和添加类似，收到"urn: schemas-upnp-org: service: WANIPConnection:1"即表明端口映射删除成功。

```
HTTP/1.1 200 OK
Content - Type: text/xml
Connection: close
Content - Length: 295
Server: Wireless N Router WR842N, UPnP/1.0
<? xml version = "1.0"? >
<s:Envelopexmlns:s = "http://schemas.xmlsoap.org/soap/envelope/"
s:encodingStyle = " http://schemas. xmlsoap. org/soap/encoding/" > < s: Body > <
u:DeletePortMappingResponse
xmlns:u = "urn:schemas - upnp - org:service:WANIPConnection:1"></u:DeletePortMap-
pingResponse></s:Body></s:Envelope>
ionURL>
……
</service>
</serviceList>
</device>
</deviceList>
</device>
</deviceList>
</device>
</root>
```

下面的源代码是在 DeletePortProcess()函数中执行的：

```
signedshortDeletePortProcess(
SOCKET sockfd,                    /* Socket 号 */
```

```
constchar * protocol,                  /* 协议名称,"TCP"或"UDP"  */
constunsignedintextertnal_port         /* 外部端口号 */
)
{
shortlen = 0;
longendTime = 0;
uint32ipaddr;
uint16 port;
//检查是否完成描述过程
if(UPnP_Step<2)
return - 2;
MakeSOAPDeleteControl(content,protocol,extertnal_port);
len = strlen(content);
MakePOSTHeader(send_buffer,len,DELETE_PORT);
strcat(send_buffer,content);
//descIP 和 descPORT 在 SSDP 过程中获得,转化格式
ipaddr = inet_addr((uint8 * )descIP);
ipaddr = swapl(ipaddr);
port = ATOI(descPORT,10);
//初始化一个 TCP socket
socket(sockfd,Sn_MR_TCP,PORT_UPNP,Sn_MR_ND);
//连接 IGD(Internet Gateway Device)
connect(sockfd,(uint8 * )&ipaddr,port);
//发送 SOAP 信息
send(sockfd,(void * )send_buffer,strlen(send_buffer));
//接收应答
recv(sockfd,(void * )recv_buffer,RECV_BUFFER_SIZE);
//控制过程结束,断开连接
close(sockfd);
//检查控制是否成功
returnparseDeletePort(recv_buffer);
}
```

从以上描述可以看出,W5500 执行收发的函数都很简单。读者需要重点了解UPnP的实现过程,以及每个步骤中 UPnP 协议中的消息格式,并按照格式要求去发送相应的数据包。本小节的实例代码中也给出了设置事件和监听事件的程序,可以在工程中查看 SetEventing()和 eventing_listener()函数,这里不再详细展开说明。

## 5.4.3 自动端口映射功能演示

为了测试 W5500EVB 自动端口映射功能，本小节实例工程按照 5.4.2 小节中的步骤，在执行 DHCP 和 SSDP、获得描述和设置事件后，在串口上为用户提供了一个菜单页面，可以交互添加端口和删除端口，以及用来测试连接的 Loopback 程序。如果 UPnP 执行正确，则将出现如图 5-4-12 所示的串口输出；如果执行失败，请检查设备所在路由器是否开启了 UPnP。最后程序会显示菜单页面，如图 5-4-13 所示。

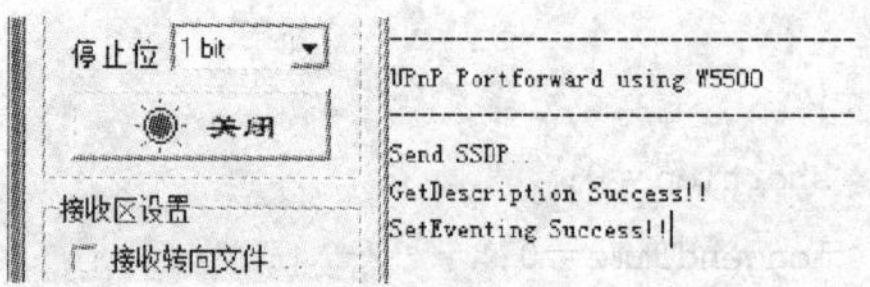


图 5-4-12　UPnP 执行成功打印输出

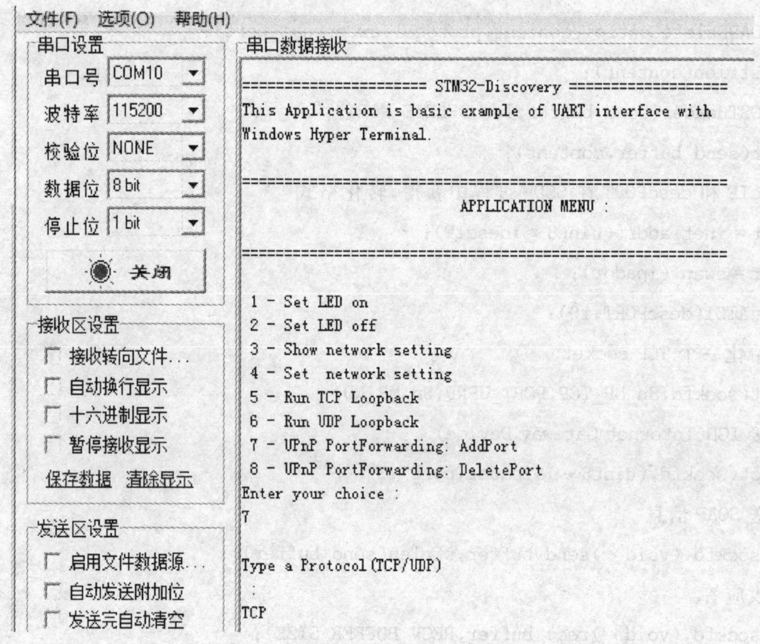


图 5-4-13　程序完成初始化后的菜单界面

按照菜单提示，我们首先添加一个 TCP 端口映射，外网端口为 12345，内网端口为 5000，添加成功后会提示 AddPortSuccess。那么是否真的添加成功了呢？还记得前边路由器的端口映射表吧，我们再来查看下是否有 W5500EVB 的映射：如图 5-4-14 所示，红色标识部分显示，端口映射添加成功。

本小节实例并没有真正在外网测试，而是在一个内网中再搭建一个内网。相对最内层的网络来说，外面的一层是"外网"，但并不违背端口映射的原理。为了测试端口映射是否可用，我们按照菜单执行 TCP Loopback 程序，Loopback 中使用 5000 端口创建了一个 TCP 服务器，前面已经将内网中的 5000 端口映射出去，首先检查下路由器在外网中的 IP 地址，如图 5-4-15 所示。路由器 IP 地址为 192.168.10.128，

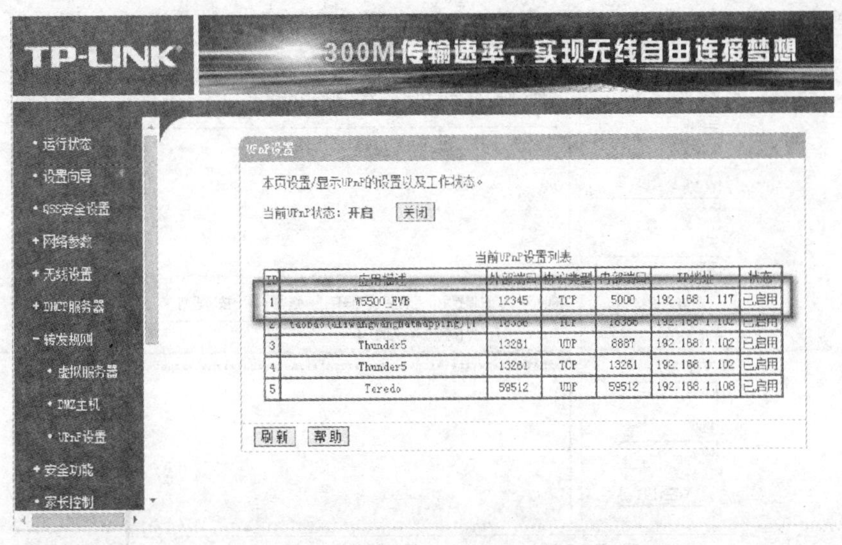


**图 5-4-14　添加端口映射后路由器端口映射表**

可见路由器的网段与 W5500EVB(IP 地址是 192.168.1.117)的网段不是一样的，这正是外网和内网的区别。在与路由器同一网段的 PC(IP 地址是 192.168.10.116)上建立 TCP 客户端，连接到路由器的 12345 端口，并发送测试字符串“wiznet”，在接收区收到了相同的回复。端口映射成功，如图 5-4-16 所示。

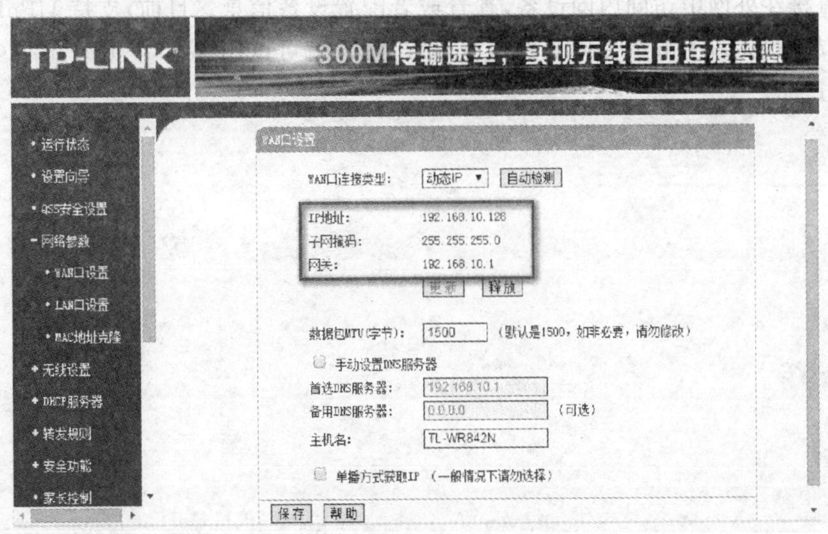


**图 5-4-15　查看路由器“外网”的 IP 地址**

在测试完添加端口映射后，可以按照菜单提示将刚才添加的端口删除掉，然后在 PC 上重新连接刚才删除的外网端口，会发现已经连接不上，这与预期结果相符。

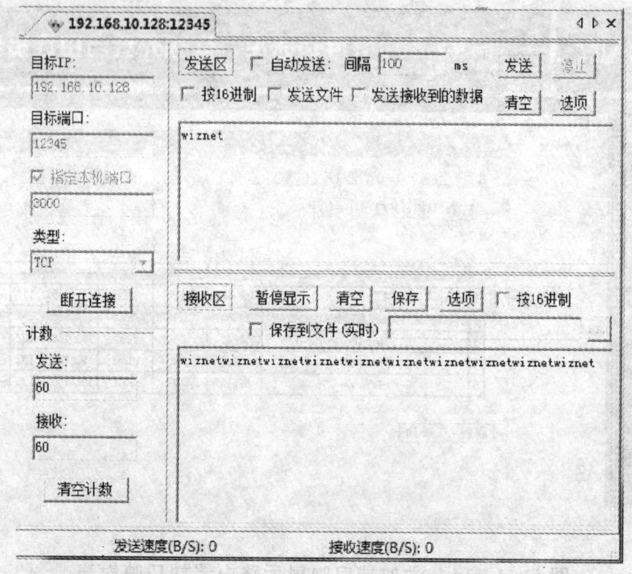


图 5-4-16 Loopback 测试

## 5.4.4 小 结

实现UPnP端口映射的设备可以很方便地部署在内网中,用户免去了配置的过程,可直接在外网中访问内网设备,查看或者配置设备信息。目前,支持UPnP标准的设备越来越多,了解了UPnP的执行过程,用户就可以用W5500开发出很多实用的电子产品。

# 第6章 案例篇

经过了前5章的积累，相信读者对网络协议和W5500的用法已经有了深入的理解，也了解了如何通过网络来配置物联网中的网络设备和远程升级固件。在本章中，我们将结合实际案例，进一步探讨在做物联网TCP/IP开发时的一些项目应用，比如通过网页来监视和控制I/O实现对其他设备的监控。最后将介绍物联网中被广泛应用的ZigBee转以太网网关的实现方法，希望对物联网项目开发有所帮助。

## 6.1 网页远程控制——Web I/O

第5章中介绍了如何使用Web浏览器对单片机设备进行远程固件更新。其实，通过Web浏览器能实现对单片机的更多控制。本节将演示通过浏览器对单片机进行远程设置，控制开发板上面的LED灯，实现对开发板上面按键输入的监控。

### 6.1.1 Web数据交互原理

在日常应用中，我们大部分是看网页上面的静态信息，或是视频或音频文件。但在物联网中，常见的要求是Web数据能有变化。目前，最常用的HTML1.1中只是定义一次请求响应后就断开连接。直观来说就是，如果不刷新浏览器，网页的数据就不会变化。

随着网页需要的内容越来越丰富，纯文本HTML描述的静态内容已不能满足使用。于是，基于HTML的标记扩展，网页中开始嵌入浏览器运行的语言。Javascript是一种脚本语言，它采用小程序段的方式实现编程。它的基本结构形式与C、C++、VB、DELPHI十分类似，但它并不需要编译，而是在程序运行过程中逐行给出注释。

下面使用JSON（Javascript Object Natation），它是一种轻量级的数据交换格式，非常适合于服务器与Javascript的交互。在JSON程序中，一个新的HTTP请求被发送到服务器，请求所需的数据信息；获得回复后，在网页上的脚本在不刷新网页的情况下更新数据显示。

### 6.1.2 动态网页设计以及 W5500 对应接口程序实现

本小节程序分为两大部分：一是动态网页设计，二是 W5500EVB 中程序对应的程序处理。W5500EVB 的程序框架和前面章节介绍过的 HTTP Server 一样，这里不再重复，只描述和 JSON 接口部分的代码。

和前面的程序相比，本程序实现的功能较多，所以在浏览器端的网页界面就相对复杂一些。

这个网页由两个标签界面构成，分别为 Device Settings 和 I/O Status。其中 Device Settings 模块用来显示设备信息以及远程配置设备，I/O Status 模块用来实现 Web I/O 相关的功能。以下是网页端的初始化部分代码：

```
var tabLinks = new Array();
var divContents = new Array();
function init()
{
    var tabListItems = document.getElementById('tabs').childNodes;
    for(var i = 0;i<tabListItems.length;i ++ )
    {
        if(tabListItems[i].nodeName == 'LI')
        {
            var tabLink = getFirstChildWithTagName(tabListItems[i],'A');
            var id = getHash(tabLink.getAttribute('tabid'));
            tabLinks[id] = tabLink;
            divContents[id] = document.getElementById(id);
        }
    }
var i = 0;
for(var id in tabLinks)
{
    tabLinks[id].onclick = showTab;
    if(i == 0)
    {
    tabLinks[id].className = 'selected';    //tabLinks[0]初始化为被选择状态
    }
    i ++ ;
  }
}
```

初始化函数中，将 tabs 里的元素信息填充到全局的两个数组里，其中 tabLinks[0]存储在 Device Setting 界面，tabLinks[1]存储在 I/O Status 界面，以备后面函数使用。tabLinks[0]初始化为被选择状态，也就是浏览器打开页面后默认显示 Device

Settings 标签页。当单击标签切换这两个界面时，浏览器会调用 showTab()函数（稍后进行介绍）。

当用户在浏览器中切换到 I/O Status 标签时，将会看到如图 6－1－1 所示的界面。

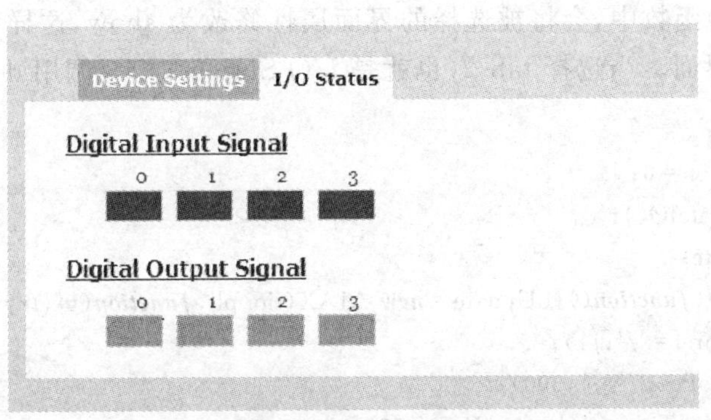


图 6－1－1　控制页面

该界面分为两部分：上面是 Digital Input Signal，用于显示接收到的单片机输入信号，即当单片机上有按钮被按下时，浏览器上相应的黑色方框会点亮；下面是 Digital Output Signal，负责从浏览器端将信号输出到单片机上，即当单击下面绿色方框时，单片机上相应的 LED 灯会点亮。

和前面讲到的 Device Settings 模块一样，这里的代码也分为网页端代码和单片机代码两部分。

首先来看 Digital Input Signal。在浏览器中单击 I/O Status 标签时，会首先调用网页端的 showTab()函数。

```
function showTab()
{
var selectedId = getHash(this.getAttribute('tabid'));
for(var id indivContents)
{
if(id == selectedId)
{
tabLinks[id].className = 'selected';
if(id)divContents[id].className = 'show';
if(selectedId == 'tabs2'){doUpdate();}else{stopUpdate();}
}
else
{
tabLinks[id].className = '';
if(id)divContents[id].className = 'hide';
```

```
    }
  }
  returnfalse;
}
```

showTab()函数中，会将被选择的界面属性修改为 show，这样浏览器页面上就会显示相应的界面。当选择 tabs2(也就是 I/O Status)时，会调用 doUpdate 函数。

```
var t_update;
var timer_is_on = 0;
function updateIO(){
  var oUpdate;
  setTimeout(function(){oUpdate = new AJAX('io. pl',function(t){try{eval(t);}catch(e)
  {location. href = '/';}});
  oUpdate. doPost('');},300);
  t_update = setTimeout('updateIO()',500);
}
function doUpdate(){
  if(!timer_is_on)
  {
    timer_is_on = 1;
    updateIO();
  }
}
```

这里启动了定时器，程序每隔 500 ms 就会执行一次 updateIO()函数。在 updateIO()函数中，浏览器向设备发送 HTTP post 指令，并带有“io. pl”字符。当设备接到指令后，将准备好的数据发送给浏览器并触发它调用 IoStatusCallback 函数，则浏览器在页面上显示 I/O 的实时状态。具体过程如图 6-1-2 所示。

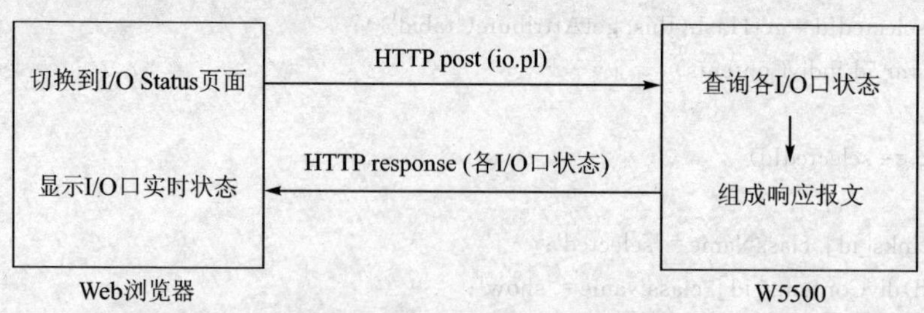


**图 6-1-2　浏览器获取 W5500 变量的 HTTP 请求和响应**

该过程每隔 500 ms 执行一次，以达到实时刷新的目的，直到离开 I/O Status 标签页。

W5500 响应代码如下：

```
else if(strcmp(post_name,"io.pl") == 0)
{
memset(tx_buf,0,MAX_URI_SIZE);
json_io_status((int8 *)tx_buf);
sprintf((char *)http_response,"HTTP/1.1 200 OK\r\nContent-Type: text/html\r\nContent-Length: %d\r\n\r\n%s",strlen(tx_buf),tx_buf);
send(s, (u_char *)http_response, strlen((char const *)http_response));
}
```

当接收到 io. pl 时，会调用 json_io_status((int8 * )tx_buf)函数，它会查询各I/O口状态，组合成字符串，然后发送给浏览器。

接下来看看 Digital Output Signal，即浏览器对单片机的输出。当单击网页上绿色输出指示时，就会触发 postdata()函数，实际上是让浏览器向单片机发送一个含有"dout. pl"字符的 HTTP post 请求，将相应数字输出指示的属性发给设备。单片机根据收到的信息设置 LED 的亮灭，并将状态回复给浏览器并在其界面上显示出来。具体过程如图 6-1-3 所示。

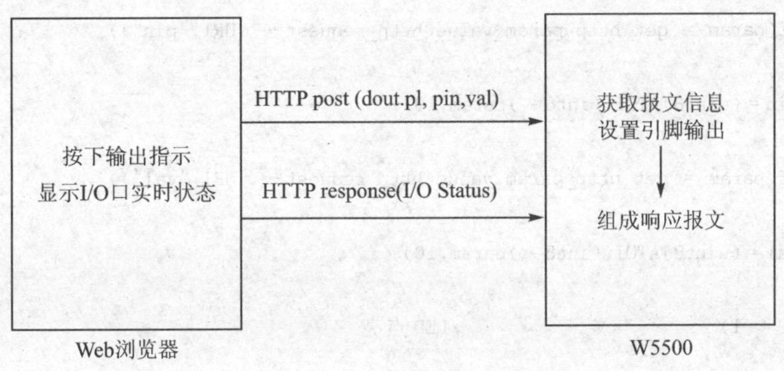


**图 6-1-3 浏览器操作 W5500 变量的 HTTP 请求和响应**

网页端代码如下：

```
<ul>
<li>0<spanname='dout'class='do-led do-on pointer'pin='0'onclick='postdata(this);'></span></li>
<li>1<spanname='dout'class='do-led do-off pointer'pin='1'onclick='postdata(this);'></span></li>
<li>2<spanname='dout'class='do-led do-on pointer'pin='2'onclick='postdata(this);'></span></li>
<li>3<spanname='dout'class='do-led do-off pointer'pin='3'onclick='postdata(this);'></span></li>
</ul>
function postdata(o){
var p=o.attributes['pin'].value;
```

```
var v;
if(o.className == 'do - led do - on pointer'){v = '1';}else{v = '0';}
dout_timer = setTimeout(function(){
if(dout&&dout.abort){dout.abort();}
dout = new AJAX('dout.pl',function(t){
try{if(t == '1'){o.setAttribute('class','do - led do - on pointer');}else{o.setAttribute
('class','do - led do - off pointer');}}catch(e){alert(e);}
});
dout.doPost('pin = '+ p + '&val = '+ v);
},300);
}
```

W5500 响应代码如下：

```
if(strcmp(post_name,"dout.pl") == 0)
  {
    uint8 * param;
    uint8pin,val;
    if(param = get_http_param_value(http_request->URI,"pin"))
  {
    pin = (uint8)ATOI((int8 * )param,10);
  }
    if(param = get_http_param_value(http_request->URI,"val"))
  {
    val = (uint8)ATOI((int8 * )param,10);
  }
if(val == 1)                       //LED 点亮
  {
    set_dout(pin,val);             //设置引脚输出
    memcpy(http_response, DOUT_RES_0, sizeof(DOUT_RES_0));
    send(s, (uint8 * )http_response, strlen((int8 const * )http_response));
  }
else
  {
    set_dout(pin,val);
    memcpy(http_response, DOUT_RES_1, sizeof(DOUT_RES_1));
    send(s, (uint8 * )http_response, strlen((int8 const * )http_response));
  }
}
```

首先利用 get_http_param_value(http_request－>URI,"pin")函数获取数字输出的引脚号存入变量 pin,然后再利用 get_http_param_value(http_request－>URI,"val")函数获取指示引脚的值,0 为灯不亮,1 为灯亮,存入变量 val。最后,根

据 pin 和 val 这两个变量的值设置引脚输出，组装回复报文并发送给浏览器。

至此，这个 Web I/O 程序的所有功能都已经实现了。在浏览器中输入 W5500EVB 的 IP 地址，即可看到如图 6-1-4 所示的页面。

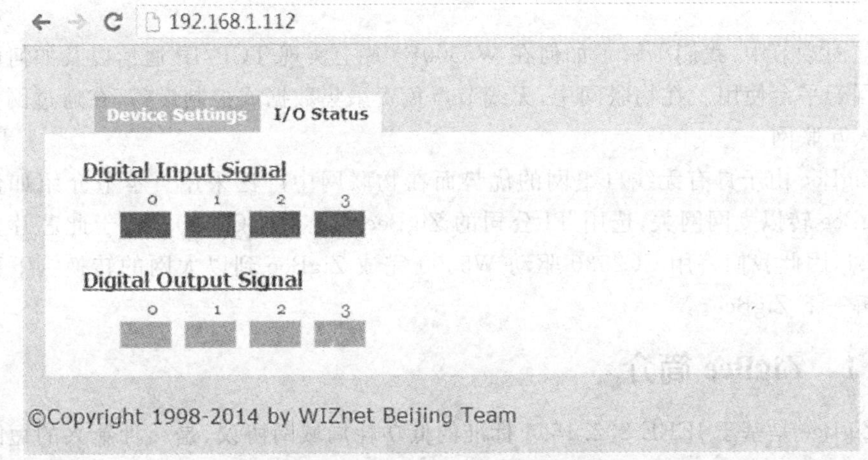


图 6-1-4 运行 Web 页面

在 Web 页面上，单击 Digital Output Signal 就可以看到 EVB 上的 LED 灯变化。当按 EVB 上的按键时，Web 页面上 Digital Input Signal 会根据 EVB 状态而变化。图 6-1-5 中 W5500EVB LED 灯已被点亮。

图 6-1-5 W5500 运行效果图

### 6.1.3 小 结

本节扩展了第 5 章的 HTTP 服务器，由静态页面变成动态页面。W5500 网络世界越来越丰富多彩了。

## 6.2　物联网中的 ZigBee 转以太网网关的实现

前面章节中，我们了解了如何在 W5500EVB 上实现 TCP/IP 通信以及如何配合物联网云平台使用。在物联网中，无线节点负责采集数据或控制设备，在通过网关设备接入互联网。

ZigBee 由于具有无线自组网的优势而在物联网中广泛采用。本节介绍如何实现 ZigBee 转以太网网关，选用 TI 公司的 ZigBee 单芯片 CC2530。由于此芯片内嵌了 8051，因此我们将用 CC2530 驱动 W5500 完成 ZigBee 到以太网的转换。下面先来了解一下 ZigBee。

### 6.2.1　ZigBee 简介

ZigBee 是基于 IEEE 802.15.4 标准的低功耗局域网协议，是一种新兴的短距离无线通信技术，主要用于传感控制应用。ZigBee 网络的主要特点是低功耗、低成本、低速率，支持大量节点，支持多种拓扑，安全可靠等。

对于深入的 ZigBee 应用开发，建立基本的 ZigBee 协议栈工作原理是其核心内容。首先，ZigBee 标准定义了一种网络协议，这种协议能够确保无线设备在低成本、低功耗和低数据速率网络中的互操作性。其次，ZigBee 协议栈构建在 IEEE 802.15.4 标准基础之上，802.15.4 标准定义了 MAC 和 PHY 层的协议标准，MAC 和 PHY 层定义了射频以及相邻的网络设备之间的通信标准。最后，ZigBee 协议栈则定义了网络层、应用层和安全服务层的标准，越向下越贴近硬件，越向上则越贴近软件本身和应用。

ZigBee 标准规定可以在一个单一的网络中容纳 65 535 个节点。那么在 ZigBee 实际应用中，ZigBee 技术实现了硬件设备灵活组网和通信，网络中的终端节点（End Device）可以将自身的数据发送给网络中的路由器节点（Router）和协调器节点（Co-ordinator），最终由协调器汇总网络中的数据，进而上传给用户。下面具体介绍这三种节点。

**(1) 协调器（Co-ordinator）节点**

不论 ZigBee 网络采用何种拓扑方式，网络中都需要有一个并且只能有一个 Co-ordinator 节点。

在网络层上，Co-ordinator 通常只在系统初始化时起到重要的作用。在一些应用中网络初始化完成后，即便是关闭了 Co-ordinator 节点，网络仍然可以正常工作。Co-ordinator 在网络层的任务是：选择网络所使用的频率通道，通常应该是最安静的频率通道；开始网络；将其他节点加入网络。

Co-ordinator 通常还会提供信息路由、安全管理和其他的服务。

**(2) 路由器节点(Router)**

如果 ZigBee 网络采用了树形和 MESH 拓扑结构就需要用到 Router 这种类型的节点。Router 类型节点的主要功能是:在节点之间转发信息;允许子节点通过它加入网络。

需要注意的是:通常 Router 节点不能够休眠。

**(3) 终端节点(End Device)**

End Device 节点的主要任务就是发送和接收信息。通常一个 End Device 节点是由电池供电的,当它不在数据收发状态的时候通常都是处于休眠状态,以节省电能。End Device 节点不能够转发信息也不能够让其他节点加入网络,父节点给 End Device 子节点的数据通常会在 BUFFER 缓存,等到 End Device 来 poll 数据,因此在 Co-ordinator(Router)与 End Device 之间的通信是比较慢的。如果用户不考虑节点的休眠,可以用 Router 来代替 End Device。

以上所说的三种节点类型都是网络层的概念,它们决定了网络的拓扑形式。ZigBee 网络可以实现三种网络拓扑形式:星形拓扑、树形拓扑和网状拓扑。每种拓扑结构都需要不同种类的节点(如图 6-2-1 所示),前面已经简要提及。

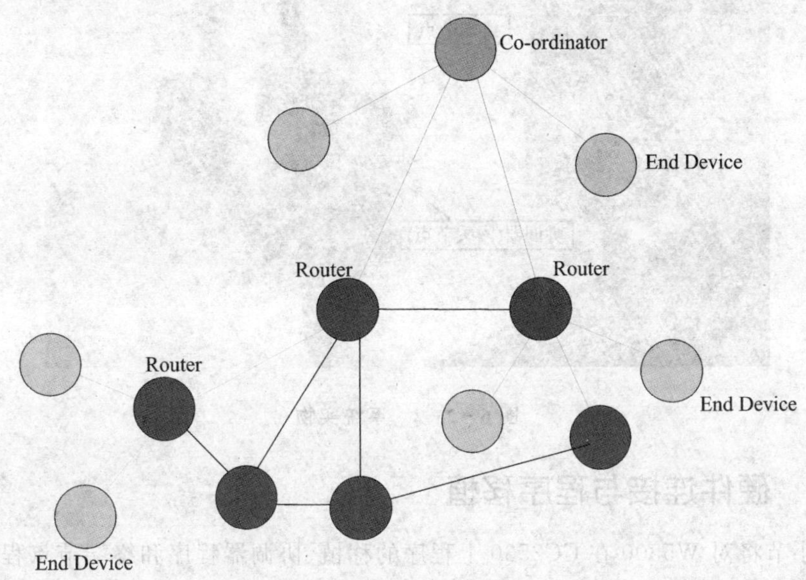


**图 6-2-1　网状网络拓扑图**

通常来说,ZigBee 网络采用任何一种拓扑形式只是为了实现网络中信息高效稳定的传输,用户在实际应用中是不必关心 ZigBee 网络的组织形式的。节点类型的定义和节点在应用中的功能并不相关,比如说一个 ZigBee 网络节点,不论它是 Co-ordinator、Router 还是 End Device,它都可以运行相应的程序测量温度和湿度。

Zigbee 主要应用在自动控制和远程控制领域,可以嵌入各种设备。换言之,Zig-

Bee 就是一种便宜、低功耗的近距离无线组网通信技术。ZigBee 在智能楼宇、智能家居、工业控制及医疗等领域都有很广阔的应用前景，所以在 Zigbee 的应用中，互联网也成为必需。下面就介绍一下如何将 ZigBee 接入互联网。

### 6.2.2 将 ZigBee 技术接入互联网

随着物联网的发展，设备联网的需求也越来越大。那么，如何将 ZigBee 无线网络接入互联网呢？下面简单介绍接入互联网的技术及我们要使用的方法。

ZigBee 网络中的协调器可以通过串口、485 总线以及以太网将网络节点的数据上传。以太网的优势是不受距离限制，并且联网用户都可以接收到网络数据。例如：借助 CC2530 EB 板，将协调器与 W5500 相连，实现协调器联网，终端节点上电入网后采集 DHT11 的温湿度数据，并通过 ZigBee 发送给网关节点，网关节点再将数据解包上传到互联网。在 PC 上，我们通过 TCP/IP 调试助手建立一个 TCP 服务器来观察采集的数据。系统实物如图 6-2-2 所示。

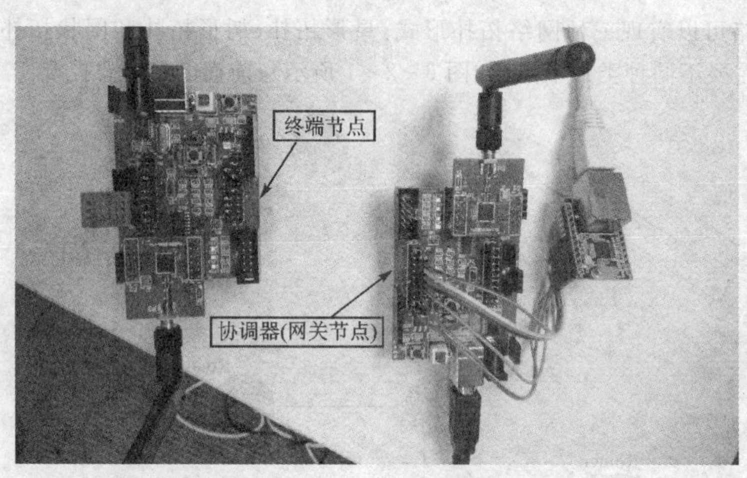


图 6-2-2 系统实物

### 6.2.3 硬件连接与程序移植

本小节将对 W5500 在 CC2530 上程序的移植、协调器程序和终端节点程序进行介绍。有关 ZigBee 协议以及 TI Zstack 协议栈，这里不做系统介绍；有关 CC2530 EB 板调试下载器的安装使用请参考 EB 板指导手册。

之前的示例都是在 32 位的 ARM-Cortex M3 核的芯片上，而 CC2530 是带有 8051 内核的无线 MCU，W5500 与 MCU 通信使用 SPI 接口，这里需要改写 W5500 库中与 SPI 相关函数。CC2530 的 UART 和 SPI 口是复用的，EB 板的 UART0 作为调试输出口与电脑相连，所以这里我们选择 UART1(SPI1)与 W5500 通信。

CC2530 与 W5500 的引脚对照请参考表 6-1-1、图 6-2-3 以及图 6-2-4。

**表 6-1-1　SPI 在 CC2530 和 W5500 模块上的引脚对照表**

| SPI | CC2530 | W5500 模块 |
|---|---|---|
| SPI_MISO | P17 | Pin_4 |
| SPI_MOSI | P16 | Pin_5 |
| SPI_CLK | P15 | Pin_6 |
| SPI_CS | P14 | Pin_7 |
| WIZ_RST | P13 | Pin_3 |

(a) 实　物

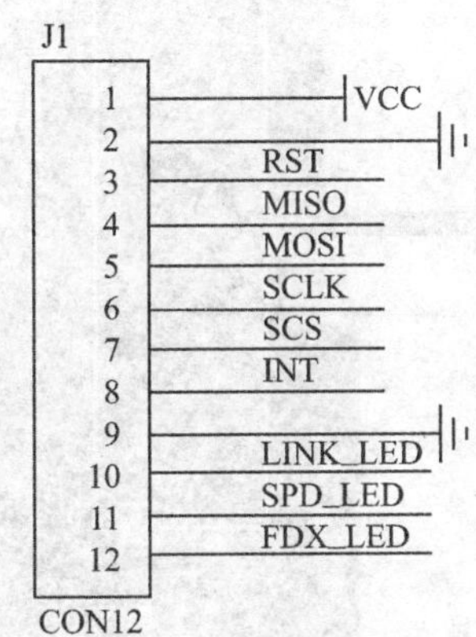


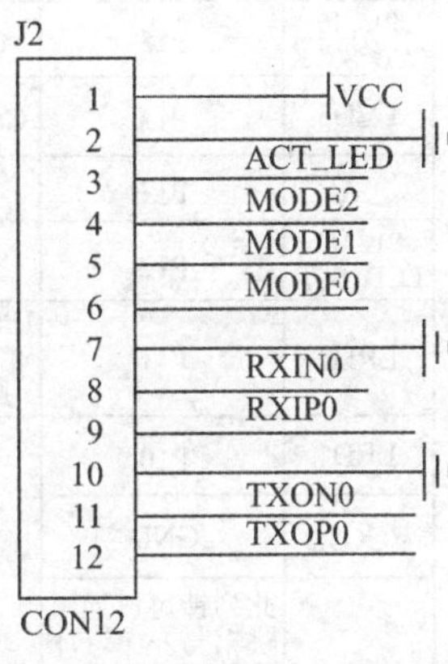


(b) 引　脚

**图 6-2-3　W5500 模块实物与原理图引脚对照**

CC2530 SPI 初始化程序如下：

```
#include "ioCC2530.h"       //此头文件在 Config.h 中已经包含
//SPI 引脚和初始化配置
voidWIZ_SPI_Init(void)
{
  PERCFG | = 0x02;          //外设控制寄存器，打开 UART1 外设
  P1SEL  | = 0xE0;          //打开 P1_7, P1_6, and P1_5 外设功能
  P1SEL  & = ～0x10;        //配置 P1_4 为普通 GPIO (SPI_CS)
  P1DIR  | = 0x10;          //P1_4 方向为输出引脚
//设置波特率为最大(系统时钟频率/8)
  U1BAUD = 0x00;            //BAUD_M = 0
  U1GCR | = 0x11;           //BAUD_E = 17
  U1CSR & = ～0xA0;         //SPI 主机模式
//配置相、极性及位顺序
```

| 接到底板上的相关硬件电路 | 直接接到CC2530芯片的I/O | |
|---|---|---|
| P20_20 U7~11脚 | P20 | |
| 空 | P17 | MISO |
| P16_16 LCD_DIN | P16 | MOSI |
| P15_15 LCD_SCLK | P15 | SCK |
| LED3 | P14 | CSN |
| 空 | P13 | 空 |
| P12_12 LCD_SCE | P12 | 空 |
| LED2 | P11 | 18b20信号脚 |
| LED1 | P10 | |
| VCC3.3 | GND | |
| | 此列针可以通过跳帽与左(或右)排针连接到相应信号，或者不连接，可以将I/O用线引出接到任意地方 | |

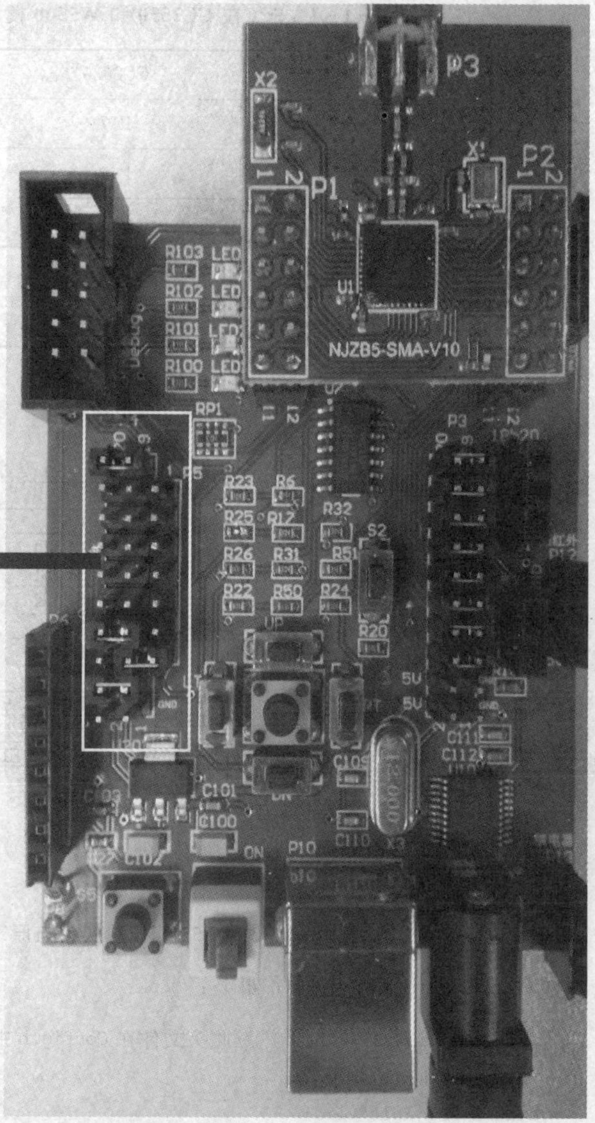

**图 6-2-4　CC2530 EB 板 SPI 引脚对照**

```
    U1GCR &= ~0xC0;            //CPOL = CPHA = 0
    U1GCR |= 0x20;             //ORDER = 1
    P1SEL  &= ~0x08;           //配置 P1_3 为普通 GPIO (RST)
    P1DIR  |= 0x08;            //P1_3 方向为输出引脚
}
//W5500复位引脚的控制
void WIZ_RST(uint8 val)
{
```

```
if(val == LOW){
   P1_3 = 0;                //引脚拉低
}elseif(val == HIGH){
   P1_3 = 1;                //引脚拉高
}
}
//SPI CS 引脚的电平控制
void WIZ_CS(uint8 val)
{
if(val == LOW){
     P1_4 = 0;
}elseif(val == HIGH){
     P1_4 = 1;
}
}
//SPI 数据发送和接收
uint8 SPI2_SendByte(uint8 byte)
{
uint8 temp;
  U1DBUF = byte;
while(!(U1CSR&0x02));       //等待数据发送完毕
  U1CSR &= 0xFD;
  temp = U1DBUF;            //读取数据缓冲区接收字节
returntemp;
}
```

由于 W5500 的库是分层次编写的，所以只要将与硬件耦合的 SPI 程序修改后，程序库就移植完毕了。与之前程序不同，我们将复位函数也写到了 SPI2.c 里。

### 6.2.4 Zstack 应用程序解析

Zstack 是 TI 公司按照 ZigBee 协议编写的协议栈程序。它提供了完备的应用函数供用户调用，用户可以创建自己的任务，通过宏定义来定制自己协议栈的功能。有关协议栈的使用还需要读者自行学习。下面介绍如何让我们的应用在 Zstack 上实现。

首先将资料中的 Zstack 按照默认路径安装到 PC 上，由于 CC2530 是 8051 内核，之前我们的编译工具是 IAR5.4 的 ARM 版本，这里需要安装 IAR7.51 的 8051 版本才能打开 Zstack 中的工程文件。编程环境安装就绪后，将资料中本小节的 DHT11TestAPP 文件夹复制到 C:\Texas Instruments\Zstack - CC2530 - 2.2.2 - 1.3.0\Projects\zstack\Samples 文件夹下，打开后的工程文件如图 6 - 2 - 5 所示。

左侧工程的 APP 中添加了 W5500 相关的库函数，其中标示部位用来选择编译

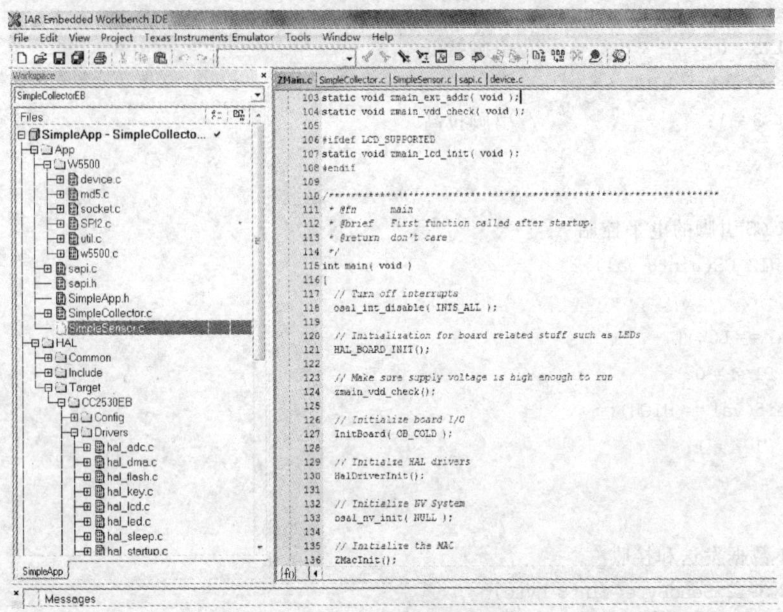


**图 6-2-5　程序工程文件**

的程序是收集器(协调器)还是终端节点。使用协议栈需要注意的是,由于 LCD 显示屏的引脚和 SPI 有复用,所以需要在工程中关闭 LCD_SUPPORTED 的宏。接下来我们来看网关节点和终端节点的应用程序,在理解程序后再进行实际操作。

sapi.c 文件中初始化了 Simple API Task。在这个任务中定义了组网事件也定义了用户事件,其中通过 zb_HandleOsalEvent()函数交给 SimpleCollector.c 处理的事件有 ZB_ENTRY_EVENT 和 ZB_USER_EVENTS。

程序执行后,当完成 Simple API Task 初始化时,任务中的事件就会触发。在 ZB_ENTRY_EVENT 事件中,当 startOptions(启动条件)为自动启动时,程序会启动组网;完成组网后,通过调用 void zb_StartConfirm(uint8 status)发送网络建立确认消息,进而在确认消息函数中启动用户任务,允许其他节点加入网络。sapi.c 中有关这两个时间的处理程序如下:

```
UINT16 SAPI_ProcessEvent(byte task_id,UINT16 events )
{
…
if(events &ZB_ENTRY_EVENT )
  {
  uint8startOptions;
  // 给出设备启动应用的指示
  zb_HandleOsalEvent(ZB_ENTRY_EVENT );
  zb_ReadConfiguration(ZCD_NV_STARTUP_OPTION,sizeof(uint8),&startOptions);
  if(startOptions&ZCD_STARTOPT_AUTO_START )
```

```
{
zb_StartRequest();
}
else
{
//闪烁并等待外部输入进行配置及重启 HalLedBlink(HAL_LED_2,0,50,500);
}
return(events ^ZB_ENTRY_EVENT );
}
// 此事件须为最后处理事件
if(events &(ZB_USER_EVENTS ))
{
// 用户事件传递给应用
zb_HandleOsalEvent(events );
// 不返回此处,随后返回 0
}
…
}
```

程序中都调用了 zb_HandleOsalEvent(events ),下面我们来看网关节点中是如何处理的:

```
voidzb_HandleOsalEvent(uint16 event )
{
uint8 startOptions;
uint8 logicalType;
if(event &ZB_ENTRY_EVENT )
{
initUart(uartRxCB);          //初始化调试口
WIZ_SPI_Init();              //初始化 SPI 和 W5500 网络
    Reset_W5500();
printf("W5500 Init...\r\n");
set_default();
set_network();
logicalType = ZG_DEVICETYPE_COORDINATOR;//配置节点类型
    zb_WriteConfiguration(ZCD_NV_LOGICAL_TYPE,sizeof(uint8),&logicalType);

startOptions = ZCD_STARTOPT_AUTO_START; //配置启动类型
zb_WriteConfiguration(ZCD_NV_STARTUP_OPTION,sizeof(uint8),&startOptions);
printf("Waiting the Network...\r\n");
}
if(event &ZB_USER_EVENTS )
{
```

```
do_tcpclient(SOCKET_TCPC);                //TCP 客户端维护程序
osal_start_timerEx(sapi_TaskID,ZB_USER_EVENTS,ENTHER_TIMEOUT );
}
}
```

由于开机后 ZB_ENTRY_EVENT 会执行一次，所以我们将应用的初始化函数放在这里执行，配置好网络启动的相关参数并写入到配置信息里。跳出这个函数后，程序就会启动自动组网的程序，完成组网。在 ZB_USER_EVENTS 中，我们启动 TCP 客户端程序，用来维护设备与服务器的连接，使得设备在插上网线后能够及时连上服务器。

终端节点的应用处理程序在 SimpleSensor. c 中定义。下面来介绍终端节点是如何处理相关任务的：

```
voidzb_HandleOsalEvent(uint16 event )
{
uint8 startOptions;
uint8 logicalType;
if(event &ZB_ENTRY_EVENT)
  {
  logicalType = ZG_DEVICETYPE_ENDDEVICE;    //配置为终端节点
  zb_WriteConfiguration(ZCD_NV_LOGICAL_TYPE,sizeof(uint8),&logicalType);

  startOptions = ZCD_STARTOPT_AUTO_START;  //配置为自启动方式
  zb_WriteConfiguration(ZCD_NV_STARTUP_OPTION,sizeof(uint8),&startOptions);
  }
 if(event &MY_START_EVT )
  {
  //不进行任何操作
  }
 if(event &MY_REPORT_TEMP_EVT )
  {
  ReadValue();                          //采集 DHT11 数据
  zb_SendDataRequest(0xFFFE,SENSOR_REPORT_CMD_ID,4,SensorValueBuf,0,
  AF_ACK_REQUEST,0);                     //将数据发送给网关节点
  osal_start_timerEx(sapi_TaskID,MY_REPORT_TEMP_EVT,myTempReportPeriod);
                                                        //实现定时循环采集

  }
 if(event &MY_FIND_COLLECTOR_EVT )
  {
```

```
        zb_BindDevice(TRUE,SENSOR_REPORT_CMD_ID,(uint8 * )NULL);   //发现协调器,启动入网
      }
  }
```

网关节点与中断节点程序流程参见表 6-1-2,了解过程序执行流程后,我们就可以操作设备了。

**表 6-1-2 网关节点与终端节点程序流程**

| 网关节点 | 终端节点 |
|---|---|
| ① 开机启动系统 osal_start_system(); | ① 开机启动系统 osal_start_system(); |
| ② 配置启动信息启动组网 | ② 配置启动信息启动入网 |
| ③ 组网成功启动用户事件 | ③ 入网成功启动采集事件 |
| ④ 连接服务器 | ④ 采集成功发送给网关节点 |
| ⑤ 接收到传感数据确认发送给服务器 | |
| | ⑤ 循环采集数据并发送给网关节点 |
| ⑥ 接收传感数据确认并上传…… | …… |

首先选择 SimpleCollectorEB,编译后通过调试器将程序下载到网关节点中,然后选择 SimpleSensorEB,编译后下载到终端节点中。我们在电脑端打开 TCP/IP 调试助手和串口调试助手(如图 6-2-6 所示),用来接收数据和观察网关节点程序执行流程。

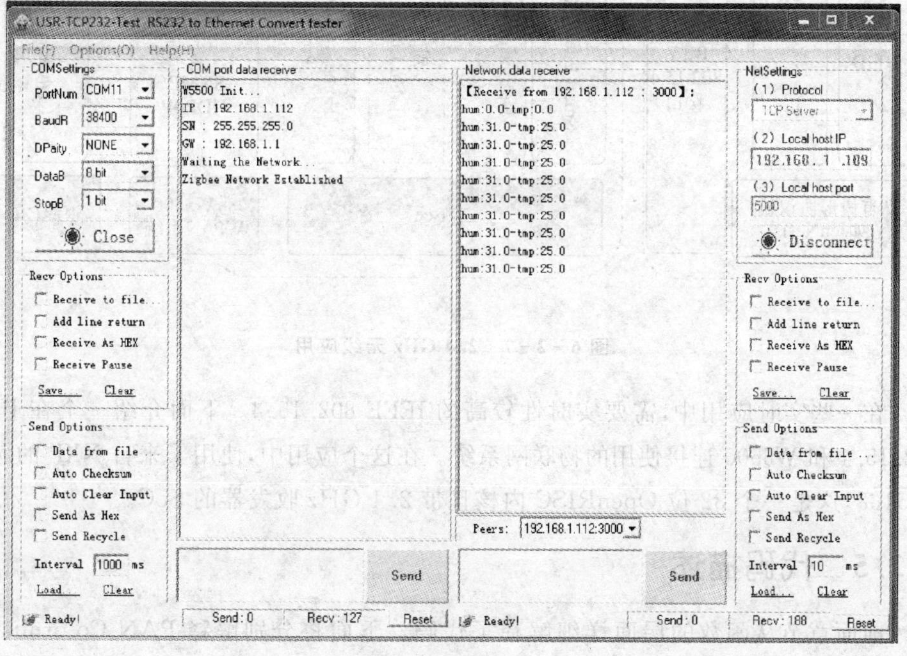

图 6-2-6 串口和网络调试助手界面

网关节点上电后，串口端会打印设备的 IP 地址等信息；接下来 LED1 闪烁，表示网关节点正在组网；LED1 长亮后，网络建立，通过网络调试助手可以看到，有客户端连接，正是我们的网关节点。至此网关节点准备完毕，接下来打开终端节点，开机后 LED1 闪烁，启动网络，入网后 LED1 频闪，表示正在数据采集和发送，这时可以看到网络调试助手上有温湿度数据显示，表示终端节点已经将数据发送给网关节点，网关节点解析后再通过 W5500 发送给 PC。

以上我们实现了一个 ZigBee 以太网的网关。在物联网中，还有许多种类的应用。图 6-2-7 所示为一些实际应用。

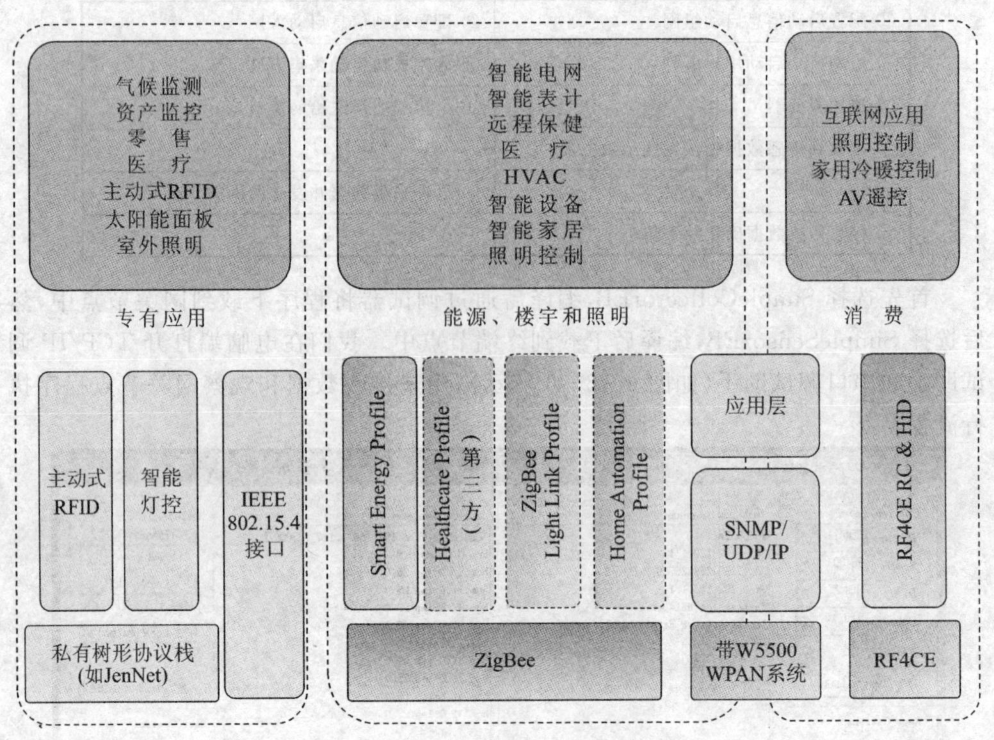


**图 6-2-7 2.4 GHz 无线应用**

在一些实时应用中，需要实时性较高的 IEEE 802.15.4。下面介绍一个在 IEEE 802.15.4 和 W5500 连接使用的物联网系统。在这个应用中，使用了来自 NXP 的芯片 JN5168，这是一个 32 位 OpenRISC 内核且带 2.4 GHz 收发器的 SoC。

## 6.2.5 代码描述

前面章节从函数的层面详细解释了代码。下面将分别解释 PAN Co-ordinator 和 End Device 的代码。

config.h 头文件将被引用到两个源代码文件中，同时两个源代码文件也引用了以下头文件：

```
jendefs.h, AppHardwareApi.h, AppQueueApi.h, mac_sap.h, mac_pib.h
```

### 1. coordinator.c 的内容

开发者最常问的问题之一就是：为什么 Jennic 的程序都没有 Main 函数？这个熟悉的函数哪里去了呢？这是因为 Jennic 程序都是由 boot loader 来启动和引导。boot loader 引导完成后就将自动调用 AppColdStart 函数，AppColdStart 就是我们通常所说的 Main()。

AppColdStart 将进行下列操作。

① AppColdStart 将调用函数 vInitSystem()，这一函数将完成以下任务：

- 初始化设备的 IEEE 802.15.4 的协议栈。
- 设置 PAN ID 和 PAN Co-ordinator 的短地址，在这个应用中这些参数都由用户预定义在 config.h 这个文件中。
- 打开射频接收器。
- 使 Co-ordinator 可以接收其他的设备加入网络。

② AppColdStart()会调用 vStartEnergyScan()，这一函数将会开始在各个通道进行能量扫描以获得各个通道的能量级别。所扫描的通道以及速率都定义在 config.h 中。扫描将通过初始化一个 MLME 请求并将其发送给 IEEE 802.15.4 的 MAC 层来实现。

③ AppColdStart()将通过调用 vProcessEventQueues()的方式等待 MLME 的回应。vProcessEventQueues()函数将检查三个不同类型的事件队列并将接收到的事件交给不同的事件处理函数来处理。比如该函数将调用 vProcessIncomingMlme()函数来处理 MLME 回应，调用 vHandleEnergyScanResponse()来处理能量检测扫描的回应结果。这个函数将检查所有通道的能量级别，并挑选一个最安静的通道来建立网络。接下来将调用 vStartCoordinator()函数，这个函数将设置必要的参数并且递交 MLME 请求来启动网络，启动网络的请求不需要处理任何的回复信息。

④ AppColdStart()循环调用 vProcessEventQueues()来等待其他设备加入网络的请求，入网请求将以 MLME 请求的方式发送到协调器。当请求到达时，函数将调用 vHandleNodeAssociation 来处理。接下来，协调器将创建并发送入网请求回复。

⑤ AppColdStart 将循环调用 vProcessEventQueues 来处理来自 MCPS 的消息队列和来自硬件的消息队列。

➢ 数据到达 MCPS 队列后，vProcessEventQueues 首先调用函数 vProcessIncomingMcps()来接收到达的数据帧，而 vProcessIncomingMcps()则用 vHandleMcpsDataInd()，此函数将调用 vProcessReceivedDataPacket，在这里用户可以定义自己的数据处理过程。

➢ 硬件事件到达硬件队列后，vProcessEventQueues 将调用函数 vProcessIncomingHwEvent 来接收到来的事件。用户需要在这个函数中定义自己的事件处理过程。请参照图 6-2-8 来理解。

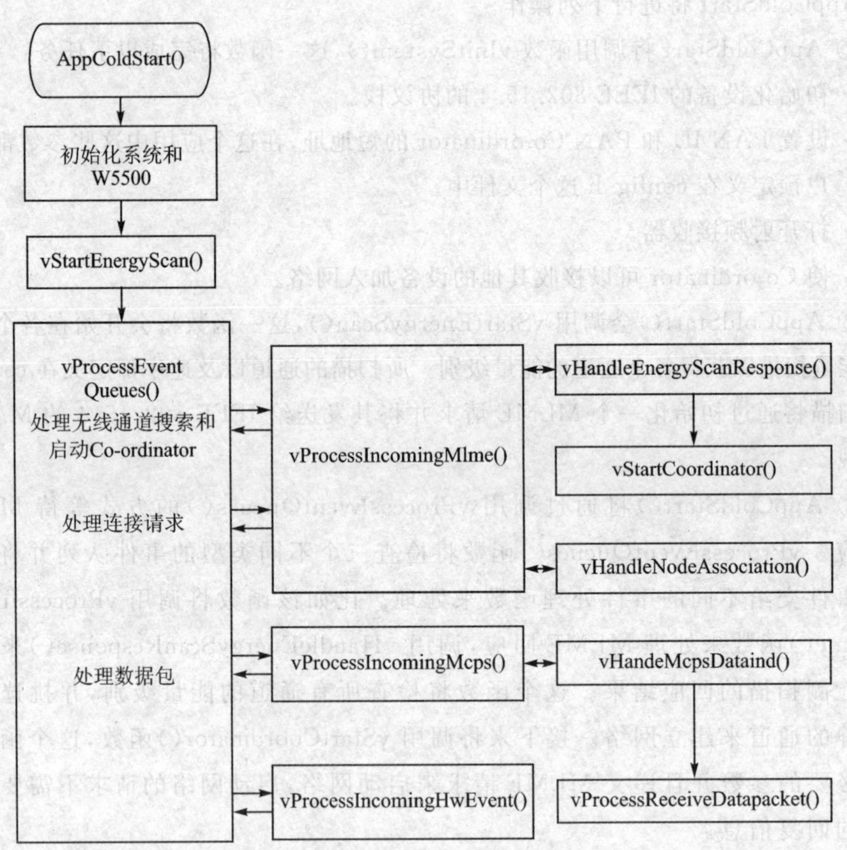


图 6-2-8　Co-ordinator 程序流程图

## 2. enddevice. c 的内容

End Device 的运行过程仍从 AppColdStart 开始。该函数和 Co-ordinator 的运

行方式完全不同。下面详细讲解这个过程。

① AppColdStart 调用 vInitSystem，这个函数将初始化 IEEE 802.15.4 的协议栈。

② AppColdStart()调用 vStartActiveScan()开始对于活动通道的扫描，End Device 将向扫描的通道发送信标请求，并接收 PAN Co-ordinator 的信标请求回应。需要扫描的通道和速率将在 config.h 中定义。扫描请求的初始化和发送的工作可以以 MLME 请求的方式通过 IEEE 802.15.4 的 MAC 层发送。

③ AppColdStart()将通过 vProcessEventQueues 来检查和处理 MLME 回应。这个函数将调用 vProcessIncomingMlme()来处理接收到的 MLME 回应。vHandleActiveScanResponse()会被调用处理返回的活动通道扫描结果：

➢ 如果找到 PAN Co-ordinator，函数将保存相应的 Co-ordinator 信息（如 PAN ID、短地址、逻辑通道），并且调用 vStartAssociate()向 Co-ordinator 来提交入网请求，这一请求将通过 MLME 请求的方式提交。

➢ 如果 PAN Co-ordinator 没有被找到（可能是由于 Co-ordinator 还没有初始化完成），则这一函数将重新调用 vStartActiveScan()来启动扫描。

④ AppColdStart 将循环调用 vProcessEventQueues()等待来自 Co-ordinator 的入网回复。当收到回复后就将调用 vProcessIncomingMlme()，然后调用 vHandleAssociateResponse 来处理回复，接下来的函数将检查回复的状态：

➢ 如果 PAN Co-ordinator 接收了入网请求，将设备置于联网状态。

➢ 如果 PAN Co-ordinator 拒绝了入网请求，函数就将重新调用 vStartActiveScan()来开始搜索另外一个 PAN Co-ordinator。

⑤ AppColdStart()接下来将循环调用 vProcessEventQueues 来等待来自 PAN Co-ordinator 的 MCPS 信息或者硬件的队列信息：

➢ 当数据到达了 MCPS 队列时，vProcessEventQueue()首先使用函数 vProcessIncomingMcps()来接收数据帧，接着调用 vHandleMcpsDataInd()，接着调用 vProcessReceivedDataPacket()，开发人员可以在这个函数里编写自己的数据处理过程。

➢ 当硬件事件到达硬件事件队列时，vProcessEventQueues()将调用 vProcessIncomingHwEvent()来接收到达的事件，开发人员可以在这个过程中编写自己的事件处理逻辑。

图 6-2-9 所示为 End Device 的工作过程。

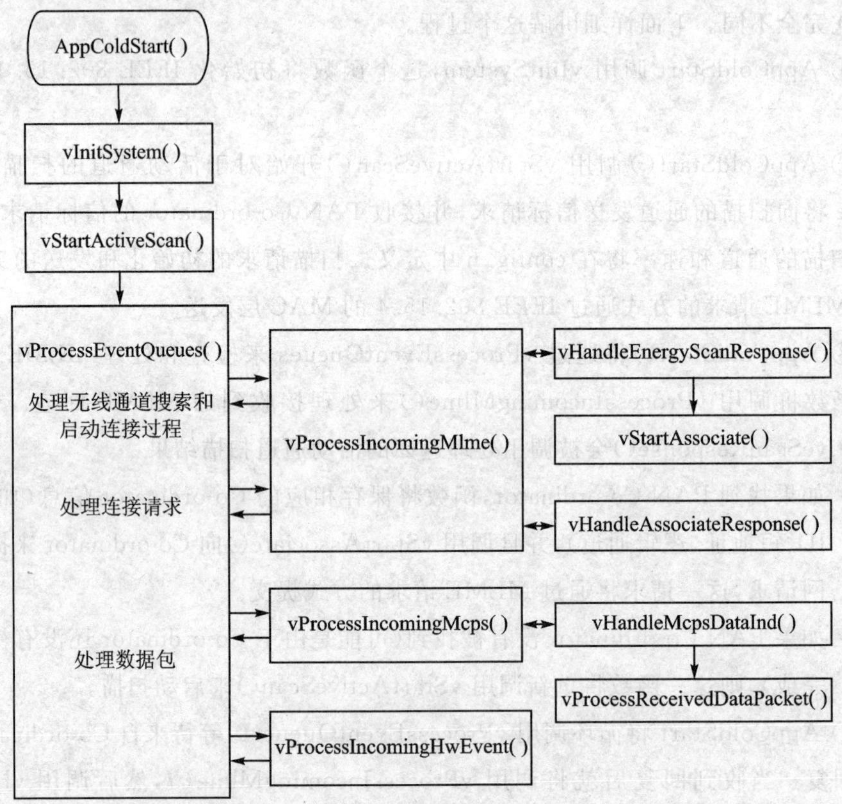


**图 6-2-9　End Device 程序流程图**

## 6.2.6　W5500 驱动

Co-ordinator 作为网络的中心，通常也是数据汇聚的中心，这是因为我们在 Co-ordinator 的代码中加入 W5500 的驱动来实现 ZigBee 转以太网的功能。

硬件连接上 W5500 作为 SPI Slave 工作，使用的 I/O 引脚如表 6-2-3 所列。

**表 6-2-3　I/O 引脚**

| 信号说明 | JN5168 | W5500 模块 |
|---|---|---|
| SPICLK | DIO0 | SCLK |
| SPIMISO | DIO1 | MOSI |
| SPIMOSI | DIO18 | MISO |
| SPISEL0 | DIO19 | SCSn |

在系统的初始化 vInitSystem()中加入 W5500 的初始化程序代码：

```
//初始化和 W5500 连接的 SPI
vAHI_SpiConfigure(1, E_AHI_SPIM_MSB_FIRST, E_AHI_SPIM_TXPOS_EDGE,
                                E_AHI_SPIM_RXPOS_EDGE, 1, E_AHI_SPIM_INT_DISABLE,
```

```
E_AHI_SPIM_AUTOSLAVE_DSABL);
```

使用 Eclipse IDE 环境，在工程文件中添加 W5500 的驱动，如图 6-2-10 所示。

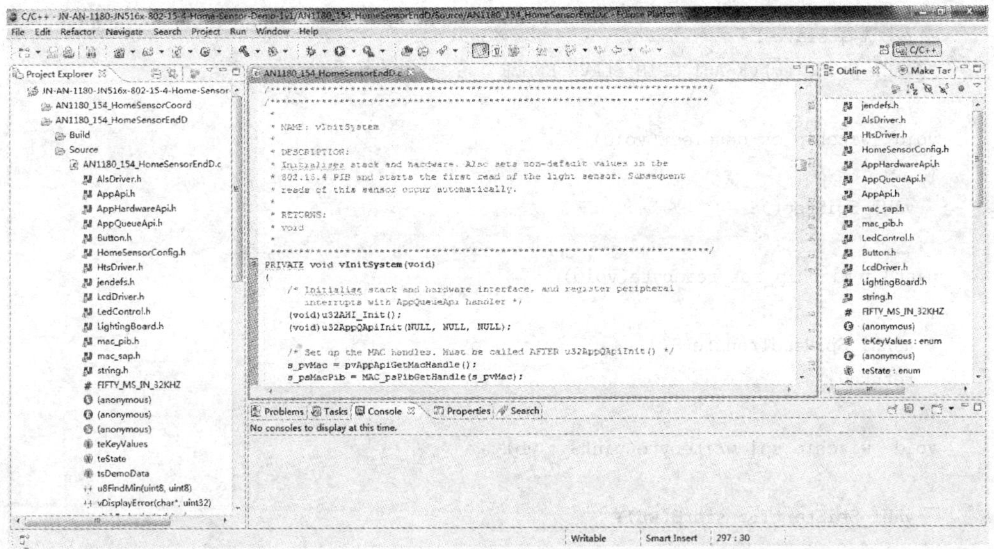


图 6-2-10 Eclipse IDE

在工程导航栏可以看到如图 6-2-11 所示的列表。

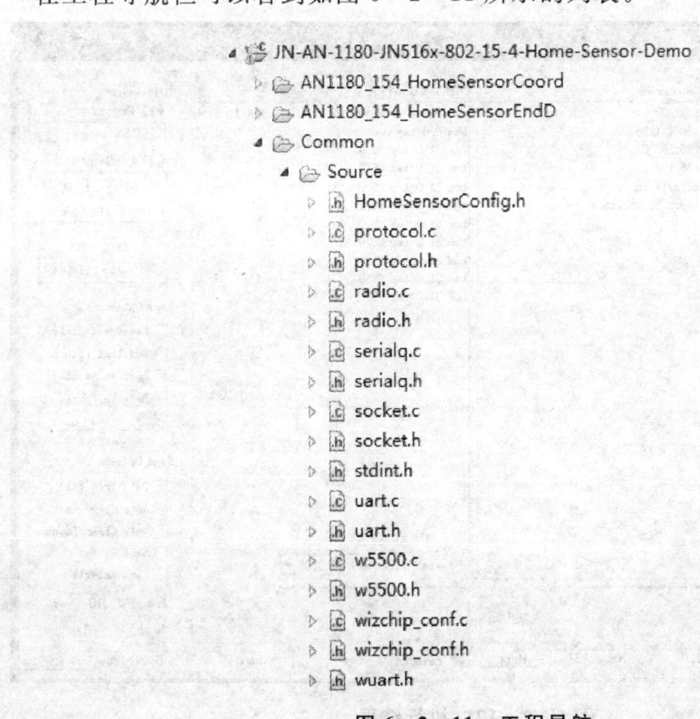


图 6-2-11 工程导航

然后，把 wizchip_conf.c 中的接口代码替换为 JN5168 的 SPI 函数：

```
void  wizchip_cs_select(void)
{
  /* 选择 slave 1 */
  vAHI_SpiSelect(E_AHI_SPIM_SLAVE_ENBLE_1);
  };
void  wizchip_cs_deselect(void)
{
  vAHI_SpiStop();
};
uint8_t wizchip_spi_readbyte(void)
{
  u8AHI_SpiReadTransfer8();
  return0;
};
void  wizchip_spi_writebyte(uint8_t wb)
{
  vAHI_SpiStartTransfer8(wb);
}
```

这样就完成了代码，现在可以看到无线 IEEE 802.15.4 和以太网 W5500 的数据转接，如图 6-2-12 所示。

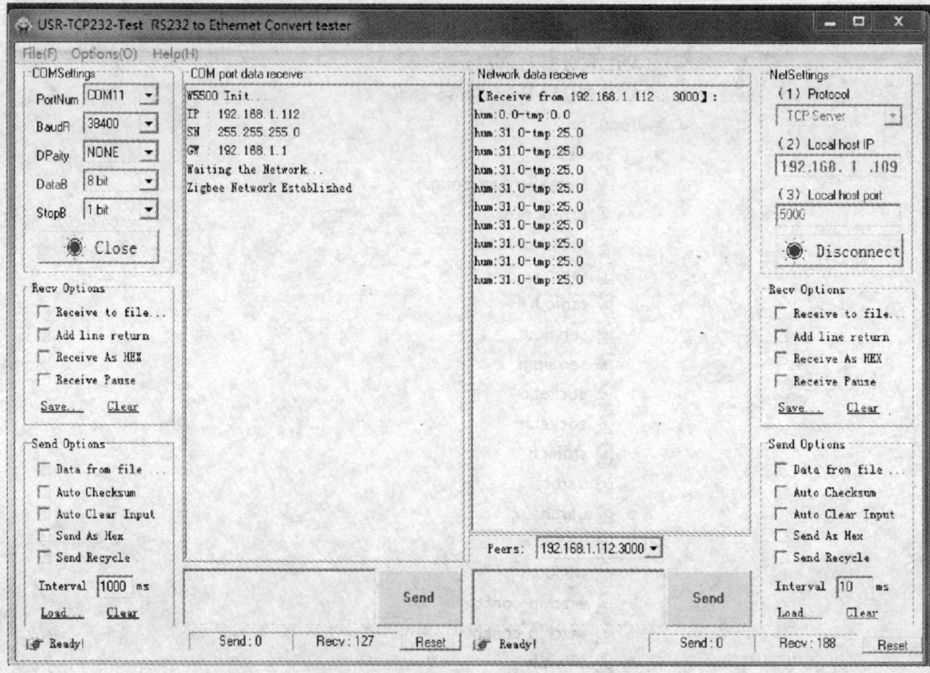


图 6-2-12 执行结果

### 6.2.7 小 结

在无线通信领域，相较于蓝牙技术和 WiFi 技术，ZigBee 技术有着成本低、功耗低和复杂度低的特点，非常适合于用电池供电的设备。大量的 ZigBee 设备会生成大量的数据，这些数据不可能完全交给协调器来处理、分析，而将协调器接入互联网即可完美地解决这样的问题。配合 W5500，协调器也就变成了 ZigBee 和以太网的网关，从而使无线 ZigBee 网络轻松接入互联网。

结合前几章的内容，如果把与云平台连接的功能也加入该网关的话，那么将很容易实现真正的物联网。

# 附录 A

# W5500 简介

## A.1 以太网控制芯片 W5500 的特点及结构

通常采用的计算机网络体系结构分为 5 层，分别是物理层（PHY）、数据链路层（MAC）、网络层（IP）、传输层（Transport）以及应用层（Application）。传统的以太网控制器将 PHY 和 MAC 整合到同一个芯片中，然后通过软件方式实现 IP 层及以上协议。例如，ENC28J60 就是一款内置物理层（PHY）和数据链路层（MAC）的以太网控制芯片，要实现单片机与网络的互联必须使用软件实现 TCP/IP 协议栈。对芯片厂商来说，必须提供基本的通信协议，如 TCP、UDP 等的软件代码；对用户来说，则必须掌握一定的以太网技术以及各种协议的知识，这需要花费较多的学习时间才能掌握。一个完整系统的实现一般需要耗费很多时间。尤其对于低端的 8 位单片机来说，TCP/IP 协议栈的软件实现方法会给 MCU 带来过重的负载，甚至有可能无法完成数据通信功能。

韩国 WIZnet 公司生产的以太网控制芯片 W5500 整合了 5 层结构中的前 4 层，即物理层、数据链路层、网络层和传输层，并在内部利用硬件实现了 TCP/IP 协议栈。开发者不需具备专业的网络知识即可使用 W5500。它为用户提供了最简单的网络接入方法。全硬件 TCP/IP 协议栈完全独立于主控芯片，可以降低主芯片负载且无须移植繁琐的 TCP/IP 协议栈，便于产品实现网络化更新。

## A.2 W5500 的特点

以太网控制芯片 W5500 具有以下特点：

- W5500 支持硬件 TCP/IP 协议，包括 TCP、UDP、ICMP、IPv4、ARP、IGMP、PPPoE 和以太网的 PHY 和 MAC 层，TCP/IP 协议的硬件实现，使得应用协议的实现更简单；
- 支持 8 个独立的 Socket 同时工作在不同的工作模式；
- 支持掉电模式，并支持网络唤醒，最大程度地减少功率消耗和发热；

➢ 支持高速 SPI 接口(SPI MODE 0 和 3),SPI 的时钟频率最高可达到 80 MHz,极大地提高了网络通信的数据传输速率;
➢ 内部集成 32 KB 存储器用于发送/接收缓存;
➢ 内嵌 10Base-T/100Base-TX 以太网物理层(PHY);
➢ 支持自动协商(10/100-Based 全双工/半双工);
➢ 不支持 IP 分片;
➢ 工作电压为 3.3 V,但 I/O 信号口可承受 5 V 电压;
➢ 具有多功能 LED 指示输出(全双工/半双工、网络连接、网络速度以及活动状态等);
➢ 48 引脚 LQFP 无铅封装(7×7 mm, 0.5 mm 间距)。

W5500 适用于以下的嵌入式网络系统应用:

➢ 家用网络设备,如机顶盒、数字录放设备、网络摄像机;
➢ 串口转以太网,如存储控制器、LED 显示器、无线应用中继等;
➢ 并口转以太网,如 POS 机、微型打印机、复印机;
➢ USB 转以太网,如存储设备、网络打印机;
➢ GPIO 转以太网,如家用网络传感器;
➢ 安全系统,如数字录像机、网络摄像机、信息亭;
➢ 工厂和建筑自动化;
➢ 医疗监控设备;
➢ 嵌入式服务器。

## A.3 W5500 的结构

### 1. W5500 的内部结构

W5500 的功能框图如图 A-1 所示。

由图 A-1 可以看出,W5500 集成了网络通信的所有协议部件,通过 SPI 接口与微控制器(MCU)连接就可以实现以太网通信的应用,不需要处理复杂的以太网控制。W5500 的 SPI 接口可以支持高达 80 MHz 的时钟。为了降低系统功耗,W5500 支持 WOL(网络唤醒功能)和低功耗模式。在网络唤醒期间,W5500 要接收一个魔术数据包(Magic Packet),这是一个以太网底层的数据包。

### 2. W5500 的引脚

W5500 采用 QFN-48 封装,其引脚图如图 A-2 所示。W5500 引脚描述见表 A-1。PHY 工作模式选择引脚见表 A-2。

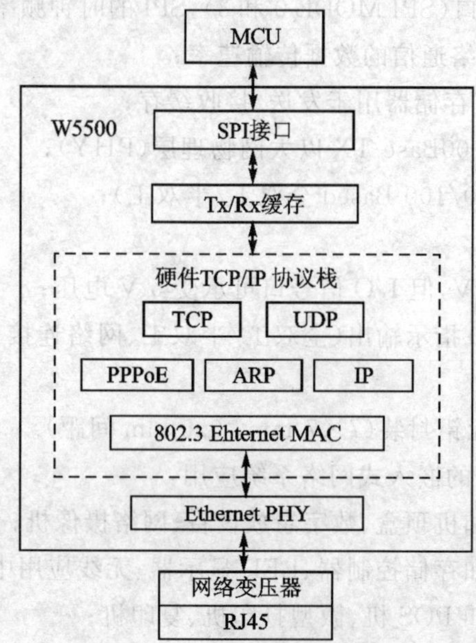


图 A-1　W5500 功能框图

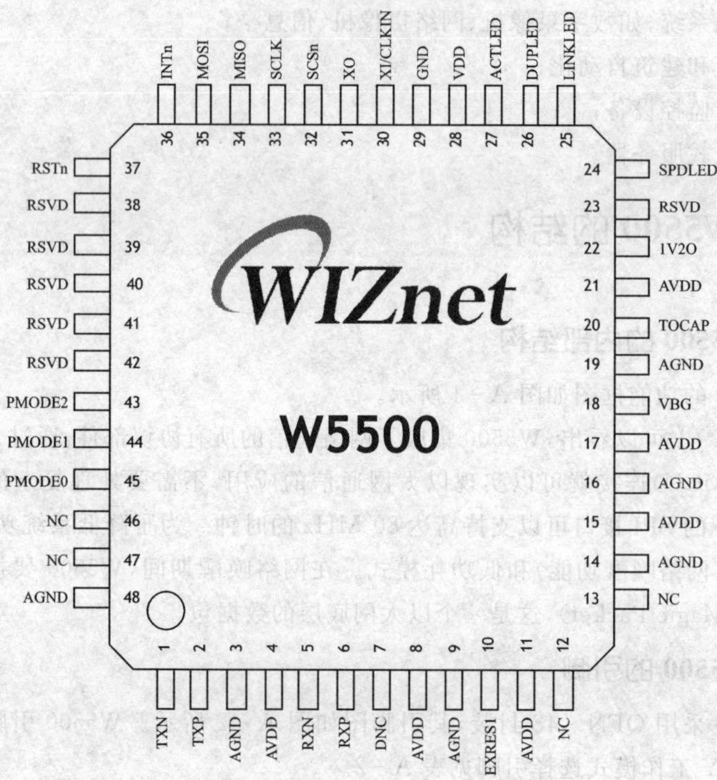


图 A-2　W5500 的引脚图

表 A-1　W5500 引脚描述

| 引脚编号 | 符　号 | 类　型 | 说　明 |
|---|---|---|---|
| 1 | TXN | AO | TXP/TXN 信号对(TXP/TXN Signal Pair)差分信号传输 |
| 2 | TXP | AO | |
| 3 | AGND | GND | 模拟地(Analog Ground) |
| 4 | AVDD | PWR | 模拟 3.3 V 电源(Analog 3.3 V Power) |
| 5 | RXN | AI | RXP/RXN 信号对(RXP/RXN Signal Pair)差分信号接收 |
| 6 | RXP | AI | |
| 7 | DNC | AI/O | 未连接引脚(Do Not connect Pin) |
| 8 | AVDD | PWR | 模拟 3.3 V 电源(Analog 3.3 V Power) |
| 9 | AGND | GND | 模拟地(Analog Ground) |
| 10 | EXRES1 | AI/O | 外部参考电阻(External Reference Resistor)。该引脚需要连接一个精度为 1% 的 12.4 kΩ 外部参考电阻,为内部模拟电路提供偏压详细内容请参考"W5500 数据手册" |
| 11 | AVDD | PWR | 模拟 3.3 V(Analog 3.3 V Power) |
| 12 | | | NC |
| 13 | | | NC |
| 14 | AGND | GND | 模拟地(Analog Ground) |
| 15 | AVDD | PWR | 模拟 3.3 V(Analog 3.3 V Power) |
| 16 | AGND | GND | 模拟地(Analog Ground) |
| 17 | AVDD | PWR | 模拟 3.3 V(Analog 3.3 V Power) |
| 18 | VBG | AO | 带隙输出电压(Band Gap Output Voltage)。该引脚在 25 ℃环境中测量为 1.2 V,必须悬空 |
| 19 | AGND | GND | 模拟地(Analog Ground) |
| 20 | TOCAP | AO | 外部参考电容(External Reference Capacitor)。该引脚必须连接一个 4.7 μF 电容,而且至该电容的走线要尽量短一些,从而保证内部信号的稳定 |
| 21 | AVDD | PWR | 模拟 3.3 V(Analog 3.3 V Power) |
| 22 | 1V2O | AO | 1.2 V 输出稳压(1.2 V Regulator Output Voltage)。该引脚必须连接一个 10 nF 电容;这是内部稳压器的输出电压 |
| 23 | RSVD | I | 该引脚必须接地 |
| 24 | SPDLED | O | 网络速度指示灯(Speed LED)<br>显示当前连接的网络速度状态:<br>低电平——100 Mbps;<br>高电平——10 Mbps |

续表 A-1

| 引脚编号 | 符 号 | 类 型 | 说 明 |
|---|---|---|---|
| 25 | LINKLED | O | 网络连接指示灯(Link LED)。<br>显示当前连接状态：<br>低电平——连接建立；<br>高电平——未连接 |
| 26 | DUPLED | O | 全/半双工指示灯(Duplex LED)。<br>显示当前连接的双工状态：<br>低电平——全双工状态；<br>高电平——半双工状态 |
| 27 | ACTLED | O | 活动状态指示灯(Active LED)。<br>显示数据收/发活动时，物理介质子层的载波监听活动情况：<br>低电平——有物理介质子层的载波监听信号；<br>高电平——无物理介质子层的载波监听信号 |
| 28 | VDD | PWR | 数字 3.3 V(Digital 3.3 V Power)。 |
| 29 | GND | GND | 数字地(Digital Ground) |
| 30 | XI/CLKIN | AI | 外部时钟输入晶振(Crystal Input / External Clock Input)。<br>外部 25 MHz 晶振输入。<br>这个引脚也可以连接单向 TTL 晶振。3.3 V 时钟须采用外部时钟输入。如果采用该方式，XO 引脚需要悬空。<br>详情参考"W5500 数据手册" |
| 31 | XO | AO | 外部时钟输入晶振输出(Crystal Output)。<br>外部 25 MHz 晶振输出。<br>注意：如果通过 XI/CLKIN 驱动使用外部时钟，则该引脚悬空 |
| 32 | SCSn | I | 片选(Chip Select for SPI Bus)。<br>选用 W5500 的 SPI 接口，该引脚低电平有效：<br>低电平——选用；<br>高电平——不选用 |
| 33 | SCLK | I | SPI 时钟输入(SPI Clock Input)。<br>该引脚用于接收 SPI 主机的 SPI 时钟信号 |
| 34 | MISO | O | SPI 主机输入从机(W5500)输出 |
| 35 | MOSI | I | SPI 主机输出从机(W5500)输入 |
| 36 | INTn | O | 中断输出(Interrupt Output)。<br>低电平有效；<br>低电平——W5500 的中断生效；<br>高电平——无中断 |

续表 A-1

| 引脚编号 | 符 号 | 类 型 | 说 明 |
|---|---|---|---|
| 37 | RSTn | I | 重置(Reset)。<br>低电平有效。<br>该引脚需要保持低电平至少 500 μs,才能重置 W5500 |
| 38 | RSVD | I | 必须接地 |
| 39 | RSVD | I | 必须接地 |
| 40 | RSVD | I | 必须接地 |
| 41 | RSVD | I | 必须接地 |
| 42 | RSVD | I | 必须接地 |
| 43 | PMODE2 | I | PHY 工作模式选择引脚决定了网络工作模式。详情请参考表 A-2 |
| 44 | PMODE1 | I | |
| 45 | PMODE0 | I | |
| 46 | | | NC |
| 47 | | | NC |
| 48 | AGND | GND | 模拟地(Analog Ground) |

表 A-2 PHY 工作模式选择引脚

| PMODE [2:0] | | | 说 明 |
|---|---|---|---|
| 位 2 | 位 1 | 位 0 | |
| 0 | 0 | 0 | 10Base-T 半双工,关闭自动协商 |
| 0 | 0 | 1 | 10Base-T 全双工,关闭自动协商 |
| 0 | 1 | 0 | 100Base-T 半双工,关闭自动协商 |
| 0 | 1 | 1 | 100Base-T 全双工,关闭自动协商 |
| 1 | 0 | 0 | 100Base-T 半双工,启用自动协商 |
| 1 | 0 | 1 | 未启用 |
| 1 | 1 | 0 | 未启用 |
| 1 | 1 | 1 | 所有功能,启动自动协商 |

## A.4 W5500 的存储器和寄存器

W5500 的存储器由通用寄存器、端口(Socket)寄存器、TX 存储器以及 RX 存储器组成。W5500 的寄存器及内存构成如图 A-3 所示。

由于 W5500 已经硬件实现了 TCP/IP 的协议栈,因此,在应用中要做的就是通过配置其寄存器,将一些网络信息(如物理地址、IP 地址、子网掩码以及网关地址)写

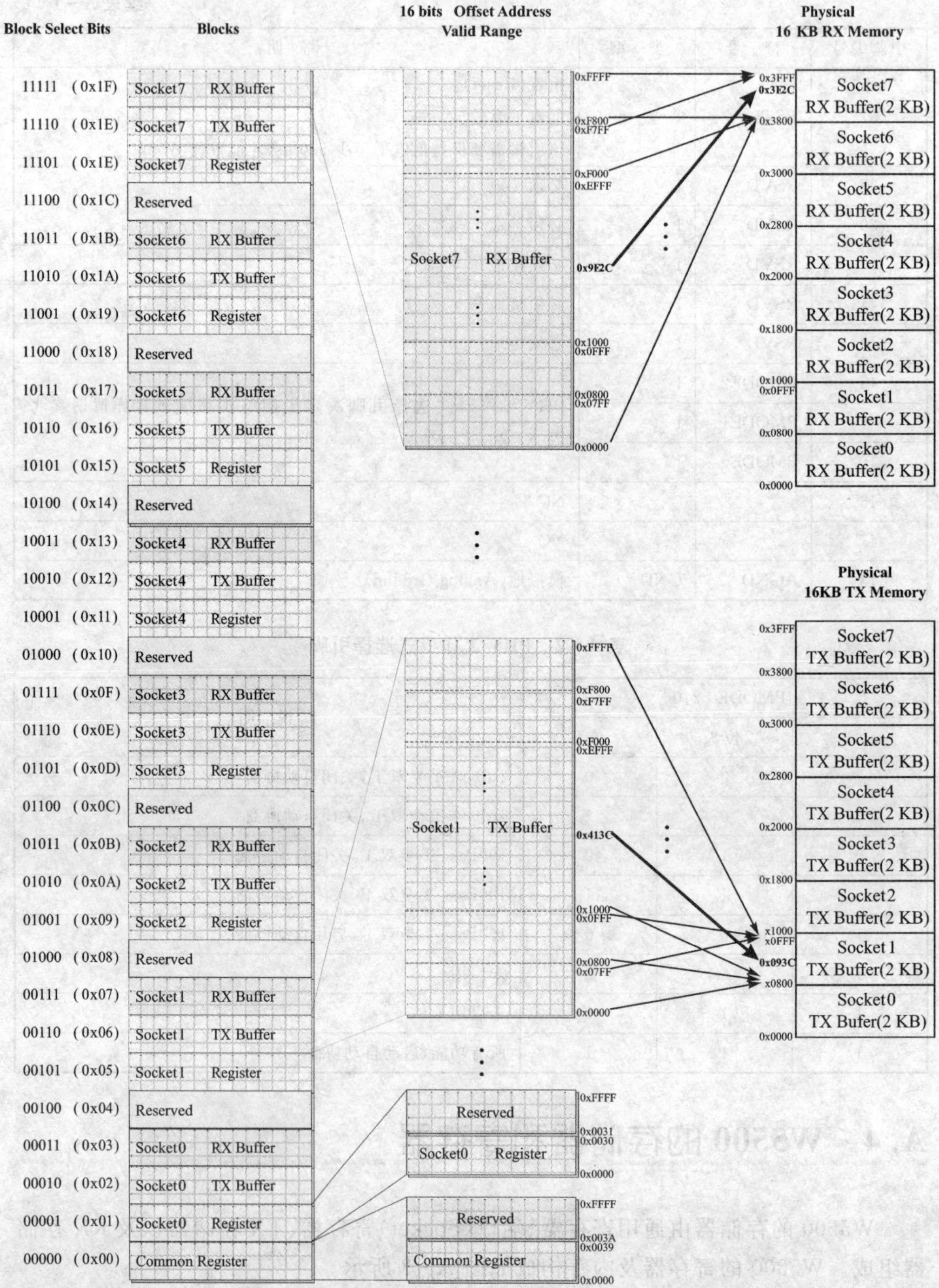

| Block Select Bits | Blocks |
|---|---|
| 11111 (0x1F) | Socket7 RX Buffer |
| 11110 (0x1E) | Socket7 TX Buffer |
| 11101 (0x1E) | Socket7 Register |
| 11100 (0x1C) | Reserved |
| 11011 (0x1B) | Socket6 RX Buffer |
| 11010 (0x1A) | Socket6 TX Buffer |
| 11001 (0x19) | Socket6 Register |
| 11000 (0x18) | Reserved |
| 10111 (0x17) | Socket5 RX Buffer |
| 10110 (0x16) | Socket5 TX Buffer |
| 10101 (0x15) | Socket5 Register |
| 10100 (0x14) | Reserved |
| 10011 (0x13) | Socket4 RX Buffer |
| 10010 (0x12) | Socket4 TX Buffer |
| 10001 (0x11) | Socket4 Register |
| 01000 (0x10) | Reserved |
| 01111 (0x0F) | Socket3 RX Buffer |
| 01110 (0x0E) | Socket3 TX Buffer |
| 01101 (0x0D) | Socket3 Register |
| 01100 (0x0C) | Reserved |
| 01011 (0x0B) | Socket2 RX Buffer |
| 01010 (0x0A) | Socket2 TX Buffer |
| 01001 (0x09) | Socket2 Register |
| 01000 (0x08) | Reserved |
| 00111 (0x07) | Socket1 RX Buffer |
| 00110 (0x06) | Socket1 TX Buffer |
| 00101 (0x05) | Socket1 Register |
| 00100 (0x04) | Reserved |
| 00011 (0x03) | Socket0 RX Buffer |
| 00010 (0x02) | Socket0 TX Buffer |
| 00001 (0x01) | Socket0 Register |
| 00000 (0x00) | Common Register |

16 bits Offset Address Valid Range

Socket7 RX Buffer: 0xFFFF, 0xF800, 0xF7FF, 0xF000, 0xEFFF, 0x9E2C, 0x1000, 0x0FFF, 0x0800, 0x07FF, 0x0000

Socket1 TX Buffer: 0xFFFF, 0xF800, 0xF7FF, 0xF000, 0xEFFF, 0x413C, 0x1000, 0x0FFF, 0x0800, 0x07FF, 0x0000

Socket0 Register: Reserved 0xFFFF–0x0031; Socket0 Register 0x0030–0x0000

Common Register: Reserved 0xFFFF–0x003A; Common Register 0x0039–0x0000

Physical 16 KB RX Memory

| | |
|---|---|
| 0x3FFF / 0x3E2C | Socket7 RX Buffer(2 KB) |
| 0x3800 | Socket6 RX Buffer(2 KB) |
| 0x3000 | Socket5 RX Buffer(2 KB) |
| 0x2800 | Socket4 RX Buffer(2 KB) |
| 0x2000 | Socket3 RX Buffer(2 KB) |
| 0x1800 | Socket2 RX Buffer(2 KB) |
| 0x1000 / 0x0FFF | Socket1 RX Buffer(2 KB) |
| 0x0800 | Socket0 RX Buffer(2 KB) |
| 0x0000 | |

Physical 16KB TX Memory

| | |
|---|---|
| 0x3FFF | Socket7 TX Buffer(2 KB) |
| 0x3800 | Socket6 TX Buffer(2 KB) |
| 0x3000 | Socket5 TX Buffer(2 KB) |
| 0x2800 | Socket4 TX Buffer(2 KB) |
| 0x2000 | Socket3 TX Buffer(2 KB) |
| 0x1800 | Socket2 TX Buffer(2 KB) |
| x1000 / x0FFF / 0x093C | Socket1 TX Buffer(2 KB) |
| x0800 | Socket0 TX Bufer(2 KB) |
| 0x0000 | |

图 A－3　W5500 寄存器及内存构成

入特定寄存器，便可轻松实现 W5500 与远端计算机的物理连接（可以使用 Ping 命令查看物理连接是否成功），然后再通过发送特定的命令使其实现与网络的互联。

为了实现网络连接功能，W5500 配置了通用寄存器和 Socket 寄存器。下面介绍 W5500 各寄存器的功能，以便于后续的运用。在描述中，遵循如下的表示格式：

**寄存器名称 [可读/写标志][地址][复位值]**

例如：MR（模式寄存器） [R/W] [0x0000] [0x00]，表示模式寄存器 MR，可读可写，地址为 0x0000，复位值为 0x00。

## 1. 通用寄存器

### (1) 模式寄存器 MR [R/W] [0x0000] [0x00]

该寄存器用于实现软件复位，并可设置 Ping 允许控制和 PPPoE 允许控制。各位定义见表 A-3。

**表 A-3 模拟寄存器 MR**

| 位 | B7 | B6 | B5 | B4 | B3 | B2 | B1 | B0 |
|---|---|---|---|---|---|---|---|---|
| 含 义 | RST | Reserved | WOL | PB | PPPoE | Reserved | FARP | Reserved |

B7(RST)：软件复位位。该位置 1 时内部寄存器将被初始化，复位后该位自动清 0。

B6：保留位。

B5(WOL)：网络唤醒。

0：关闭网络唤醒；1：开启网络唤醒

如果启用网络唤醒，且正常接收到 UDP 发来的 Magic Packet，将会使中断(INTn)引脚拉低。当使用网络唤醒，无论是任何源端口号都需要对 UDP Socket 端口开启。具体请参考 Socketn 模式寄存器(Sn_MR)开启 Socket 部分。注意：W5500 支持的 Magic Packet 通过 UDP 传输，UDP 负载包括 6 字节的同步流(0xFFFFFFFFFFFF)和 16 个目标 MAC 地址流。关于密码的设置将被忽略。用户可以使用任何 UDP 源端口作为网络唤醒使用。

B4(PB)：Ping 功能允许控制位。如果该位设置为 1，将不响应 Ping 请求。

0：允许 Ping 功能；1：禁止 Ping 功能。

B3(PPPoE)：PPPoE 模式允许控制位。

0：禁止 PPPoE 模式；1：允许 PPPoE 模式。

如果用户没有经过路由器而直接使用 ADSL，则该位需要置 1，与 ADSL 服务器连接。

B2：保留位。

B1(FARP)：强迫 ARP 模式。该位置 0 时关闭强迫 ARP 模式。

B0：保留位。

**(2) 网关 IP 地址寄存器 GAR [R/W][0x0001 ~ 0x0004][0x00]**

这些寄存器设置默认的网关 IP 地址。例如,设网关 IP 地址为 219.231.155.254,则这些寄存器的值如表 A-4 所列。

**表 A-4 网关 IP 地址寄存器 GAR**

| 偏移量 | 0x0001 | 0x0002 | 0x0003 | 0x0004 |
|---|---|---|---|---|
| 设置值 | 219(0xDB) | 231(0xE7) | 155(0x9B) | 254(0xFE) |

**(3) 子网掩码寄存器 SUBR [R/W][0x0005 ~ 0x0008][0x00]**

这些寄存器设置子网掩码。例如,假设子网掩码值为 255.255.255.0,则这些寄存器的值如表 A-5 所列。

**表 A-5 子网掩码寄存器 SUBR**

| 偏移量 | 0x0005 | 0x0006 | 0x0007 | 0x0008 |
|---|---|---|---|---|
| 设置值 | 255(0xFF) | 255(0xFF) | 255(0xFF) | 0(0x00) |

**(4) 本机物理地址寄存器 SHAR [R/W][0x0009 ~ 0x000E][0x00]**

这些寄存器设置本机物理地址。例如,假设本机物理地址为 00.08.DC.01.02.03,则这些寄存器的值如表 A-6 所列。

**表 A-6 本机物理地址寄存器 SHAR**

| 偏移量 | 0x0009 | 0x000A | 0x000B | 0x000C | 0x000D | 0x000E |
|---|---|---|---|---|---|---|
| 设置值 | 0x00 | 0x08 | 0xDC | 0x01 | 0x02 | 0x03 |

**(5) 本机 IP 地址寄存器 SIPR [R/W][0x000F ~ 0x0012][0x00]**

这些寄存器用于设置本机 IP 地址。例如,假设本机 IP 地址为:219.231.155.2,则这些寄存器的值如表 A-7 所列。

**表 A-7 本机 IP 地址寄存器 SIPR**

| 偏移量 | 0x000F | 0x0010 | 0x0011 | 0x0012 |
|---|---|---|---|---|
| 设置值 | 219(0xDB) | 231(0xE7) | 155(0x9B) | 2(0x02) |

**(6) 低电平中断定时器寄存器 INTLEVEL [R/W][0x0013~0x0014][0x0000]**

该寄存器用于设置中断生效等待的时间(IAWT)。当下一个中断触发时,中断引脚将会在 INTLEVEL 时间后拉低中断引脚(INTn),如图 A-4 所示。

**(7) 中断寄存器 IR [R/W][0x0015][0x00]**

该寄存器指明了中断的状态。IR 的每一位都是 0,直到被主机写为 1。如果 IR 不等于 0x00,则 INTn 引脚将会被拉低。直到其变为 0x00 时,INTn 才会被拉高。请参考表 A-8。

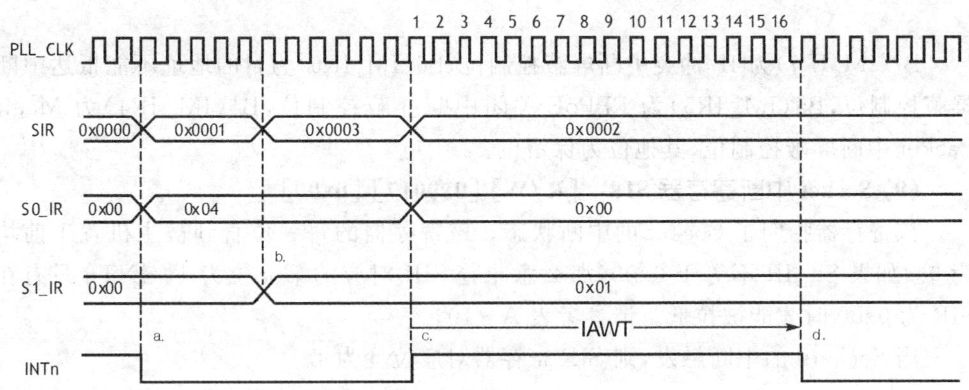


图 A-4　INTLEVEL 时序

表 A-8　中断寄存器 IR

| 位 | B7 | B6 | B5 | B4 | B3 | B2 | B1 | B0 |
|---|---|---|---|---|---|---|---|---|
| 含 义 | CONFLICT | UNREACH | PPPoE | MP | Reserved | Reserved | Reserved | Reserved |

B7(CONFLICT):IP 地址冲突标志位。当收到一个相同 IP 地址的 ARP 请求时,该位置 1;向该位写 1 则清 0。

B6(UNREACH):目标不可抵达标志位。当接收到 ICMP(目的端口不可达)包后,该位置 1。当该位为 1 时,通过相应的 UIPR & UPORTR 可查询到目标信息,如 IP 地址和端口号。

B5(PPPoE):PPPoE 连接关闭标志位。在 PPPoE 模式下,如果 PPPoE 连接关闭,则该位置 1;向该位写 1 则清 0。

B4(MP):Magic Packet。当网络唤醒模式启用并通过 UDP 接收到 Magic Packet网络唤醒包时,该位生效。

B3～B0:保留位。

主处理器通过访问该寄存器可以获得产生中断的类型。任何中断都可以通过中断屏蔽寄存器 IMR 进行屏蔽。一旦相应的中断屏蔽位被设置,则该寄存器的位置 1,INT 引脚将保持低电平,一直到该寄存器的位都被清 0。

**(8) 中断屏蔽寄存器 IMR　[R/W][0x0016][0x00]**

该寄存器用于屏蔽中断。每个中断屏蔽寄存器中的位对应中断寄存器(IR)中的位。如果中断屏蔽寄存器的位被置 1,相应的中断寄存器(IR)中的位被置 1 时,将产生一个中断。如果中断屏蔽寄存器的位清 0,那么相对应的中断寄存器的位置 1 时不会产生中断。各位定义见表 A-9。

表 A-9　中断屏蔽寄存器 IMR

| 位 | B7 | B6 | B5 | B4 | B3 | B2 | B1 | B0 |
|---|---|---|---|---|---|---|---|---|
| 设置值 | IM_IR7 | IM_IR6 | IM_IR5 | IM_IR4 | Reserved | Reserved | Reserved | Reserved |

B7(IM_IR7)为 IP 冲突中断屏蔽控制位，B6(IM_IR6)为目的地址不能抵达中断屏蔽控制位，B5(IM_IR5)为 PPPoE 关闭中断屏蔽控制位，B4(IM_IR4)为 Magic Packet 中断屏蔽控制位，其他位为保留位。

**(9) Socket 中断寄存器 SIR [R/W][0x0017][0x00]**

该寄存器指明了 Socket 的中断状态。该寄存器的每一位直到被主机置 1 前均为 0。如果 Sn_IR 不等于 0x00，那么意味着 SIR 对应的第 $n$ 位为 1。INTn 只有在 SIR 为 0x00 时才能被拉低。请参考表 A-10。

当 Socketn 的中断触发，则 SIR 寄存器对应位变为 1。

**表 A-10 Socket 中断寄存器 SIR**

| 位 | B7 | B6 | B5 | B4 | B3 | B2 | B1 | B0 |
|---|---|---|---|---|---|---|---|---|
| 设置值 | S7_INT | S6_INT | S5_INT | S4_INT | S3_INT | S2_INT | S1_INT | S0_INT |

**(10) Socket 中断屏蔽寄存器 SIMR [R/W][0x0018][0x00]**

该寄存器中的每一位都对应 SIR 的相应位。当 SIMR 的一位为 1，而 SIR 的对应位为 1 时，中断将被触发。换而言之，如果 SIMR 的一位为 0，那么即使 SIR 对应位为 1，中断将不会被触发。请参考表 A-11。

**表 A-11 Socket 中断屏蔽寄存器 SIMR**

| 位 | B7 | B6 | B5 | B4 | B3 | B2 | B1 | B0 |
|---|---|---|---|---|---|---|---|---|
| 含　义 | S7_IMR | S6_IMR | S5_IMR | S4_IMR | S3_IMR | S2_IMR | S1_IMR | S0_IMR |

**(11) 重试时间值寄存器 RTR [R/W][[0x0019 ~ 0x001A][0x07D0]**

当执行 CONNECT、DISCON、CLOSE、SEND、SEND_MAC 和 SEND_KEEP 命令时，如果对端没有响应，或响应延迟，则会产生重新传送的过程。重试时间值寄存器 RTR 用于配置重新传送的超时时间周期(单位是 100 μs)。RTR 复位后的默认设置值为 2 000(0x07D0)，即 200 ms 的超时周期。

例如，当超时时间设置为 400 ms 时，RTR = 400 ms/0.1 ms = 4 000(0x0FA0)，此时 RTR 的值设置如表 A-12 所列。

**表 A-12 重试时间值寄存器 RTR**

| 偏移量 | 0x0019 | 0x001A |
|---|---|---|
| 设置值 | 0x0F | 0xA0 |

**(12) 重试计数寄存器 RCR [R/W][0x001B][0x08]**

该寄存器用于设置重新传送的次数。当重新传送发生的次数超过 RCR+1 时，Socketn 中断寄存器 Sn_IR 的 TIMEOUT 位将被设置为 1，对于 TCP 通信，Socketn 的状态寄存器 Sn_SR 的值将同时改变为 SOCK_CLOSED。

例如，若设置 RCR = 0x0007，则在地址 0x001B 中写入 0x07 即可。

W5500 的超时可以通过 RTR 和 RCR 进行配置。此外，W5500 的超时分为两种，即 ARP 超时和 TCP 重新传送超时。

在进行 ARP 传输时，W5500 自动发送 ARP 请求到 IP 地址的对端，以获得对端的 MAC 地址信息（用于 IP、UDP 或 TCP 的通信）。在等待对端的 ARP 响应时，如果在 RTR 时间内没有得到响应，那么将产生 ARP 超时并重新发送 ARP 请求，直到重复 RCR+1 次。

当 ARP 请求重复 RCR+1 次时仍然没有得到 ARP 响应时，将产生超时中断，并将 Sn_IR(TIMEOUT)置 1。

ARP 请求的最终超时值 $ARP_{TO}$ 由下式确定：

$$ARP_{TO} = (RTR \times 0.1\ \text{ms}) \times (RCR + 1) \tag{A-1}$$

在 TCP 数据包传输过程中，W5500 将发送 TCP 数据包（SYN、FIN、RST、DATA 数据包），并在 RTR 和 RCR 所设定的时间和次数范围内等待对端的响应（ACK）。如果对端没有响应（ACK），将产生超时并重新传送 TCP 数据包，若 TCP 重新发送 RCR+1 次仍然没有得到对端的响应（ACK），则将产生超时中断，Sn_SR 改变为 SOCK_CLOSED，同时 Sn_IR(TIMEOUT)置 1。

TCP 数据包重新传送的最终超时 $TCP_{TO}$ 可以用下式计算：

$$TCP_{TO} = \left[\sum_{N=0}^{M}(RTR \times 2^{N}) + (RCR - M) \times RTR_{MAX}\right] \times 0.1\ \text{ms} \tag{A-2}$$

其中：$N$ 为重发计数，$0 \leqslant N \leqslant M$；$M$ 满足 $RTR \times 2^{(M+1)} > 65\ 535$，并且 $0 \leqslant M \leqslant RCR_{MIN}$；$RTR_{MAX} = RTR \times 2^{M}$。

例如，当 RTR=2 000(0x07D0)，RCR = 8(0x0008)时，则有

$ARP_{TO} = 2\ 000 \times 0.1\ \text{ms} \times 9 = 1\ 800\ \text{ms} = 1.8\ \text{s}$

$TCP_{TO}$ =(0x07D0 + 0x0FA0 + 0x1F40 + 0x3E80 + 0x7D00 + 0xFA00 + 0xFA00 + 0xFA00 + 0xFA00)×0.1 ms

$= [2\ 000 + 4\ 000 + 8\ 000 + 16\ 000 + 32\ 000 + (8 - 4) \times 64\ 000] \times 0.1\ \text{ms}$

$= 318\ 000 \times 0.1\ \text{ms} = 31.8\ \text{s}$

**(13) PPP 连接控制协议请求定时寄存器 PTIMER [R/W][0x001C][0x0028]**

该寄存器配置了 LCP Echo 请求的期限。PTIMER 的值为 1 时，大约是 25 ms。例：如果 PTIMER 是 200，则有 200 × 25 ms=5000 ms = 5 s

**(14) PPP 连接控制协议幻数寄存器 PMAGIC [R/W][0x001D][0x00]**

该寄存器配置了用于 LCP 回应请求的 4 字节幻数(Magic Number)。

该寄存器配置了用于 LCP 回应请求的 4 字节幻数(Magic Number)。例如：如果设置 PMAGIC 寄存器为 0x01，LCP 幻数就是 0x01010101。

**(15) PPPoE 模式下目标 MAC 寄存器 PHAR [R/W] [0x001E ~ 0x0023] [0x0000]**

PHAR 需要在 PPPoE 连接过程中写入 PPPoE 服务器所需的 MAC 地址。

例如,目标 MAC 地址为 00:08:DC:12:34:56,PHAR 的值设置如表 A-13 所列。

表 A-13 PPPoE 模式下目标 MAC 寄存器 PHAR

| 偏移量 | 0x001E | 0x001F | 0x0020 | 0x0021 | 0x0022 | 0x0023 |
|---|---|---|---|---|---|---|
| 设置值 | 0x00 | 0x08 | 0xDC | 0x12 | 0x34 | 0x56 |

**(16) PPPoE 模式下会话 ID 寄存器 PSID [R/W] [0x0024 ~ 0x0025] [0x0000]**

PSID 需要填入 PPPoE 连接过程中需要的 PPPoE 服务器会话 ID。

例如,会话 ID 为 0x1234,PSID 的值设置表 A-14 所列。

表 A-14 PPPoE 模式下会话 ID 寄存器 PSID

| 偏移量 | 0x0024 | 0x0025 |
|---|---|---|
| 设置值 | 18(0x12) | 52(0x34) |

**(17) PPPoE 模式下最大接收单元 PMRU [R/W] [0x0026~0x0027] [0xFFFF]**

PMRU 规定了 PPPoE 模式下的最大接收单元。

例如,PPPoE 模式下最大接收单元为 0x1234,PMRU 的值设置如表 A-15 所列。

表 A-15 PPPoE 模式下最大接收单元 PMRU

| 偏移量 | 0x0026 | 0x0027 |
|---|---|---|
| 设置值 | 18(0x12) | 52(0x34) |

**(18) PPPoE 模式下的认证类型寄存器 PATR [R] [0x001C ~ 0x001D] [0x0000]**

该寄存器通知认证的类型用与 PPPoE 服务器建立连接。W5500 支持两种类型的认证方法,即 PAP 和 CHAP。寄存器的值为 0xC023 时,认证方法为 PAP;寄存器的值为 0xC223 时,认证方法为 CHAP。

**(19) PPPoE 模式下的认证算法寄存器 PPPALGO [R][0x001E][0x00]**

该寄存器保存 PPPoE 模式下的通知认证算法。详细信息请参阅 PPPoE 的应用说明。

**(20) W5500 版本号寄存器 VERSIONR [R][0x001F][0x03]**

该寄存器保存 W5500 的版本号。

**(21) 中断信号低电平时间寄存器 INTLEVEL [R/W][0x0030 ~ 0x0031] [0x0000]**

该寄存器用于设置中断有效等待的时间(IAWT),用于配置 nINT 低电平等待时间,直到产生下一个中断。

**(22) W5500 端口中断寄存器 IR2　[R/W][0x0034][0x00]**

IR2 寄存器用于通知主机 W5500 中的 SOCKET 产生中断。任何中断产生时，IR2 相关的位都将被置 1。当相关的屏蔽位被设置为 1 时，nINT 信号输出低电平。nINT 会保持低电平，直到所有 Sn_IR 的位被清 0。Sn_IR 的所有位被清 0 后，nINT 会自动变为高电平。IR2 的各位定义见表 A-16。

表 A-16　W5500 端口中断寄存器 IR2

| 位 | B7 | B6 | B5 | B4 | B3 | B2 | B1 | B0 |
|---|---|---|---|---|---|---|---|---|
| 含　义 | S7_INT | S6_INT | S5_INT | S4_INT | S3_INT | S2_INT | S1_INT | S0_INT |

B7(S7_INT)：当 SOCKET7 有中断发生时，S7_INT 变成 1。该中断的信息在 S7_IR 中。当主机将 S7_IR 清 0 时，该位会被自动清 0。

其余各位(B6～B0)的含义与 B7 位类似，在此不再赘述。

**(23) W5500 PHY 状态寄存器 PHYSTATUS　[R/W][0x17]**

该寄存器指示 W5500 的 PHY 状态，各位定义见表 A-17。

表 A-17　W5500 PHY 状态寄存器 PHYSTATUS

| 位 | B7 | B6 | B5 | B4 | B3 | B2 | B1 | B0 |
|---|---|---|---|---|---|---|---|---|
| 含　义 | Reserved | Reserved | LINK | Reserved | POWERDOWN | Reserved | Reserved | Reserved |

B7～B6：保留位。

B5(LINK)：连接状态指示位(只读)，指示 W5500 物理连接状态。

0：连接断开；1：建立连接。

B4：保留位。

B3(POWERDOWN)：PHY 低功耗模式指示位(只读)，指示 W5500 低功耗模式状态。

0：低功耗模式禁止(正常运行模式)；1：低功耗模式开启。

B2～B0：保留位。

**(24) 中断屏蔽寄存器 2 IMR2　[R/W][0x0016][0x00]**

该寄存器用来屏蔽中断。每个中断屏蔽位对应于中断寄存器 2(IR2)的位。如果中断屏蔽的位设置为 1，当中断寄存器 2(IR2)的位置 1 时将产生中断。如果 IMR 的位置 0，那么该位不会产生中断。IMR2 寄存器的各位定义见表 A-18。

表 A-18　中断屏蔽寄存器 2 IMR2

| 位 | B7 | B6 | B5 | B4 | B3 | B2 | B1 | B0 |
|---|---|---|---|---|---|---|---|---|
| 含　义 | S7_INT | S6_INT | S5_INT | S4_INT | S3_INT | S2_INT | S1_INT | S0_INT |

B7(S7_INT)：IR(S7_INT)中断屏蔽位。

其他各位(B6～B0)的含义与 B7 位类似，在此不再赘述。

## 2. Socket 寄存器

**(1) Socketn 的模式寄存器 Sn_MR　[R/W] [0x4000+0x0n00] [0x00]**

该寄存器用于设置每个 Socket 的功能选项和协议类型。各位定义见表 A-19。

表 A-19　Socketn 的模式寄存器 Sn_MR

| 位 | B7 | B6 | B5 | B4 | B3 | B2 | B1 | B0 |
|---|---|---|---|---|---|---|---|---|
| 含　义 | MULT1 | MF | ND/MC | Reserved | P3 | P2 | P1 | P0 |

B7(MULTI):多播方式控制位,只有在 UDP 模式下有效(P3~P0:0010)。

0:禁止多播方式;1:允许多播方式。

为了使用多播方式,在打开 Socket 之前,应将多播分组的 IP 地址写到 Socketn 的目的 IP 寄存器,将多播分组的端口号写到 Socketn 的目的端口号寄存器。

B6(MF):MAC 地址过滤控制位,只用于 MACRAW(P3~P0:0100)模式。

0:禁止 MAC 地址过滤;1:允许 MAC 地址过滤。

当该位置 1 时,W5500 只接收属于自己的数据包和广播的数据包;当该位为 0 时,W5500 接收以太网上所有的数据包。当使用混合 TCP/IP 协议栈时,建议将该位置 1,以免主机过度接收数据包。

B5(ND/MC):使用无延迟的应答(ACK)控制位。

0:禁止无延迟 ACK 选项;1:允许无延迟 ACK 选项。

只有在 TCP 模式(P3~P0:0001)下有效。如果该位设置为 1,在收到对端的数据包后马上响应一个 ACK 数据包。如果该位清 0,ACK 将根据内部时间溢出机制进行响应。

在 MULTI 置 1 且使用 UDP 模式(P3~P0:0010)时,该位为多播版本号选择控制位(MC 功能)。

0:使用 IGMP 版本 2;1:使用 IGMP 版本 1。

另外,多播也可以在诸如在线、离开、报告给多播分组等的 IGMP 信息中发送版本号。

B4:保留位。

B3~B0:设置端口的工作模式协议,如表 A-20 所列。

表 A-20　端口的工作模式协议设置

| P3 | P2 | P1 | P0 | 意　义 |
|---|---|---|---|---|
| 0 | 0 | 0 | 0 | 端口关闭 |
| 0 | 0 | 0 | 1 | TCP |
| 0 | 0 | 1 | 0 | UDP |
| 0 | 0 | 1 | 1 | IPRAW |

Socket0 可工作在 MACRAW 模式和 PPPoE 模式，其设置方法如表 A－21 所列。也就是说，S0_MR_MACRAW 和 S0_MR_PPPoE 只能在 Socket0 工作。S0_MR_PPPoE 临时用于与 PPPoE 服务器的连接和中断，连接建立以后，该端口可以用于其他协议。

**表 A－21 Socket0 的工作模式协议设置**

| P3 | P2 | P1 | P0 | 意 义 |
|---|---|---|---|---|
| 0 | 1 | 0 | 0 | MACRAW |
| 0 | 1 | 0 | 1 | PPPoE |

**（2）Socketn 命令寄存器 Sn_CR ［R/W］［0x4001＋0x0n00］［0x00］**

该寄存器用于设置 Socketn 的命令，如打开、关闭、连接、监听、发送、接收等动作。W5500 确认该命令以后，Sn_CR 寄存器自动清 0（0x00）。即使 Sn_CR 清 0，指令仍在处理中。为了验证命令是否执行完成，可以检查 Sn_IR 寄存器或 Sn_SR 寄存器。该寄存器不同的取值所代表的含义如表 A－22 所列。

**表 A－22 Socketn 命令寄存器不同取值所代表的含义**

| 值 | 符 号 | 描 述 |
|---|---|---|
| 0x01 | OPEN | 根据 Sn_MR（P3～P0）所选择的协议初始化并打开 Socketn。与 Sn_MR 对应的 Sn_SR 的值如下：<br>Sn_MR_CLOSE（0x00）：无效；<br>Sn_MR_TCP（0x01）：SOCK_INIT（0x13）；<br>Sn_MR_UDP（0x02）：SOCK_UDP（0x22）；<br>Sn_MR_IPRAW（0x03）：SOCK_IPRAW（0x32）；<br>S0_MR_MACRAW（0x04）：SOCK_MACRAW（0x42）；<br>S0_MR_PPPoE（0x05）：SOCK_PPPoE（0x5F） |
| 0x02 | LISTEN | 该命令只有在 TCP 模式（Sn_MR（P3～P0）＝Sn_MR_TCP）下有效。在这种模式下，Socketn 配置为 TCP 服务器，等待其他 TCP 客户端的连接请求（SYN 数据包）。Sn_SR 寄存器状态从 SOCK_INIT 改变为 SOCK_LISTEN。<br>当客户端的连接请求成功建立，Sn_SR 寄存器的状态将从 SOCK_LISTEN 变为 SOCK_ESTABLISHED，且 Sn_SR（0）的值置 1。如果连接失败（SYN/ACK 数据包发送失败），则 Sn_SR（3）置 1 且 Sn_SR 变为 SOCK_CLOSED。<br>如果在连接请求过程中，TCP 客户端的目标端口号不存在，W5500 将发送一个 RST 数据包，且 Sn_SR 的状态不变 |

续表 A-22

| 值 | 符号 | 描述 |
|---|---|---|
| 0x04 | CONNECT | 该命令只有在TCP模式下有效，且Socketn设置为TCP客户端。端口向TCP服务器发出连接请求（SYN数据包）。TCP服务器的IP地址和端口号由目的IP地址寄存器（Sn_DIPR0）和目的端口号寄存器（Sn_DPORT0）确定。<br>客户端的连接请求成功建立后，Sn_S将改变为SOCK_ESTABLISHED，则Sn_IR(0)改变为1。在下面几种情况下，连接请求失败：<br>➢ 当一个ARP超时异常发生（Sn_IR(s)=1），表明没有能够通过ARP过程获得目的硬件地址；<br>➢ 没有接收到SYN/ACK数据包，且产生TCP超时异常（Sn_IR(3)=1）；<br>➢ 接收到RST数据包而不是SYN/ACK数据包。<br>在以上这些情况下，Sn_SR状态改变为SOCK_CLOSED |
| 0x08 | DISCON | 该命令只有在TCP模式下有效。不管是在TCP服务器还是TCP客户端，该命令用于断开连接的处理，有两种方式：<br>➢ 主动关闭：发送一个断开连接的请求（FIN数据包）到连接的对端；<br>➢ 被动关闭：当收到对端的FIN数据包时，回复一个FIN数据包到对端。<br>当收到FIN/ACK数据包时，Sn_SR的状态改变为SOCK_CLOSED。如果没有收到断开连接的请求，将产生TCP超时（Sn_IR(3)=1），且Sn_SR的状态改变为SOCK_CLOSED。<br>例如：如果用CLOSE命令代替DISCON，Sn_SR的状态将变成CLOSED，但不会有断开连接的过程（不产生断开连接的请求）。如果在通信过程中接收到RST数据包，Sn_SR将无条件地改变为SOCK_CLOSED |
| 0x10 | CLOSE | 关闭Socket。Sn_SR的状态改变为SOCK_CLOSED |
| 0x20 | SEND | SEND命令将TX数据存储器中的所有数据都发送出去。详细信息请查看Socketn的TX剩余空间大小寄存器（Sn_TX_FSR）、Socketn的TX写指针寄存器（Sn_TX_WR）和Socketn的TX读指针寄存器（Sn_TX_RD） |
| 0x21 | SEND_MAC | 该命令只有在UDP模式有效。其基本操作与SEND相同。但SEND操作需要通过ARP（地址解析协议）过程获得目的硬件物理地址。SEND_MAC不需要通过ARP获得目的硬件物理地址，由用户设置Socketn的目的硬件物理地址 |
| 0x22 | SEND_KEEP | 该命令只有在TCP模式下有效。通过发送一个字节的数据检查连接的状态。如果没有对端的响应或中断，将产生超时中断 |
| 0x40 | RECV | RECV命令通过RX读指针寄存器（Sn_RX_RD）处理数据的接收。详细信息请参考服务器模式接收处理：Socketn的RX接收数据长度寄存器（Sn_RX_RSR）、Socketn的RX写指针寄存器（Sn_RX_WR）和Socketn的RX读指针寄存器（Sn_RX_RD） |

有的命令只用于Socket0和S0_MR（P3～P0）＝S0_MR_PPPoE，如表A-23所列。

表 A-23 只用于 Socket0 和 S0_MR(P3～P0)＝S0_MR_PPPoE 的命令

| 值 | 符 号 | 描 述 |
|---|---|---|
| 0x23 | PCON | 发送 PPPoE 搜寻数据包，开始 ADSL 连接 |
| 0x24 | PDISCON | 关闭 PPPoE 连接 |
| 0x25 | PCR | 在每一个阶段发送 REQ 信息 |
| 0x26 | PCN | 在每一个阶段发送 NAK 信息 |
| 0x27 | PCJ | 在每一个阶段发送 REJECT 信息 |

**(3) Socketn 中断寄存器 Sn _IR [R][0x4002＋0x0n00][0x00]**

Sn_IR 寄存器提供 Socketn 的中断类型信息，如建立连接、断开连接、接收数据和超时。当 Scocket 产生中断且 Sn_IMR 相对应的屏蔽位为 1 时，Sn_IR 的中断位将会变成 1。

为了清除 Sn_IR 位，主机应该在相应的位写 1。在所有 Sn_IR 的位被清 0 后，IR(n)将会自动清 0。

各位的定义如表 A-24 所列。

表 A-24 Socketn 中断寄存器 Sn _IR

| 位 | B7 | B6 | B5 | B4 | B3 | B2 | B1 | B0 |
|---|---|---|---|---|---|---|---|---|
| 含 义 | PRECV | PFAIL | PNEXT | SEND_OK | RIMEOUT | RECV | DISCON | CON |

B7(PRECV)：Sn_IR(PRECV)中断。只有在 Socket＝0 且 S0_MR(P3～P0)＝S0_MR_PPPoE 时有效。当接收到一个不支持的选项时，产生 PPP 接收中断。

B6(PFAIL)：Sn_IR(PFAIL)中断。只有在 Socket＝0 且 S0_MR(P3～P0)＝S0_MR_PPPoE 时有效。当 PAP 认证失败时，产生 PPP 失败中断。

B5(PNEXT)：Sn_IR(PNEXT)中断。只有在 Socket＝0 且 S0_MR(P3～P0)＝S0_MR_PPPoE 时有效。在 ADSL 连接过程中，当状态发生改变时产生下一个状态的中断。

B4(SEND_OK)：Sn_IR(SENDOK)中断。当数据包发送完成时，产生 SEND_OK 中断。

B3(TIMEOUT)：Sn_IR(TIMEOUT)中断。当发生 ARP 超时或 TCP 超时时，产生 TIMEOUT 中断。

B2(RECV)：Sn_IR(RECV)中断。当接收到对端的数据时，产生接收数据中断。

B1(DISCON)：Sn_IR(DISCON)中断。当从对端接收到 FIN/ACK 数据包的 FIN 时，产生断开连接中断。

B0(CON)：Sn_IR(CON)中断。当连接建立时，产生连接中断。

**(4) Socketn 状态寄存器 Sn _SR [R][0x4003＋0x0n00][0x00]**

该寄存器提供 Socketn 的状态。当使用 Sn_CR 寄存器或在传输/接收数据包时，Socket 的状态将会更改。不同的 Socketn 状态如表 A-25 所列。

表 A-25　不同的 Socketn 状态

| 值 | 符　号 | 描　述 |
|---|---|---|
| 0x00 | SOCK_CLOSED | 这是 Socketn 的资源被释放的状态。不管以前的状态值是什么，当执行 DISCON 或 CLOSE 命令或产生 ARP 超时或 TCP 超时时，它的数值都将会更改为 SOCK_CLOSED |
| 0x13 | SOCK_INIT | 如果 Sn_MR 设置为 TCP，且给 Sn_CR 写入 OPEN 命令，状态寄存器将会改变为 SOCK_INIT 状态。这是建立 TCP 连接的第一步。<br>这时，可以运行 LISTEN 命令将端口设置为 TCP 服务器模式，或运行 CONNECT 命令进入 TCP 客户端模式。该状态是 Socketn 在 TCP 服务器模式下等待 TCP 客户端连接请求的状态 |
| 0x14 | SOCK_LISTEN | Socketn 运行在 TCP 服务器模式下，等待从 TCP 客户端的连接请求。当执行了 LISTEN 命令，状态则改变为 SOCK_LISTEN。成功建立连接后，Socketn 的状态将从 SOCK_LISTEN 改变为 SOCK_ESTABLISHED。如果连接失败，将产生 TCP 超时（Sn_IR（TIME_OUT）=1），且状态将转换为 SOCK_CLOSED |
| 0x17 | SOCK_ESTABLISHED | 它指示 TCP 的连接成功建立。在 SOCK_LISTEN 状态下，当来自 TCP 客户端的 SYN 数据包成功处理，或者是成功执行 CONNECTS 命令，它的状态都将会转变成 SOCK_ESTABLISHED。在该状态下可以进行数据传送，也就是说可以使用 SEND 或 RECV 命令 |
| 0x1C | SOCK_CLOSE_WAIT | 这是当端口收到来自对端的断开连接请求的一个状态，TCP 连接是半关闭的，它仍然可以传送数据。因此，若想完成整个 TCP 的断开连接，则必须执行 DISCON 命令。没有经过断开连接的过程而关闭 Socketn 时，应当执行 CLOSE 命令 |
| 0x22 | SOCK_UDP | 这是打开 Socketn 并设置为 UDP 模式的一个状态。当 Sn_MR（P3～P0）设置为 Sn_MR_UDP 且执行了 OPEN 命令时，端口的状态改变为 SOCK_UDP。不同于 TCP 模式，在 UDP 模式下不需要进行连接就可以进行数据传送 |
| 0x32 | SOCK_IPRAW | 端口工作在 IPRAW 模式下。当 Sn_MR（P3～P0）置 Sn_MR_IPRAW 且执行 OPEN 命令时，端口的状态将改变为 SOCK_IPRAW。与 UDP 模式相似，IP 数据包可以在无连接的情况下传送 |
| 0x42 | SOCK_MACRAW | 如果 S0_CR=OPEN 且 S0_MR（P3～P0）=S0_MR_MACRAW，则端口的状态将改变为 SOCK_MACRAW。MACRAW 数据包（以太网帧）的传送与 UDP 模式类似 |
| 0x5F | SOCK_PPPOE | 这是 Socket0 以 PPPoE 模式打开的一种状态。如果 S0_CR=OPEN，且 S0_MR（P3～P0）=S0_MR_PPPoE，则状态将改变为 SOCK_PPPoE。这是一种暂时的状态，用于 PPPoE 的连接 |

状态转换过程中的状态如表 A－26 所列。

**表 A－26 状态转换过程中的状态**

| 值 | 符 号 | 描 述 |
|---|---|---|
| 0x15 | SOCK_SYNSENT | 该状态表示一个连接请求(SYN 数据包)发送到 TCP 服务器。它显示因执行 CONNECT 命令引起的状态由 SOCK_INIT 到 SOCK_ESTABLISHED 的转换过程。在此状态下，如果收到 TCP 服务器的连接授权(SYN/ACK 数据包)，它就会自动更改为 SOCK_ESTBLISHED；如果在 TCP 超时即 Sn_IR(超时)＝1 出现之前，还没有收到 TCP 服务器发出的 SYN/ACK 数据包，它便会更改为 SOCK_CLOSED |
| 0x16 | SOCK_SYNRECV | 此状态表示已收到一个从 TCP 客户端发出的连接请求(SYN 数据包)。当 W5500 成功发出连接授权(SYN/ACK 数据包)到 TCP 客户端时，它就会自动更改为 SOCK_ESTABLISHED；如果失败，则产生 TCP 超时，并更改为 SOCK_CLOSED |
| 0x18 | SOCK_FIN_WAIT | 这些状态表示 Socketn 已关闭。它们出现在断开连接过程中的“主动关闭”或“被动关闭”时期。当断开连接过程成功完成，或产生 TCP 超时即 Sn_IR(TIMEOUT)＝1 时，它将改变为 SOCK_CLOSED |
| 0x1A | SOCK_CLOSING | |
| 0X1B | SOCK_TIME_WAIT | |
| 0X1D | SOCK_LAST_ACK | |
| 0x01 | SOCK_ARP | 此状态表示已经发送 ARP 请求，以获取目的硬件地址。在 SOCK_UDP 或 SOCK_IPRAW 模式下执行 SEND 命令，或在 SOCK_INIT 状态下执行 CONNECT 命令时，将显现这种状态。如果成功获取目的硬件地址(收到 ARP 响应)，它便会更改为 SOCK_UDP、SOCK_IPRAW 或 SOCK_SYNSENT；如果失败，将产生 ARP 超时。如发生在 UDP 或 IPRAW 模式，它便会返回到以前的状态(SOCK_UDP 或 SOCK_IPRAW)；如发生在 TCP 模式，它便会转到 SOCK_CLOSED 状态。在 SOCK_UDP 或 SOCK_IPRAW 模式下，当先前的和当前的 Sn_DIPR 值不同时，便会启动 ARP 过程。如果先前的和当前的 Sn_DIPR 值相同，将不会启动 ARP，因为目标硬件的地址已经获得了 |

**(5) Socketn 本机端口号寄存器 Sn_PORT [R/W][0x4004＋0x0n00～0x4005＋0x0n00][0x0000]**

在 TCP 和 UDP 模式下，该寄存器用于设置源端口的端口号，必须在 OPEN 命令之前设置好该寄存器。

例如，Socket0 的端口号＝5000(0x1388)，其配置见表 A－27。

**表 A－27 Socketn 本机端口号寄存器 Sn_PORT**

| 偏移量 | 0x4004 | 0x4005 |
|---|---|---|
| 设置值 | 0x13 | 0x88 |

**(6) Socketn 目的硬件地址寄存器 Sn_DHAR [R/W][0x4006+0x0n00~0x400B+0x0n00][0xFFFFFFFFFFFF]**

该寄存器为 Socketn 设置目的硬件地址。如果 Socket0 用于 PPPoE 连接，S0_DHAR 设置为一个已知的 PPPoE 服务器的硬件地址。

在 UDP 或 IPRAW 模式下使用 SEND_MAC 命令时，它为 Socketn 设定目的硬件地址。在 TCP、UDP 和 IPRAW 模式时，Sn_DHAR 会根据从 CONNECT 或 SEND 命令中的 ARP 过程获取的目的硬件地址设定。在成功执行 CONNECT 或 SEND 命令后，主机可以通过 Sn_DHAR 取得目的硬件地址。

使用 W5500 的 PPPoE 过程时，PPPoE 服务器的硬件地址无须进行设置。然而，即使 W5500 不需要使用 PPPoE 过程，也仍然需要自己实现 MACRAW 模式。如果想要发送或接收 PPPoE 的数据包，那么必须设置 PPPoE 服务器硬件地址（从 PPPoE 程序中取得）、PPPoE 服务器的 IP 地址和 PPP Session ID。此外，MR(PPPoE)也应设置为 1。

S0_DHAR 在 OPEN 命令之前设置 PPPoE 服务器硬件地址。PPPoE 服务器硬件地址是由 S0_DHAR 执行 OPEN 命令后，在 PDHAR 里使用的。而已经配置的 PPPoE 信息，即使是在 CLOSE 命令后，对于内部运作依然是有效的。

例如，Socket0 目的硬件地址＝ 08.DC.00.01.02.10，其配置见表 A-28。

**表 A-28 Socket0 目的硬件地址**

| 偏移量 | 0x4006 | 0x4007 | 0x4008 | 0x4009 | 0x400A | 0x400B |
|---|---|---|---|---|---|---|
| 设置值 | 0x08 | 0xDC | 0x00 | 0x01 | 0x02 | 0x10 |

**(7) Socketn 目的 IP 地址寄存器 Sn_DIPR [R/W](0x400C+0x0n00)~(0x400F+0x0n00)[0x00000000]**

该寄存器设置 Socketn 的目的 IP 地址。如果 Socket0 用于 PPPoE 模式，那么 S0_DIPR 会设置为已知的 PPPoE 服务器的 IP 地址。它只有在 TCP、UDP、IPRAW 或 PPPoE 模式下才有效，在 MACRAW 模式下被忽略。

在 TCP 模式下，当作为 TCP 客户端的时候，在执行 CONNECT 命令之前，将该寄存器设置为 TCP 服务器的 IP 地址；而当作为 TCP 服务器时，在成功建立连接之后，该寄存器会在内部自动设置为 TCP 客户端的 IP 地址。

在 UDP 或 IPRAW 模式下，Sn_DIPR 会设置为目标 IP 地址，它在执行 SEND 或 SEND_MAC 命令之前用于传输 UDP 或 IPRAW 数据包。

例如，Socket0 的目的 IP 地址＝ 192.168.0.11，其配置见表 A-29。

**表 A-29 Socket0 的目的 IP 地址**

| 偏移量 | 0x400C | 0x400D | 0x400E | 0x400F |
|---|---|---|---|---|
| 设置值 | 192(0xC0) | 168(0xA8) | 0(0x00) | 11(0x0B) |

(8) Socketn 目的端口号寄存器 Sn_DPORT [R/W][0x4010+0x0n00~0x4011+0x0n00][0x00]

Socketn 的目标端口号在 Sn_DPORT 设置。如果 Socket0 已用于 PPPoE 模式，那 S0_DPORT 会为 PPP session ID 设置一个已知的号码。它只有在 TCP、UDP 或 PPPoE 模式下才有效，而在其他模式下会被忽略。

在 TCP 模式下，当作为 TCP 客户端时，在运行 CONNECT 命令之前监听 TCP 服务器的端口号。

在 UDP 模式下，在执行 SEND 或 SEND_MAC 命令之前在 Sn_DPORT 中设置目标端口号，用于传输 UDP 数据包。

在 PPPoE 模式下，S0_DPORT 设置为已知的 PPP session ID。运行 OPEN 命令之后，PPP session ID(由 S0_DPORT0 设置)在 PSIDR 里应用。

例如，Socket0 目的端口号为=5 000(0x1388)，其配置见表 A-30。

表 A-30 Socket0 目的端口号

| 偏移量 | 0x4010 | 0x4011 |
|---|---|---|
| 设置值 | 0x13 | 0x88 |

(9) Socketn 最大分片大小寄存器 Sn_MSS [R/W][0x4012+0x0n00~0x4013+0x0n00][0x0000]

该寄存器用于设置 TCP 的最大分片大小 MSS(Maximum Segment Size)。当 TCP 是在被动模式下启动时，该寄存器会显示 MSS 的设置。它只支持 TCP 和 UDP 模式。当使用 PPPoE(MR(PPPoE)=1)时，TCP 或 UDP 模式的最大传输单元 MTU(Maximum Transmission Unit)将被分配在 PPPoE 的 MTU 范围内。

各种模式下的分片大小如表 A-31 所列。

表 A-31 各种模式下的分片大小

| 模 式 | 通常(即 MR(PPPoE)=0) | | PPPoE(即 MR(PPPoE)=1) | |
|---|---|---|---|---|
| | 默认 MTU | 范 围 | 默认 MTU | 范 围 |
| TCP | 1 460 | 1~1 460 | 1 451 | 1~1 452 |
| UDP | 1 472 | 1~1 472 | 1 464 | 1~1 464 |
| IPRAW | 1 480 | | 1 472 | |
| MACRAW | 1 514 | | | |

在 IPRAW 或 MACRAW 模式下，MTU 不在内部处理，但会使用默认的 MTU 值。因此，当传输的数据长度大于默认的 MTU 时，主机应以手动方式将数据长度划分成默认 MTU 单位。

在 TCP 或 UDP 模式下，如果传输的数据长度大于 MTU 时，W5500 会自动将数据划分成 MTU 的单位。在 TCP 模式下，MTU 被称为 MSS。在主机写入的数值和对端的 MSS 数值当中，MSS 会在 TCP 的连接过程中选择较小的值。

例如，Socket0 的 MSS = 1460(0x05B4)，配置见表 A-32。

**表 A-32 Socket0 的 MSS**

| 偏移量 | 0x4012 | 0x4013 |
|---|---|---|
| 设置值 | 0x05 | 0xB4 |

**(10) Socketn 的 IP 协议寄存器 Sn_PROTO [R/W][0x4014+0x0n00][0x00]**

这是一个单字节的寄存器，用于设置 IP 层中 IP 字头中的协议号字段，只有在 IPRAW 模式下有效，在其他模式下会被忽略。Sn_PROTO 在执行 OPEN 命令之前进行设置。当 Socketn 在 IPRAW 模式下打开时，会发送和接收在 Sn_PROTO 中设置的协议号数据。Sn_PROTO 可以在 0x00～0xFF 的范围内进行分配，但 W5500 不支持 TCP(0x06)和 UDP(0x11)的协议号。

协议号由 IANA(Internet Assigned Numbers Authority)定义，详细信息请参考 http://www.iana.org。例如，互联网控制信息协议(ICMP)协议号= 0x01，互联网分组管理协议(IGMP)协议号= 0x02。

**(11) Socketn 的 IP 服务类型寄存器 Sn_TOS [R/W][0x4015+0x0n00][0x00]**

该寄存器设置 IP 层的 IP 头中的服务类型 TOS 字段。它必须在执行 OPEN 命令之前进行设置。详细信息请参考 http://www.iana.org。

**(12) Socketn 的 IP 生存时间寄存器 Sn_TTL [R/W][0x4016+0x0n00][0x80]**

该寄存器设置 IP 层的 IP 头中的生存时间 TTL 字段。它必须在执行 OPEN 命令之前进行设置。详细信息请参考 http://www.iana.org。

**(13) Socketn 接收数据存储器大小寄存器 Sn_RXMEM_SIZE [R/W][0x401E+0x0n00][0x02]**

该寄存器为每个 Socket 配置接收数据存储器的大小。每个 Socket 的接收数据存储器大小是可以配置为 1 KB、2 KB、4 KB、8 KB 和 16 KB。系统复位后，默认分配为 2 KB。每个 Socket 的 Sn_RXMEM_SIZE 的总和($Sn\_RXMEM\_SIZE_{SUM}$)应是 16KB。寄存器的值与所配置的存储器的大小关系如表 A-33 所列。

**表 A-33 寄存器的值与所配置的存储器大小的关系**

| 值 | 0x01 | 0x02 | 0x04 | 0x08 | 0x0F |
|---|---|---|---|---|---|
| 存储器大小 | 1 KB | 2 KB | 4 KB | 8 KB | 16 KB |

例如，当 Socket0 的接收数据存储器配置为 8 KB，而 Socket1 的接收数据存储器的配置为 2 KB 时，应在 0xFE401E 中写入 0x08，在 0xFE411E 中写入 0x02；当 Socket2 的接收数据存储器配置为 1 KB，Socket3 的接收数据存储器大小配置为 1 KB时，应在 0xFE421E 和 0xFE431E 中都写入 0x01。

**(14) Socketn 发送数据存储器大小寄存器 Sn_TXMEM_SIZE [R/W] [0x401F+0x0n00] [0x02]**

该寄存器为每个 Socket 配置发送数据存储器的大小。每个 Socket 的发送数据存储器可配置为 1 KB、2 KB、4 KB、8 KB 和 16 KB。系统复位后，默认配置为 2 KB。每个 Socket 的 Sn_TXMEM_SIZE 的总和（Sn_TXMEM_ $SIZE_{SUM}$）应是 16 KB。

例如，当 Socket0 的发送数据存储器配置为 4 KB，Socket1 的发送数据存储器配置为 1 KB 时，应在 0xFE401F 中写入 0x04，在 0xFE411F 中写入 0x01；当 Socket2 的发送数据存储器配置为 2 KB，Socket3 的发送数据存储器配置为 1 KB 时，应在 0xFE421F 中写入 0x02，在 0xFE431F 中写入 0x01。

**(15) Socketn 的 TX 存储器剩余空间大小寄存器 Sn_TX_FSR [R][0x4020+0x0n00～0x4021+0x0n00] [0x0800]**

该寄存器提供 Socket 发送数据存储器的可用空间大小（可供发送数据的字节数）。主机不能写入大于 Sn_TX_FSR 的数据。因此，在发送数据之前，一定要检查 Sn_TX_FSR。如果发送的数据长度小于或等于 Sn_TX_FSR，则写入数据后，可执行 SEND 或 SEND_MAC 命令来发送数据。

在 TCP 模式下，当对端检查已发送的数据包（如果收到对端的 DATA/ACK 数据包）时，Sn_TX_FSR 会自动增加到所发送的数据包大小。在其他模式下，当 Sn_IR(SENDOK)为 1 时，Sn_TX_FSR 也会自动增加到所发送的数据包大小。当检查该寄存器时，用户应先读取高字节（0x4020、0x4120、0x4220、0x4320、0x4420、0x4520、0x4620、0x4720），然后再读取低字节（0x4021、0x4121、0x4221、0x4321、0x4421、0x4521、0x4621、0x4721），这样才会得到正确的数值。

例如，S0_TX_FSR=2 048(0x0800)时的存储格式见表 A-34。

**表 A-34 S0_TX_FSR=2 048(0x0800)时的存储格式**

| 偏移量 | 0x4020 | 0x4021 |
|---|---|---|
| 设置值 | 0x08 | 0x00 |

**(16) Socketn 的 TX 存储器读指针寄存器 Sn_TX_RD [R] [0x4022+0x0n00～0x4023+0x0n00] [0x0000]**

该寄存器显示发送数据存储器最后一个传输的地址值。当 Socketn 的命令寄存器执行 SEND 命令时，把从当前 Sn_TX_RD 指针地址到 Sn_TX_WR 指针地址的数据发送出去，并在发送完成后自动更新 Sn_TX_RD 的值。因此，在发送完成后，Sn_TX_RD和 Sn_TX_WR 的值相同。

当读取该寄存器时，用户应先读取高字节（0x4022、0x4122、0x4222、0x4322、0x4422、0x4522、0x4622、0x4722），然后再读取低字节（0x4023、0x4123、0x4223、0x4323、0x4423、0x4523、0x4623、0x4723），这样才会得到正确的值。

**(17) Socketn 的 TX 存储器写指针寄存器 Sn_TX_WR [R/W][0x4024+0x0n00~0x4025+0x0n00][0x0000]**

该寄存器提供地址指针信息，指示当前写入要发送的数据的位置。当读取该寄存器时，用户应先读取高字节（0x4024、0x4124、0x4224、0x4324、0x4424、0x4524、0x4624、0x4724），然后再读取低字节（0x4025、0x4125、0x4225、0x4325、0x4425、0x4525、0x4625、0x4725），这样才会得到正确的数值。

注意：此寄存器的值会在 Sn_CR 寄存器成功执行 SEND 命令后被改变。

例如，S0_TX_WR=2048(0x0800)时的存储格式见表 A-35。

**表 A-35 S0_TX_WR=2048(0x0800)时的存储格式**

| 偏移量 | 0x4024 | 0x4025 |
|---|---|---|
| 设置值 | 0x08 | 0x00 |

但这个数值并不是实际的物理地址，实际的物理地址需要经过以下计算获得：

① 根据 TMSR 的值计算 Socketn 发送存储器的基地址（称为 gSn_TX_BASE）和掩码地址值（称为 gSN_TX_MASK）。

② 将 Sn_TX_WR 和个 Sn_TX_MASK 这两个值"位与"，得到该端口 TX 存储器区域内的偏移地址（称为 get_offset）。

③ 将 get_offset 和 gSn_TX_BASE 相加，得到实际访问的物理地址（称为 get_start_address）。

此时，可以将需要发送的数据写入到 get_start_address 地址。如果在写入数据时地址超过了 Socket 发送存储器的上限，可先把数据写入到上限地址，接着把物理地址转到 gSn_TX_BASE，然后再写入其余的数据。之后，切记要把 Sn_TX_WR 的值增加到与写入数据相同大小。最后，给 Socketn 命令寄存器 Sn_CR 一个 SEND 命令。

**(18) RX 接收数据的字节长度寄存器 Sn_RX_RSR [R][0x4026+0x0n00~0x4027+0x0n00][0x0000]**

该寄存器向用户提供在 Socketn 接收存储器中已接收数据的字节大小。由于这个值是通过 Sn_RX_RD 和 Sn_RX_WR 内部计算获得的，它会因 Socketn 命令寄存器 Sn_CR 中的 RECV 命令和从远程节点接收数据而自动改变。

当读取该寄存器时，用户应先读取高字节（0x4026、0x4126、0x4226、0x4326、0x4426、0x4526、0x4626、0x4726），然后再读取低字节（0x4027、0x4127、0x4227、0x4327、0x4427、0x4527、0x4627、0x4727），这样才会得到正确的数值。

例如，S0_RX_RSR 中的值为 2 048(0x0800)时的存储格式见表 A-36。

**表 A-36 S0_RX_RSR 中值为 2 048(0x0800)时的存储格式**

| 偏移量 | 0x4026 | 0x4027 |
|---|---|---|
| 设置值 | 0x08 | 0x00 |

RX 存储器的大小决定了该寄存器总的长度值。

**(19) Socketn 的 RX 存储器读指针寄存器 Sn_RX_RD [R/W][0x4028+0x0n00～0x4028+0x0n00][0x0000]**

该寄存器提供读取接收数据的位置信息。当读取该寄存器时,用户应先读取高字节(0x4028、0x4128、0x4228、0x4328、0x4428、0x4528、0x4628、0x4728),然后再读取低字节(0x4029、0x4129、0x4229、0x4329、0x4429、0x4529、0x4629、0x4729),这样才会得到正确的数值。

注意:Sn_CR 执行了 SEND 命令后,该寄存器的值将改变。

例如,S0_RX_RD 的值为 2 048(0x0800)时的存储格式见表 A-37。

**表 A-37 S0_RX_RD 中值为 2 048(0x0800)时的存储格式**

| 偏移量 | 0x4028 | 0x4029 |
|---|---|---|
| 设置值 | 0x08 | 0x00 |

但该值本身并不是要读取数据的实际物理地址。实际的物理地址计算方法如下:

① 根据 RMSR 数值计算 Socketn 接收存储器(RX)的基地址(称为 gSn_RX_BASE)和 Socketn 的 RX 屏蔽地址(称为 gSn_RX_MASK)。

② 将 Sn_RX_RD 和 gSn_RX_MASK 进行"位与"运算,得到 Socket 接收存储器地址范围的偏移地址(称为 get_offset)。

③ 将 get_offset 和 gSn_RX_BASE 的数值相加,得到实际访问的物理地址(称为 get_start_address)。

**(20) Socketn 的 RX 存储器写指针寄存器 Sn_RX_WR [R/W][0x402A+0xn00～0x402B + 0xn00][0x0000]**

该寄存器提供内部存储器中写入接收数据的位置信息。当读取该寄存器时,用户应先读取高字节(0x402A、0x412A、0x422A、0x432A、0x442A、0x452A、0x462A、0x472A),然后再读取低字节(0x402B、0x412B、0x422B、0x432B、0x442B、0x452B、0x462B、0x472B),这样才会得到正确的数值。

例如,S0_RX_WR 中的值为 2 048(0x0800)时的存储格式见表 A-38。

**表 A-38 S0_RX_WR 中值为 2 048(0x0800)时的存储格式**

| 偏移量 | 0x402A | 0x402B |
|---|---|---|
| 设置值 | 0x08 | 0x00 |

**(21) Socketn 中断屏蔽寄存器 Sn_IMR [R/W][0x402C+0x0n00][0xFF]**

该寄存器配置 Socketn 的中断,并通知主机。Sn_IMR 的中断屏蔽位跟 Sn_IR 的中断位是对应的。如果中断发生在任何 Socket,且该位设置为 1,那么与之对应的 Sn_IR 位也会设置为 1。当 Sn_IMR 和 Sn_IR 的位同时为 1 时,IR($n$)将成为 1。这时,如果 IMR(*n*)是 1,W5500 将向主机发出中断请求(nINT 引脚信号为低电平)。各位的定义见表 A-39。

表 A-39 Socketn 中断屏蔽寄存器 Sn_IMR

| 位 | B7 | B6 | B5 | B4 | B3 | B2 | B1 | B0 |
|---|---|---|---|---|---|---|---|---|
| 含 义 | PRECV | PFAIL | PNEXT | SEND_OK | RIMEOUT | RECV | DISCON | CON |

B7(PRECV):Sn_IR(PRECV)中断屏蔽。只有在 Socket=0 和 S0_MR(P3～P0)=S0_MR_PPPoE 时才有效。

B6(PFAIL):Sn_IR(PFAIL)中断屏蔽。只有在 Socket=0 和 S0_MR(P3～P0)=S0_MR_PPPoE 时才有效。

B5(PNEXT):Sn_IR(PNEXT)中断屏蔽。只有在 Socket=0 和 S0_MR(P3～P0)=S0_MR_PPPoE 时才有效。

B4(SENDOK):Sn_IR(SENDOK)中断屏蔽。

B3(TIMEOUT):Sn_IR(TIMEOUT)中断屏蔽。

B2(RECV):Sn_IR(RECV)中断屏蔽。

B1(DISCON):Sn_IR(DISCON)中断屏蔽。

B0(CON):Sn_IR(CON)中断屏蔽。

**(22) Socketn 分片寄存器 Sn_FRAG [R/W][0x402D+0x0n00～0x402E+0x0n100][0x4000]**

该寄存器设置在 IP 层上的 IP 头的分片字段的值。W5500 并不支持在 IP 层的分片数据包。尽管 Sn_FRAG 已配置,但 IP 数据并不会分片,同时也不建议这样做。该寄存器的值应该在执行 OPEN 命令之前设置。

例如,设置 Sn_FRAG0 = 0x4000(不分片)时,寄存器的存储格式见表 A-40。

表 A-40 Socketn 分片寄存器 Sn_FRAG

| 偏移量 | 0x402D | 0x402E |
|---|---|---|
| 设置值 | 0x40 | 0x00 |

# 附录 B 数据通信与库函数

下面介绍 W5500 与 MCU 的通信接口和通信时序，并对 W5500 的库函数文件结构和程序做简要分析。

## B.1 数据通信

### B.1.1 通信接口

W5500 提供了 SPI(串行外部接口)作为外设主机接口，共有 SCSn、SCLK、MOSI、MISO 四路信号，且作为 SPI 从机工作。

W5500 与 MCU 的连接方式如图 B-1 和图 B-2 所示。其工作模式(可变数据长度模式/固定数据长度模式)将分别在 B.1.3 小节和 B.1.4 小节进行说明。

如图 B-1 所示，可以与其他 SPI 设备共用 SPI 接口，在可变数据长度模式中，W5500 可以与其他 SPI 设备共用 SPI 接口。但是一旦将 SPI 接口指定给 W5500 之后，则不能再与其他 SPI 设备共用。

在可变数据长度模式(如图 B-1 所示)，W5500 可以与其他 SPI 设备共用 SPI 接口。然而，在固定数据长度模式(如图 B-2 所示)，SPI 将指定给 W5500，不能与其他 SPI 设备共享。

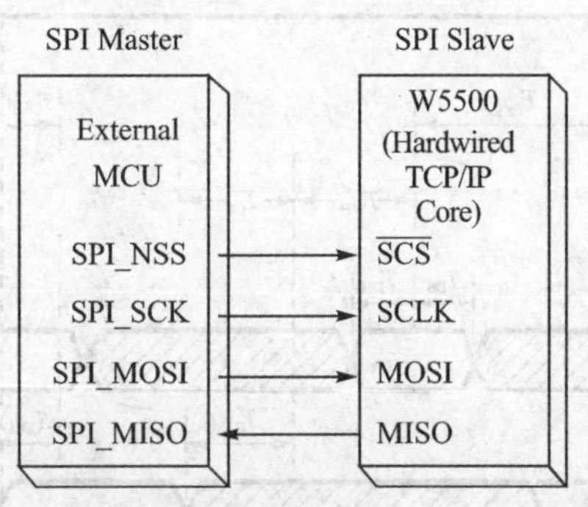


图 B-1 可变数据长度模式(SCSn 受主机控制)

SPI 协议定义了四种工作模式(模式 0、1、2、3)。每种模式都是根据 SCLK 的极性及相位的不同而定义的。SPI 的模式 0 和模式 3 之间唯一的不同就是在非活动状

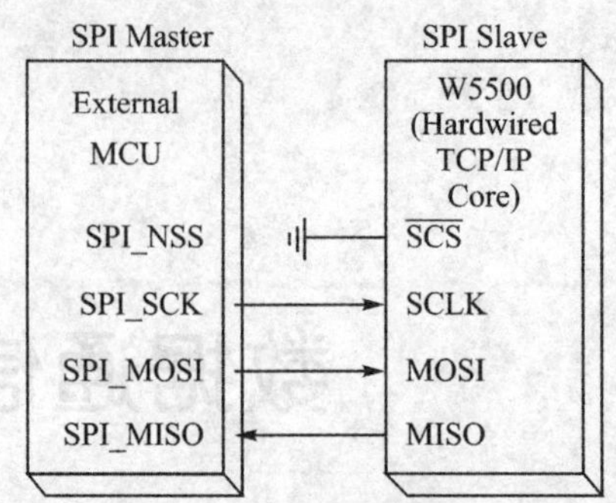


**图 B-2　固定数据长度模式(SCSn 保持接地)**

态下 SCLK 信号的极性。

SPI 的模式 0 和模式 3 的数据都是在 SCLK 的上升沿锁存，在下降沿输出。

W5500 支持 SPI 模式 0 和模式 3。MOSI 和 MISO 信号无论是接收还是发送，均遵从从最高标志位(MSB)到最低标志位(LSB)的传输序列，如图 B-3 所示。

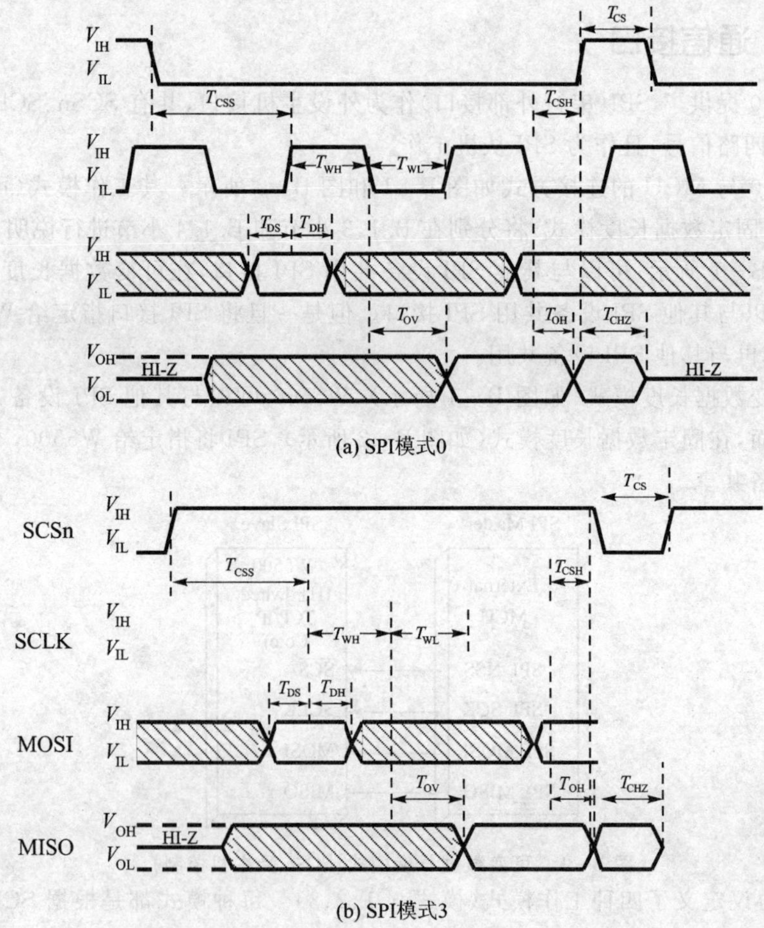


**图 B-3　SPI 模式 0 和模式 3**

W5500 与外设主机的通信受 SPI 数据帧控制(参考 B.1.2 小节)。

W5500 的帧分为地址段、控制段和数据段:

地址段——为 W5500 寄存器或 TX/RX 内存指定了 16 位的偏移地址。

控制段——指定了地址段设定的偏移区域的归属、读/写访问模式以及 SPI 工作模式(可变长度模式/固定长度模式)。

数据段——可以设定为任意长度($N$ 字节,$N \geqslant 1$)或者是固定的长度(1 字节、2 字节或 4 字节)。

如果 SPI 工作模式设置为可变数据长度模式(VDM),则 SPI 的 SCSn 信号需要由外部主机通过 SPI 帧控制。

在可变数据长度模式下,SCSn 控制 SPI 帧的开始和停止:

- SCSn 信号拉低(高电平到低电平),即代表 W5500 的 SPI 帧开始(地址段);
- SCSn 信号拉高(低电平到高电平),即代表 W5500 的 SPI 帧结束(数据段的随机 $N$ 字节数据结尾)。

## B.1.2 数据帧格式

W5500 的 SPI 数据帧包括了 16 位地址段的偏移地址、8 位控制段和 $N$ 字节数据段,如图 B-4 所示。

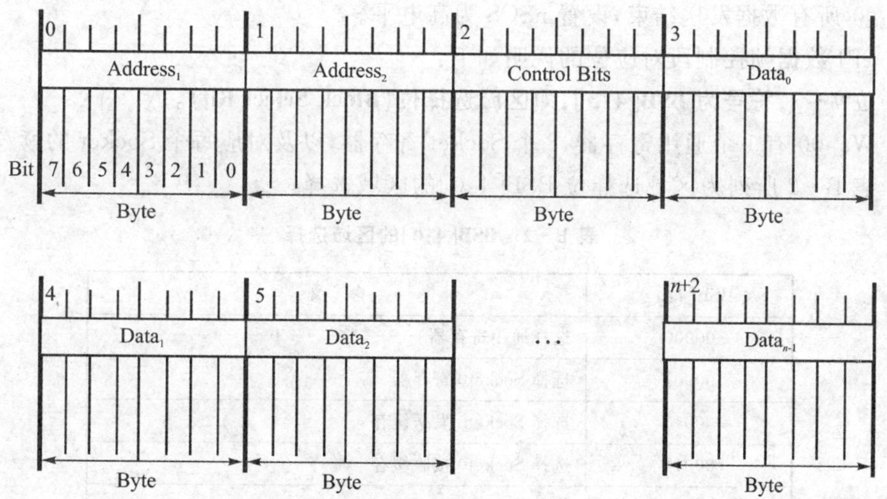


**图 B-4 SPI 数据帧格式**

8 位控制段可以通过修改区域选择位 BSB[4:0],读/写访问模式位 RWB 以及 SPI 工作模式位 OM[1:0]来重新定义。区域选择位选择了归属于偏移地址的区域。

W5500 支持数据的连续读/写。其流程为数据从(2/4/$N$ 字节连续数据的)偏移地址的基址开始传输,偏移地址会(自增寻址)加 1 传输接下来的数据。

地址段为 W5500 的寄存器或 TX/RX 缓存区指定了 16 位的偏移地址。这 16

位偏移地址的值来自于从最高标志位到最低标志位的顺序传输。

SPI 数据帧的数据段(2/4/N 字节)通过偏移地址自增(每传输 1 字节,偏移地址加 1)支持连续数据读/写控制段指定了地址段设定的偏移区域的归属、读/写访问模式以及 SPI 工作模式。

8 位控制段位说明见表 B-1。

**表 B-1　8 位控制段位说明**

| 7 | 6 | 5 | 4 | 3 | 2 | 1 | 0 |
|---|---|---|---|---|---|---|---|
| BSB4 | BSB3 | BSB2 | BSB1 | BSB0 | RWB | OM1 | OM0 |

MCU 作为 SPI 主机,其通信处理过程如下:

① 在 SPI 主机上定义输入/输出方向;

② 非激活状态时 nSCS 设置为高电平;

③ 写入要发送的目的地址到 SPDR 寄存器;

④ 写入要发送的操作代码和数据长度到 SPDR 寄存器;

⑤ 写入要发送的数据到 SPDR 寄存器;

⑥ 设置 nSCS 为低电平(启动数据传输);

⑦ 等待接收完成;

⑧ 所有数据发送结束,设置 nSCS 为高电平。

SPI 数据帧控制段对应位的说明如下:

**位 7～3,符号为 BSB[4:3],即区域选择位(Block Select Bit)。**

W5500 有 1 个通用寄存器,8 个 Socket 寄存器,以及对应每个 Socket 的读/写缓存。表 B-2 所列为区域选择位 BSB[4:0]的区域选择。

**表 B-2　BSB[4:0]的区域选择**

| BSB[4:0] | 含　义 |
|---|---|
| 00000 | 选择通用寄存器 |
| 00001 | 选择 Socket0 寄存器 |
| 00010 | 选择 Socket0 发送缓存 |
| 00011 | 选择 Socket0 接收缓存 |
| 00100 | 保留位 |
| 00101 | 选择 Socket1 寄存器 |
| 00110 | 选择 Socket0 发送缓存 |
| 00111 | 选择 Socket0 接收缓存 |
| 01000 | 保留位 |
| 01001 | 选择 Socket2 寄存器 |
| 01010 | 选择 Socket2 发送缓存 |

续表 B-2

| BSB[4:0] | 含 义 |
|---|---|
| 01011 | 选择 Socket2 接收缓存 |
| 01100 | 保留位 |
| 01101 | 选择 Socket3 寄存器 |
| 01110 | 选择 Socket3 发送缓存 |
| 01111 | 选择 Socket3 接收缓存 |
| 10000 | 保留位 |
| 10001 | 选择 Socket4 寄存器 |
| 10010 | 选择 Socket4 发送缓存 |
| 10011 | 选择 Socket4 接收缓存 |
| 10100 | 保留位 |
| 10101 | 选择 Socket5 寄存器 |
| 10110 | 选择 Socket5 发送缓存 |
| 10111 | 选择 Socket5 接收缓存 |
| 11000 | 保留位 |
| 11001 | 选择 Socket6 寄存器 |
| 11010 | 选择 Socket6 发送缓存 |
| 11011 | 选择 Socket6 接收缓存 |
| 11100 | 保留位 |
| 11101 | 选择 Socket7 寄存器 |
| 11110 | 选择 Socket7 发送缓存 |
| 11111 | 选择 Socket7 接收缓存 |

如果选择了保留位，将会导致 W5500 故障。

**位 2，符号为 RWB，即读/写访问模式位（Read/Write Access Mode Bit）。**

该位设置读/写访问模式："0"为读；"1"为写。

**位 1～0，符号为 OM[1:0]，即 SPI 工作模式位（SPI Operation Mode Bit）。**

该位设置 SPI 工作模式。

SPI 模式支持 2 种模式：可变数据长度模式和固定长度模式。

可变数据长度模式（VDM）——数据长度通过 SCSn 控制。外设主机使 SCSn 信号拉低（高电平到低电平），并通知 W5500 SPI 数据帧地址段的起始地址。然后外设主机传输控制段。此时，OM[1:0]=00。在 *N* 字节数据段传输完毕后，SCSn 信号拉高（低电平到高电平）且通知 W5500 SPI 数据帧数据段的结束地址。

在可变数据长度模式下，SCSn 必须通过外设主机通过 SPI 数据帧单元控制。

固定数据长度模式（FDM）——数据的长度通过 OM[1:0]位来设定，但是不能为“00”。所以，SCSn 信号应该保持低电平状态，然后根据 OM[1:0]的值确定一种长度类型(1 字节、2 字节或 4 字节)。表 B-3 所列为根据 OM[1:0]位不同值下的 SPI 工作状态。

**表 B-3　OM[1:0]位不同值下的 SPI 工作状态**

| OM[1:0] | 含 义 |
| --- | --- |
| 00 | 可变数据长度模式，$N$ 字节数据段(1≤$N$) |
| 01 | 固定数据长度模式，1 字节数据长度 |
| 10 | 固定数据长度模式，2 字节数据长度 |
| 11 | 固定数据长度模式，4 字节数据长度 |

在 SP 工作模式位 OM[1:0]设定了控制端之后，数据段被设定为两种长度类型：一种为可变的 $N$ 字节长度(可变数据长度模式)，另一种为确定的 1/2/4 字节长度(固定数据长度模式)。此时，1 字节数据从最大标志位到最小标志位，通过 MOSI 或者 MISO 信号传输。

## B.1.3　可变数据长度模式

在 VDM 模式下，SPI 数据帧的长度被外设主机控制的 SCSn 所定义。这就意味着数据段长度根据 SCSn 的控制，可以是一个随机值(从 1 字节到 $N$ 字节的任何长度均可)。

在 VDM 模式下，M[1:0]位必须为 00。

### 1. VDM 模式下的写访问

图 B-5 所示为当外设主机控制 W5500 写操作时的 SPI 数据帧格式。

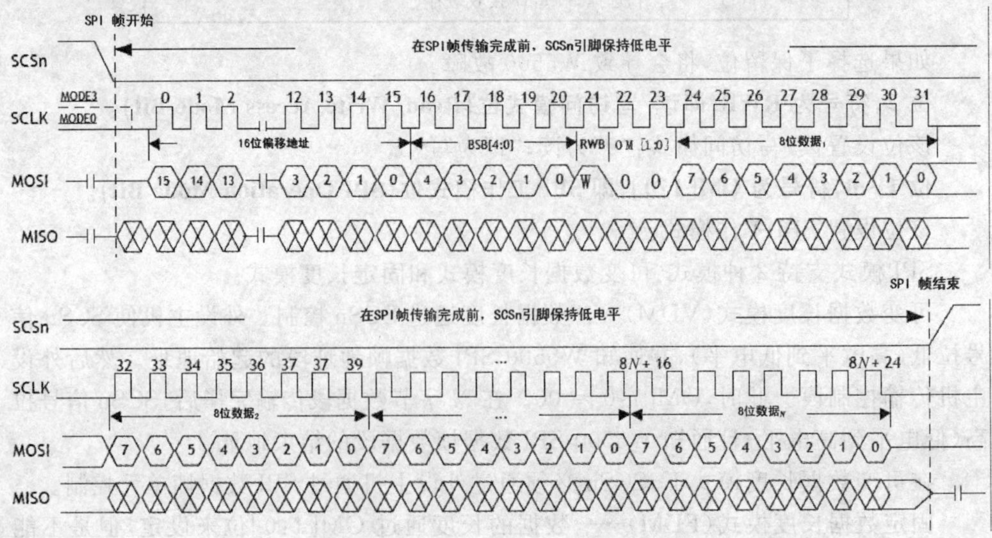


**图 B-5　VDM 模式下写 SPI 数据帧**

在 VDM 模式下，SPI 数据帧的控制段：读/写控制位（RWB）为 1，工作模式位为 00。此时，外设主机在传输 SPI 数据帧之前，须拉低 SCSn 信号引脚。然后，主机通过 MOSI 将 SPI 数据帧的所有位传输给 W5500，并在 SCLK 的下降沿同步。

在完成 SPI 数据帧的传输后，主机拉高 SCSn 信号（从低电平到高电平）。当 SCSn 保持低电平且数据段持续传输时，即可实现连续数据写入。

**(1) 字节数据写访问示例**

当主机在 VDM 模式下向通用寄存器区域中的 Socket 中断屏蔽寄存器写入数据 0xAA 时，SPI 数据帧的写操作如下：

```
Offset Address = 0x0018
BSB[4:0] = '00000'
RWB = '1'
OM[1:0] = '00'
1st Data = 0xAA
```

在传输 SPI 数据帧之前，外设主机须拉低 SCSn，然后主机在时钟（SCLK）跳变时同步传输 1 位数据。在 SPI 数据帧传输完毕后，外设主机拉高 SCSn（参考图 B-6）。

SCSn

| | Address Phase (0x0018) | | | | | | | | | | | | | | | | Control Phase | | | | | | | | Data Phase | | | | | | | |
|---|---|---|---|---|---|---|---|---|---|---|---|---|---|---|---|---|---|---|---|---|---|---|---|---|---|---|---|---|---|---|---|---|
| | | | | | | | | | | | | | | | | | BSB | | | | | RWB | OM | | Data 1st (0xAA) | | | | | | | |
| Bit Order | 15 | 14 | 13 | 12 | 11 | 10 | 9 | 8 | 7 | 6 | 5 | 4 | 3 | 2 | 1 | 0 | 4 | 3 | 2 | 1 | 0 | R/W | 1 | 0 | 7 | 6 | 5 | 4 | 3 | 2 | 1 | 0 |
| MOSI | 0 | 0 | 0 | 0 | 0 | 0 | 0 | 0 | 0 | 0 | 0 | 1 | 1 | 0 | 0 | 0 | 0 | 0 | 0 | 0 | 0 | 1 | 0 | 0 | 1 | 0 | 1 | 0 | 1 | 0 | 1 | 0 |
| MISO | | | | | | | | | | | | | | | | | | | | | | | | | | | | | | | | |

**图 B-6　VDM 模式下，SIMR 寄存器写操作**

**(2) *N* 字节写访问示例**

当主机在 VDM 模式下向通用寄存器区域中的 Socket 中断屏蔽寄存器写入5 字节数据（0x11、0x22、0x33、0x44、0x55）时，SPI 数据帧的写操作如下：

```
Offset Address = 0x0040
BSB[4:0] = '00110'RWB = '1'OM[1:0] = '00'
1st Data = 0x11
2nd Data = 0x22
3rd Data = 0x33
4th Data = 0x44
5th Data = 0x55
```

*N* 字节的写访问如图 B-7 所示。

5 字节的数据被连续地写入 Socket1 的写缓存地址：0x0040～0x0044。在 SPI 数据帧传输时，外设主机拉低 SCSn（从高电平到低电平）。

在 SPI 数据帧传输完毕时，外设主机拉高 SCSn（从低电平到高电平）。

SCSn

| | Address Phase (0x0040) | | | | | | | | | | | | | | | | Control Phase | | | | | | | | Data Phase | | | | | | | |
|---|---|---|---|---|---|---|---|---|---|---|---|---|---|---|---|---|---|---|---|---|---|---|---|---|---|---|---|---|---|---|---|---|
| | | | | | | | | | | | | | | | | | BSB | | | | | RWB | OM | | Data 1st (0x11) | | | | | | | |
| Bit Order | 15 | 14 | 13 | 12 | 11 | 10 | 9 | 8 | 7 | 6 | 5 | 4 | 3 | 2 | 1 | 0 | 4 | 3 | 2 | 1 | 0 | R/W | 1 | 0 | 7 | 6 | 5 | 4 | 3 | 2 | 1 | 0 |
| MOSI | 0 | 0 | 0 | 0 | 0 | 0 | 0 | 0 | 0 | 1 | 0 | 0 | 0 | 0 | 0 | 0 | 0 | 0 | 1 | 1 | 0 | 1 | 0 | 0 | 0 | 0 | 0 | 1 | 0 | 0 | 0 | 1 |
| MISO | | | | | | | | | | | | | | | | | | | | | | | | | | | | | | | | |

SCSn

| | Data Phase | | | | | | | | | | | | | | | | | | | | | | | | | | | | | | | |
|---|---|---|---|---|---|---|---|---|---|---|---|---|---|---|---|---|---|---|---|---|---|---|---|---|---|---|---|---|---|---|---|---|
| | Data 2nd (0x22) | | | | | | | | Data 3rd (0x33) | | | | | | | | Data 4th (0x44) | | | | | | | | Data 5th (0x55) | | | | | | | |
| Bit Order | 7 | 6 | 5 | 4 | 3 | 2 | 1 | 0 | 7 | 6 | 5 | 4 | 3 | 2 | 1 | 0 | 7 | 6 | 5 | 4 | 3 | 2 | 1 | 0 | 7 | 6 | 5 | 4 | 3 | 2 | 1 | 0 |
| MOSI | 0 | 0 | 1 | 0 | 0 | 0 | 1 | 0 | 0 | 0 | 1 | 1 | 0 | 0 | 1 | 1 | 0 | 1 | 0 | 0 | 0 | 1 | 0 | 0 | 0 | 1 | 0 | 1 | 0 | 1 | 0 | 1 |
| MISO | | | | | | | | | | | | | | | | | | | | | | | | | | | | | | | | |

**图 B-7　在 VDM 模式下,向 Socket1 的发送缓存区 0x0040 中写入 5 字节数据**

## 2. VDM 模式下的读访问

图 B-8 所示为当外设主机控制 W5500 做读访问时的 SPI 数据帧格式。

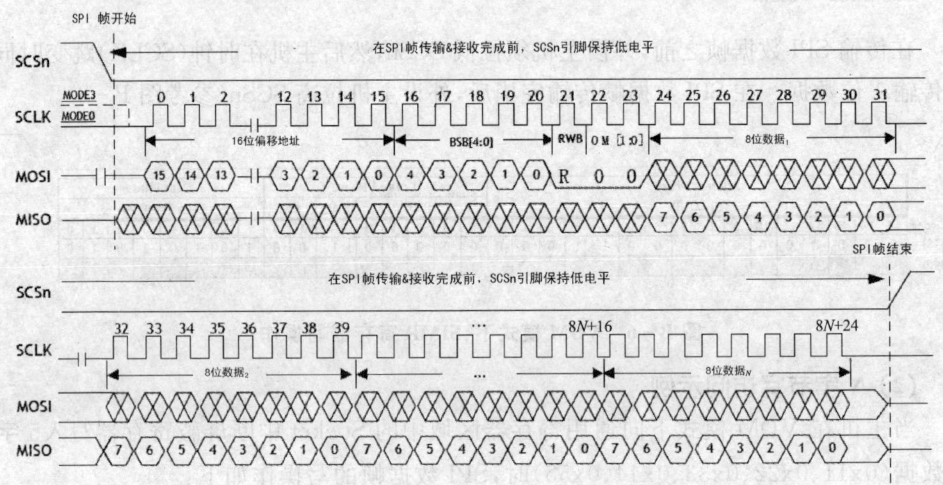


**图 B-8　VDM 模式下读 SPI 数据帧**

在 VDM 模式下,读/写访问位 RWB 为 0(读模式),SPI 数据帧控制段的工作模式位 OM[1:0]为 00。与此同时,在 SPI 数据帧传输之前,外设主机拉低 SCSn(从高电平到低电平)。然后主机通过 MOSI 将地址及控制段的所有位传输给 W5500。所有位将在 SCLK 的下降沿同步。之后,在同步采样时钟(SCLK)的上升沿,主机通过 MISO 接收到所有数据位。在接收完所有数据后,主机拉高 SCSn(从低电平到高电平)。

当 SCSn 保持低电平且数据段持续传输时,即可实现连续数据读取。

**(1) 1 字节数据读访问示例**

在 VDM 模式下,当主机读取 Socket7 寄存器区的 Socket 状态寄存器(S7_SR),SPI 数据帧的数据读取如下(S7_SR 设置为 Socket 建立模式下,即 0x17):

```
Offset Address = 0x0003
BSB[4:0] = '11101' RWB = '0'OM[1:0] = '00'
1st Data = 0x17
```

在 SPI 数据帧传输之前，外设主机拉低 SCSn(从高电平到低电平)。然后，外设主机通过 MOSI 传输地址段和控制段给 W5500。然后，主机通过 MISO 接收到接收完的数据。

在完成数据段的接收后，主机拉高 SCSn(从低电平到高电平)(参考图 B-9)。

| | Address Phase (0x0018) | | | | | | | | | | | | | | | | Control Phase | | | | | | | | Data Phase | | | | | | | |
|---|---|---|---|---|---|---|---|---|---|---|---|---|---|---|---|---|---|---|---|---|---|---|---|---|---|---|---|---|---|---|---|---|
| | | | | | | | | | | | | | | | | | BSB | | | | | RWB | OM | | Data 1st (0xAA) | | | | | | | |
| Bit Order | 15 | 14 | 13 | 12 | 11 | 10 | 9 | 8 | 7 | 6 | 5 | 4 | 3 | 2 | 1 | 0 | 4 | 3 | 2 | 1 | 0 | R/W | 1 | 0 | 7 | 6 | 5 | 4 | 3 | 2 | 1 | 0 |
| MOSI | 0 | 0 | 0 | 0 | 0 | 0 | 0 | 0 | 0 | 0 | 0 | 1 | 1 | 0 | 0 | 0 | 0 | 0 | 0 | 0 | 0 | 1 | 0 | 0 | 1 | 0 | 1 | 0 | 1 | 0 | 1 | 0 |
| MISO | | | | | | | | | | | | | | | | | | | | | | | | | | | | | | | | |

图 B-9　在 VDM 模式下，读 S7_SR

**(2) *N* 字节读访问示例**

在 VDM 模式下，当从 Socket3 的地址为 0x0100 的读取缓存中读取 5 字节的数据(0xAA、0xBB、0xCC、0xDD、0xEE)时，这 5 个字节数据的读访问 SPI 数据帧如下：

```
Offset Address = 0x0100
BSB[4:0] = '01111'RWB = '0'OM[1:0] = '00'
1st Data =  0xAA
2nd Data =  0xBB
3rd Data =  0xCC
4th Data =  0xDD
```

*N* 字节读访问如图 B-10 所示。

| | Address Phase (0x0040) | | | | | | | | | | | | | | | | Control Phase | | | | | | | | Data Phase | | | | | | | |
|---|---|---|---|---|---|---|---|---|---|---|---|---|---|---|---|---|---|---|---|---|---|---|---|---|---|---|---|---|---|---|---|---|
| | | | | | | | | | | | | | | | | | BSB | | | | | RWB | OM | | Data 1st (0x11) | | | | | | | |
| Bit Order | 15 | 14 | 13 | 12 | 11 | 10 | 9 | 8 | 7 | 6 | 5 | 4 | 3 | 2 | 1 | 0 | 4 | 3 | 2 | 1 | 0 | R/W | 1 | 0 | 7 | 6 | 5 | 4 | 3 | 2 | 1 | 0 |
| MOSI | 0 | 0 | 0 | 0 | 0 | 0 | 0 | 0 | 0 | 1 | 0 | 0 | 0 | 0 | 0 | 0 | 0 | 0 | 1 | 1 | 0 | 1 | 0 | 0 | 0 | 0 | 0 | 1 | 0 | 0 | 0 | 1 |
| MISO | | | | | | | | | | | | | | | | | | | | | | | | | | | | | | | | |

| | Data Phase | | | | | | | | | | | | | | | | | | | | | | | | | | | | | | | |
|---|---|---|---|---|---|---|---|---|---|---|---|---|---|---|---|---|---|---|---|---|---|---|---|---|---|---|---|---|---|---|---|---|
| | Data 2nd (0x22) | | | | | | | | Data 3rd (0x33) | | | | | | | | Data 4th (0x44) | | | | | | | | Data 5th (0x55) | | | | | | | |
| Bit Order | 7 | 6 | 5 | 4 | 3 | 2 | 1 | 0 | 7 | 6 | 5 | 4 | 3 | 2 | 1 | 0 | 7 | 6 | 5 | 4 | 3 | 2 | 1 | 0 | 7 | 6 | 5 | 4 | 3 | 2 | 1 | 0 |
| MOSI | 0 | 0 | 1 | 0 | 0 | 0 | 1 | 0 | 0 | 0 | 1 | 1 | 0 | 0 | 1 | 1 | 0 | 1 | 0 | 0 | 0 | 1 | 0 | 0 | 0 | 1 | 0 | 1 | 0 | 1 | 0 | 1 |
| MISO | | | | | | | | | | | | | | | | | | | | | | | | | | | | | | | | |

图 B-10　在 VDM 模式下，读取 Socket3 接收缓存 0x0100 中的 5 字节数据

从 Socket3 的接收缓存(地址 0x0100～0x0104)，连续读取这 5 字节的数据(0xAA、0xBB、0xCC、0xDD、0xEE)。

在 SPI 传输数据帧之前，外设主机将 SCSn 拉低(从高电平到低电平)。在 SPI

数据段结束时，外设主机将 SCSn 拉高（从低电平到高电平）。

## B.1.4 固定数据长度模式（FDM）

在外设主机不能控制 SCSn 时，可以使用固定数据长度模式。此时，SCSn 必须连接到低电平（保持接地）。与此同时，SPI 接口不能与其他 SPI 设备共享（如图 B－2 所示）。

在可变数据长度模式（VDM）中，数据段长度由 SCSn 控制。但是在固定长度模式（FDM）中，数据长度由 SPI 工作模式位的控制段的值控制（OM［1：0］＝01/10/11）。

由于除了 SCSn 信号和工作模式位 OM［1：0］设置之外，FDM 模式下 SPI 数据帧与 VDM 模式下的相同，所以此时具体的描述就省略了。

除非有特殊情况，一般不提倡使用 FDM 模式。此外，如 B.1.3 小节所述，只能使用 1/2/4 字节 SPI 数据帧，若使用其他长度数据帧会导致 W5500 的功能问题。

### 1. FDM 模式下的写访问

在 FDM 模式下，1 字节写访问如图 B－11 所示。

| | Address Phase (Any) | | | | | | | | | | | | | | | | Control Phase | | | | | | | | Data Phase | | | | | | | |
|---|---|---|---|---|---|---|---|---|---|---|---|---|---|---|---|---|---|---|---|---|---|---|---|---|---|---|---|---|---|---|---|---|
| | | | | | | | | | | | | | | | | | BSB (Any) | | | | | RWB | OM | | Data 1st (any) | | | | | | | |
| Bit Order | 15 | 14 | 13 | 12 | 11 | 10 | 9 | 8 | 7 | 6 | 5 | 4 | 3 | 2 | 1 | 0 | 4 | 3 | 2 | 1 | 0 | R/W | 1 | 0 | 7 | 6 | 5 | 4 | 3 | 2 | 1 | 0 |
| MOSI | * | * | * | * | * | * | * | * | * | * | * | * | * | * | * | * | * | * | * | * | * | 1 | **0** | **1** | * | * | * | * | * | * | * | * |
| MISO | | | | | | | | | | | | | | | | | | | | | | | | | | | | | | | | |

**图 B－11　在 FDM 模式下，1 字节写访问 SPI 数据帧**

在 FDM 模式下，2 字节写访问如图 B－12 所示。

| | Address Phase (Any) | | | | | | | | | | | | | | | | Control Phase | | | | | | | | Data Phase | | | | | | | |
|---|---|---|---|---|---|---|---|---|---|---|---|---|---|---|---|---|---|---|---|---|---|---|---|---|---|---|---|---|---|---|---|---|
| | | | | | | | | | | | | | | | | | BSB | | | | | RWB | OM | | Data 1st (any) | | | | | | | |
| Bit Order | 15 | 14 | 13 | 12 | 11 | 10 | 9 | 8 | 7 | 6 | 5 | 4 | 3 | 2 | 1 | 0 | 4 | 3 | 2 | 1 | 0 | R/W | 1 | 0 | 7 | 6 | 5 | 4 | 3 | 2 | 1 | 0 |
| MOSI | * | * | * | * | * | * | * | * | * | * | * | * | * | * | * | * | * | * | * | * | * | 1 | **1** | **0** | * | * | * | * | * | * | * | * |
| MISO | | | | | | | | | | | | | | | | | | | | | | | | | | | | | | | | |

| | Data Phase | | | | | | | |
|---|---|---|---|---|---|---|---|---|
| | Data 2nd (any) | | | | | | | |
| Bit Order | 7 | 6 | 5 | 4 | 3 | 2 | 1 | 0 |
| MOSI | * | * | * | * | * | * | * | * |
| MISO | | | | | | | | |

**图 B－12　在 FDM 模式下，2 字节写访问 SPI 数据帧**

在 FDM 模式下，4 字节写访问如图 B－13 所示。

### 2. FDM 模式下的读访问

在 FDM 模式下，1 字节读访问如图 B－14 所示。

在 FDM 模式下，2 字节读访问如图 B－15 所示。

| | Address Phase (Any) | | | | | | | | | | | | | | | | Control Phase | | | | | | | | Data Phase | | | | | | | |
|---|---|---|---|---|---|---|---|---|---|---|---|---|---|---|---|---|---|---|---|---|---|---|---|---|---|---|---|---|---|---|---|---|
| | | | | | | | | | | | | | | | | | BSB | | | | | RWB | OM | | Data 1st (any) | | | | | | | |
| Bit Order | 15 | 14 | 13 | 12 | 11 | 10 | 9 | 8 | 7 | 6 | 5 | 4 | 3 | 2 | 1 | 0 | 4 | 3 | 2 | 1 | 0 | R/W | 1 | 0 | 7 | 6 | 5 | 4 | 3 | 2 | 1 | 0 |
| MOSI | * | * | * | * | * | * | * | * | * | * | * | * | * | * | * | * | * | * | * | * | * | 1 | **1** | **1** | * | * | * | * | * | * | * | * |
| MISO | | | | | | | | | | | | | | | | | | | | | | | | | | | | | | | | |

| | Data Phase | | | | | | | | Data Phase | | | | | | | | Data Phase | | | | | | | |
|---|---|---|---|---|---|---|---|---|---|---|---|---|---|---|---|---|---|---|---|---|---|---|---|---|
| | Data 2nd (any) | | | | | | | | Data 3rd (any) | | | | | | | | Data 4th (any) | | | | | | | |
| Bit Order | 7 | 6 | 5 | 4 | 3 | 2 | 1 | 0 | 7 | 6 | 5 | 4 | 3 | 2 | 1 | 0 | 7 | 6 | 5 | 4 | 3 | 2 | 1 | 0 |
| MOSI | * | * | * | * | * | * | * | * | * | * | * | * | * | * | * | * | * | * | * | * | * | * | * | * |
| MISO | | | | | | | | | | | | | | | | | | | | | | | | |

**图 B-13　在 FDM 模式下,4 字节写访问 SPI 数据帧**

| | Address Phase (Any) | | | | | | | | | | | | | | | | Control Phase | | | | | | | | Data Phase | | | | | | | |
|---|---|---|---|---|---|---|---|---|---|---|---|---|---|---|---|---|---|---|---|---|---|---|---|---|---|---|---|---|---|---|---|---|
| | | | | | | | | | | | | | | | | | BSB (Any) | | | | | RWB | OM | | Data 1st (Any) | | | | | | | |
| Bit Order | 15 | 14 | 13 | 12 | 11 | 10 | 9 | 8 | 7 | 6 | 5 | 4 | 3 | 2 | 1 | 0 | 4 | 3 | 2 | 1 | 0 | R/W | 1 | 0 | 7 | 6 | 5 | 4 | 3 | 2 | 1 | 0 |
| MOSI | * | * | * | * | * | * | * | * | * | * | * | * | * | * | * | * | * | * | * | * | * | 0 | **0** | **1** | | | | | | | | |
| MISO | | | | | | | | | | | | | | | | | | | | | | | | | * | * | * | * | * | * | * | * |

**图 B-14　在 FDM 模式下,1 字节读访问 SPI 数据帧**

| | Address Phase (Any) | | | | | | | | | | | | | | | | Control Phase | | | | | | | | Data Phase | | | | | | | |
|---|---|---|---|---|---|---|---|---|---|---|---|---|---|---|---|---|---|---|---|---|---|---|---|---|---|---|---|---|---|---|---|---|
| | | | | | | | | | | | | | | | | | BSB (Any) | | | | | RWB | OM | | Data 1st (Any) | | | | | | | |
| Bit Order | 15 | 14 | 13 | 12 | 11 | 10 | 9 | 8 | 7 | 6 | 5 | 4 | 3 | 2 | 1 | 0 | 4 | 3 | 2 | 1 | 0 | R/W | 1 | 0 | 7 | 6 | 5 | 4 | 3 | 2 | 1 | 0 |
| MOSI | * | * | * | * | * | * | * | * | * | * | * | * | * | * | * | * | * | * | * | * | * | 0 | **1** | **0** | | | | | | | | |
| MISO | | | | | | | | | | | | | | | | | | | | | | | | | * | * | * | * | * | * | * | * |

| | Data Phase | | | | | | | |
|---|---|---|---|---|---|---|---|---|
| | Data 2nd (Any) | | | | | | | |
| Bit Order | 7 | 6 | 5 | 4 | 3 | 2 | 1 | 0 |
| MOSI | | | | | | | | |
| MISO | * | * | * | * | * | * | * | * |

**图 B-15　在 FDM 模式下,2 字节读访问 SPI 数据帧**

在 FDM 模式下,4 字节读访问如图 B-16 所示。

| | Address Phase (Any) | | | | | | | | | | | | | | | | Control Phase | | | | | | | | Data Phase | | | | | | | |
|---|---|---|---|---|---|---|---|---|---|---|---|---|---|---|---|---|---|---|---|---|---|---|---|---|---|---|---|---|---|---|---|---|
| | | | | | | | | | | | | | | | | | BSB (Any) | | | | | RWB | OM | | Data 1st (Any) | | | | | | | |
| Bit Order | 15 | 14 | 13 | 12 | 11 | 10 | 9 | 8 | 7 | 6 | 5 | 4 | 3 | 2 | 1 | 0 | 4 | 3 | 2 | 1 | 0 | R/W | 1 | 0 | 7 | 6 | 5 | 4 | 3 | 2 | 1 | 0 |
| MOSI | * | * | * | * | * | * | * | * | * | * | * | * | * | * | * | * | * | * | * | * | * | 0 | **1** | **1** | | | | | | | | |
| MISO | | | | | | | | | | | | | | | | | | | | | | | | | * | * | * | * | * | * | * | * |

| | Data Phase | | | | | | | | Data Phase | | | | | | | | Data Phase | | | | | | | |
|---|---|---|---|---|---|---|---|---|---|---|---|---|---|---|---|---|---|---|---|---|---|---|---|---|
| | Data 2nd (Any) | | | | | | | | Data 3rd (Any) | | | | | | | | Data 4th (Any) | | | | | | | |
| Bit Order | 7 | 6 | 5 | 4 | 3 | 2 | 1 | 0 | 7 | 6 | 5 | 4 | 3 | 2 | 1 | 0 | 7 | 6 | 5 | 4 | 3 | 2 | 1 | 0 |
| MOSI | | | | | | | | | | | | | | | | | | | | | | | | |
| MISO | * | * | * | * | * | * | * | * | * | * | * | * | * | * | * | * | * | * | * | * | * | * | * | * |

**图 B-16　在 FDM 模式下,4 字节读访问 SPI 数据帧**

## B.2 库函数

W5500 的驱动程序是程序工程/source 和/source/include 内的两个 W5500 文件夹内的.c 和.h 文件。W5500 驱动程序由四部分组成：SPI2.c/h、w5500.c/h、socket.c/h 和 md5.c/h。其中 SPI2.c/h 文件包含了 STM32F103 系列 MCU 的 SPI2 的初始化函数、片选脚(CS)操作函数和字节发送函数；W5500 文件主要包括针对 W5500 寄存器设置和读取函数、数据读/写函数和数据处理函数；Socket 文件包括基本的 Socket 接口的实现函数；md5 是对 md5 算法的实现函数，使用 PPPoE 协议进行数据传输时会使用到。

W5500 在硬件上实现了 TCP/IP 协议栈，Socket 是应用层与 TCP/IP 协议族通信的中间软件抽象层(见图 B-17)，它是一组接口。在设计模式中，Socket 其实就是一个门面模式，它把复杂的 TCP/IP 协议族隐藏在 Socket 接口后面，对用户来说，一组简单的接口就是全部，让 Socket 去组织数据，以符合指定的协议。

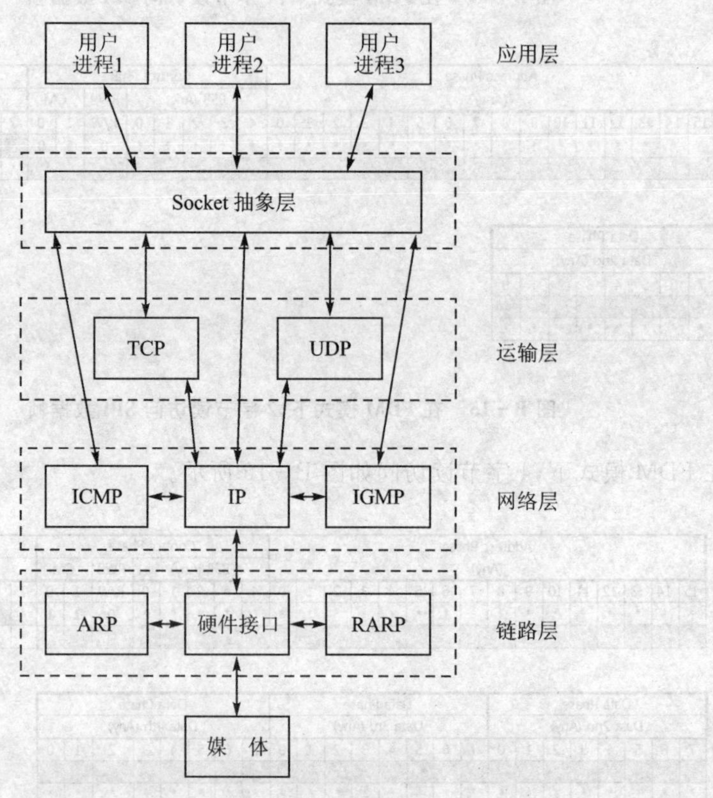


**图 B-17　Socket 在网络传输协议中的位置**

驱动文件中 SPI2、W5500 和 Socket 是按照自底向上抽象划分的，W5500 调用

SPI2 的函数完成与 MCU 的通信，Socket 则调用 W5500 来完成用户与 W5500 的通信。当然用户也可以直接调用 W5500 内的函数完成一些配置和状态读取操作。驱动文件的层次结构如图 B-18 所示。

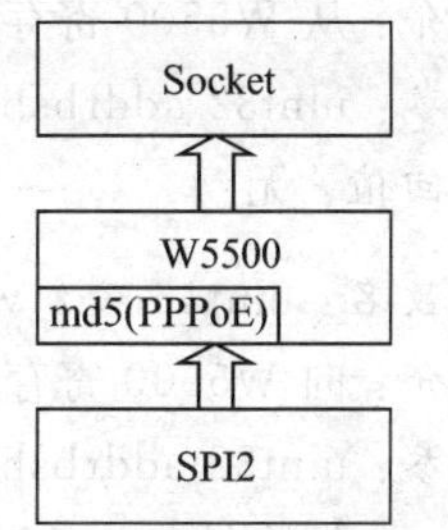


图 B-18　驱动文件的层次结构

下面主要对 W5500 和 Socket 文件里的函数进行详细介绍。

W5500 驱动函数介绍如下：

函数名：uint16 getIINCHIP_RxMAX(uint8 s)

简介：获得 socket_n 的接收缓存大小。

形参：uint8 s Socket 序号为 0～7。

返回值：uint16 RSIZE[s]缓存大小，该数组在初始化缓存大小时会被写入。

函数名：uint16 getIINCHIP_TxMAX(uint8 s)

简介：获得 socket_n 的发送缓存大小。

形参：uint8 s Socket 序号为 0～7。

返回值：uint16 SSIZE[s]缓存大小，该数组在初始化缓存大小时会被写入。

函数名：void IINCHIP_CSoff(void)

简介：关闭 W5500 片选对 SPI2 函数的抽象。

形参：无。

返回值：无。

函数名：void IINCHIP_CSon(void)

简介：打开 W5500 片选对 SPI2 函数的抽象。

形参：无。

返回值：无。

函数名：u8　IINCHIP_SpiSendData(uint8 dat)

简介：SPI 收发 1 字节数据对 SPI2 函数的抽象。

形参：uint8 dat 发送字节。

返回值：SPI 接收到字节。

函数名：void IINCHIP_WRITE( uint32 addrbsb,　uint8 data)

简介：向 W5500 寄存器写入 1 字节数据。

形参：uint32 addrbsb 为 SPI 数据帧的地址段与控制段，uint8 data 为待写入字节。

返回值：无。

函数名：uint8 IINCHIP_READ(uint32 addrbsb)

简介：从 W5500 寄存器读取 1 字节信息。

形参：uint32 addrbsb 为 SPI 数据帧地址段与控制段。

返回值：无。

函数名：uint16 wiz_write_buf(uint32 addrbsb,uint8 * buf,uint16 len)

简介：向 W5500 寄存器写入一定长度数据。

形参：uint32 addrbsb 为 SPI 数据帧地址段与控制段，uint8 * buf 为待写入数据指针，uint16 len 为数据长度。

返回值：uint16 len 为数据长度。

函数名：uint16 wiz_read_buf(uint32 addrbsb, uint8 * buf,uint16 len)

简介：从 W5500 寄存器读取一定长度数据。

形参：uint32 addrbsb 为 SPI 数据帧地址段与控制段，uint8 * buf 为待写入数据指针，uint16 len 为数据长度。

返回值：uint16 len 为数据长度。

函数名：void iinchip_init(void)

简介：软重启 W5500。

形参：无。

返回值：无。

函数名：void sysinit( uint8 * tx_size, uint8 * rx_size)

简介：初始化 8 个 Socket 收发缓存区大小。

形参：uint8 * tx_size 为发送缓存区大小数组的指针，uint8 * rx_size 为接收缓存区大小数组的指针。

返回值：无。

函数名：void setGAR(uint8 * addr)

简介：配置网关地址。

形参：uint8 * addr 为网关地址寄存器地址。

返回值：无。

函数名：void getGAR(uint8 * addr)

简介：获取网关地址。

形参：uint8 * addr 为获得的网关地址保存在本地的指针。

返回值：无。

函数名：setSUBR(uint8 * addr)

简介：配置子网掩码。

形参：uint8 * addr 为子网掩码寄存器地址。

返回值：无。

函数名：void getSUBR (uint8 * addr)
简介：获取网关地址。
形参：uint8 * addr 为获得的网关地址保存在本地的指针。
返回值：无。

函数名：void setSHAR(uint8 * addr)
简介：配置 MAC 地址。
形参：uint8 * addr 为 MAC 地址寄存器地址。
返回值：无。

函数名：void getSHAR (uint8 * addr)
简介：获取网关地址。
形参：uint8 * addr 为获得的网关地址保存在本地的指针。
返回值：无。

函数名：void setSIPR(uint8 * addr)
简介：配置源 IP 地址。
形参：uint8 * addr 为源 IP 地址寄存器地址。
返回值：无。

函数名：void getSIPR (uint8 * addr)
简介：获取网关地址。
形参：uint8 * addr 为获得的网关地址保存在本地的指针。
返回值：无。

函数名：void setMR(uint8 val)
简介：配置模式寄存器。
形参：uint8 val 配置值如下

```
MR_RST0x80              /* 复位 */
MR_WOL0x20              /* 网络唤醒 */
MR_PB0x10               /* Ping 阻塞 */
MR_PPPOE0x08            /* 使能 PPPoE 功能 */
MR_UDP_FARP0x02         /* 使能 FORCE ARP 功能 */
```

返回值：无

函数名：uint8 getIR( void )
简介：获得通用中断寄存器的值(中断状态)。
形参：无。
返回值：寄存器中断状态如下

```
IR_CONFLICT     0x80     /* IP 冲突 */
```

IR_UNREACH 0x40 /＊在 UDP 发送过程中获取目标不可到达的信息＊/
IR_PPPoE0x20 /＊获取 PPPoE 关闭信息＊/
IR_MAGIC 0x10 /＊获取 magic 包中断＊/

函数名：void setRTR(uint8 retry)
简介：配置重试时间。
形参：uint16 timeout 超时时间，timeout＊100 μs。
返回值：无。

函数名：void setRCR(uint16 timeout)
简介：配置重传次数。
形参：uint8 retry 为重传次数。
返回值：无。

函数名：void clearIR(uint8 mask)
简介：清除通用中断寄存器标志。
形参：uint8 mask 中断状态见 getIR 函数介绍。
返回值：无。

函数名：void setSn_MSS(Socket s，uint16 Sn_MSSR)
简介：配置 socket_n 的最大分段寄存器。
形参：s 为 Socket 序号，uint16 Sn_MSSR 为最大分段值，单位为字节。
返回值：无。

函数名：void setSn_TTL(Socket s，uint8 ttl)
简介：配置 socket_n 的生存时间寄存器。
形参：s 为 Socket 序号，uint8 ttl 为生存时间。
返回值：无。

函数名：void setSn_IR(uint8 s，uint8 val)
简介：配置 socket_n 的中断寄存器。
形参：s 为 Socket 序号，uint8 val 为配置值。
返回值：无。

函数名：uint8 getSn_IR(Socket s)
简介：获得 socket_n 的中断状态。
形参：s 为 Socket 序号。
返回值：uint8。

函数名：uint8 getSn_SR(Socket s)
简介：获得 socket_n 的状态。

形参：s 为 Socket 序号。

返回值：socket_n 的状态如下

```
SOCK_CLOSED          0x00    /* 关闭状态 */
SOCK_INIT            0x13    /* 初始化状态 */
SOCK_LISTEN          0x14    /* 监听状态 */
SOCK_SYNSENT         0x15    /* 连接状态 */
SOCK_SYNRECV         0x16    /* 连接状态 */
SOCK_ESTABLISHED     0x17    /* 连接成功 */
SOCK_FIN_WAIT        0x18    /* 关闭中状态 */
SOCK_CLOSING         0x1A    /* 关闭中状态 */
SOCK_TIME_WAIT       0x1B    /* 关闭中状态 */
SOCK_CLOSE_WAIT      0x1C    /* 关闭中状态 */
SOCK_LAST_ACK        0x1D    /* 关闭中状态 */
SOCK_UDP             0x22    /* UDP Socket */
SOCK_IPRAW           0x32    /* IP RAW 模式 Socket */
SOCK_MACRAW          0x42    /* MAC RAW 模式 Socket */
SOCK_PPPOE           0x5F    /* PPPoE Socket */
```

函数名：uint16 getSn_TX_FSR(Socket s)

简介：获得 socket_n 的空闲发送缓存大小。

形参：s 为 Socket 序号。

返回值：uint16 val 空闲发送缓存大小 *n* 字节。

函数名：uint16 getSn_RX_FSR(Socket s)

简介：获得 socket_n 的空闲接收缓存大小。

形参：s 为 Socket 序号。

返回值：uint16 val 空闲接收缓存大小 *n* 字节。

函数名：void send_data_processing(Socket s, uint8 *data, uint16 len)

简介：发送数据处理，供 Socket 文件中 send 和 sendto 函数调用。

形参：s 为 Socket 序号，uint8 *data 为待发送数据指针，uint16 len 为数据长度。

返回值：无。

函数名：void recv_data_processing(Socket s, uint8 *data, uint16 len)

简介：接收数据处理，供 Socket 文件中 recv 函数调用。

形参：s 为 Socket 序号，uint8 *data 为待发送数据指针，uint16 len 为数据长度。

返回值：无。

Socket 文件函数介绍如下：

函数名：uint8 socket(Socket s，uint8 protocol，uint16 port，uint8 flag)

简介：初始化 Socket。

形参：s 为 Socket 序号，protocol 为传输协议，port 为端口号，flag 为 Socket 标志。

```
Sn_MR_TCP        0x01    /* TCP */
Sn_MR_UDP        0x02    /* UDP */
Sn_MR_IPRAW      0x03    /* IP LAYER RAW SOCK */
Sn_MR_MACRAW     0x04    /* MAC LAYER RAW SOCK */
Sn_MR_PPPOE      0x05    /* PPPoE */
```

返回值：uint8 ret 初始化成功则返回 1，否则返回 0。

函数名：void close(Socket s)

简介：关闭 socket 连接。

形参：s 为 socket 序号。

返回值：无。

函数名：uint8 listen(Socket s)

简介：启动监听。

形参：s 为 socket 序号。

返回值：uint8 ret 初始化成功则返回 1，否则返回 0。

函数名：uint8 connect(Socket s，uint8 * addr，uint16 port)

简介：启动连接。

形参：s 为 socket 序号，uint8 * addr 为目的 IP 地址，uint16 port 为目的端口。

返回值：uint8 ret 初始化成功则返回 1，否则返回 0。

函数名：void disconnect(Socket s)

简介：TCP 下断开连接。

形参：s 为 socket 序号。

返回值：uint8 ret 初始化成功则返回 1，否则返回 0。

函数名：uint16 send(Socket s，const uint8 * buf，uint16 len)

简介：向 socket_n 发送一定长度的数据。

形参：s 为 socket 序号，const uint8 * buf 为待发送数据指针，uint16 len 为数据长度。

返回值：uint16 ret 初始化成功则返回 1，否则返回 0。

函数名：uint16 recv(Socket s，uint8 * buf，uint16 len)

简介：从 socket_n 接收一定长度的数据。

形参：s 为 socket 序号，const uint8 * buf 为待发送数据指针，uint16 len 为数据长度。

返回值：uint16 ret 初始化成功则返回 1，否则返回 0。

函数名：uint16 sendto(Socket s, const uint8 * buf, uint16 len, uint8 * addr, uint16 port)

简介：向 socket_n 指定地址和端口发送一定长度的数据。

形参：s 为 socket 序号，const uint8 * buf 为待发送数据指针，uint16 len 为数据长度，uint8 * addr 为目的 IP 地址，uint16 port 为目的端口。

返回值：uint16 ret 初始化成功则返回 1，否则返回 0。

函数名：uint16 recvfrom(Socket s, uint8 * buf, uint16 len, uint8 * addr, uint16 * port)

简介：从 socket_n 指定地址和端口接收一定长度的数据。

形参：s 为 socket 序号，uint8 * buf 为存储接收数据指针，uint16 len 为数据长度，uint8 * addr 为目的 IP 地址，uint16 port 为目的端口。

返回值：uint16 ret 初始化成功则返回 1，否则返回 0。

函数名：void macraw_open(void)

简介：打开 MACRAW 传输模式。

形参：无。

返回值：无。

函数名：uint16 macraw_send( const uint8 * buf, uint16 len )

简介：MACRAW 传输模式发送一定长度的数据。

形参：const uint8 * buf 为存储接收数据指针，uint16 len 为数据长度。

返回值：uint16 ret 初始化成功则返回 1，否则返回 0。

函数名：uint16 macraw_recv( uint8 * buf, uint16 len )

简介：MACRAW 传输模式接收一定长度的数据。

形参：uint8 * buf 为存储接收数据指针，uint16 len 为数据长度。

返回值：uint16 ret 初始化成功则返回 1，否则返回 0。

# 附录 C

# Wireshark 抓包使用示例

Wireshark(旧称 Ethereal)是一款网络数据包分析软件。网络数据包分析软件的功能是截取网络数据包,并尽可能显示出最为详细的网络数据包数据。

Wireshark 的官方下载网站:http://www.wireshark.org/。

Wireshark 是开源软件,用户可以放心使用。它可以运行在 Windows、Linux 和 Mac OS 系统上。

## C.1 Wireshark 抓包

下载并安装 Wireshark 软件后,打开软件即可看到如图 C-1 所示的开始界面。

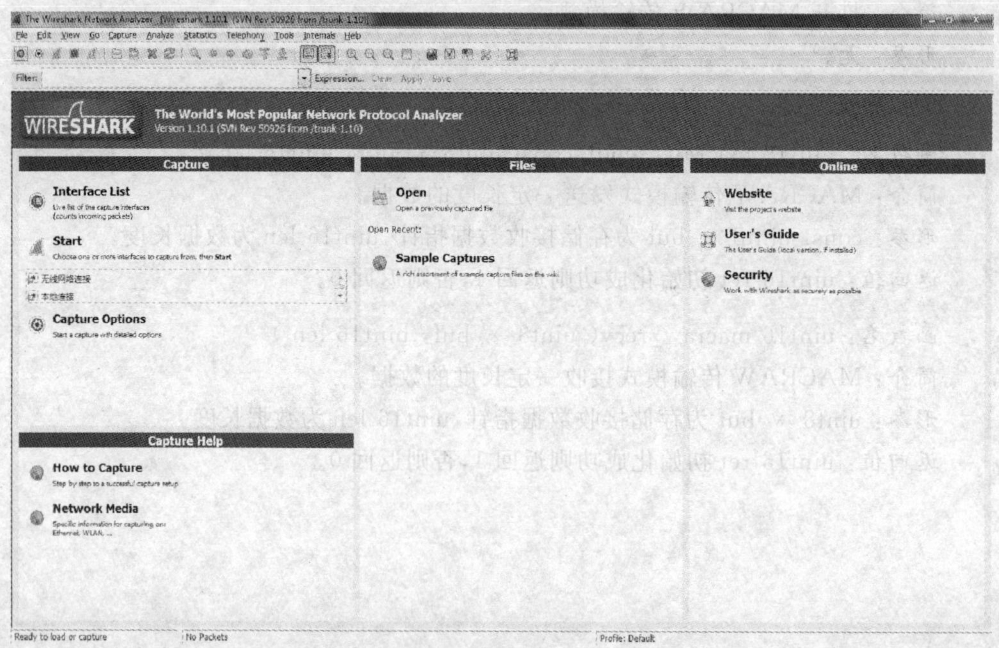


图 C-1 Wireshark 启动后开始界面

Wireshark 是捕获机器上某一块网卡的网络包。当用户机器上有多块网卡时,需要为它选择一个网卡。

选择 Caputre→Options..命令即出现如图 C-2 所示的对话框，请选择正确的网卡。然后单击“Start”按钮，即可开始抓包。

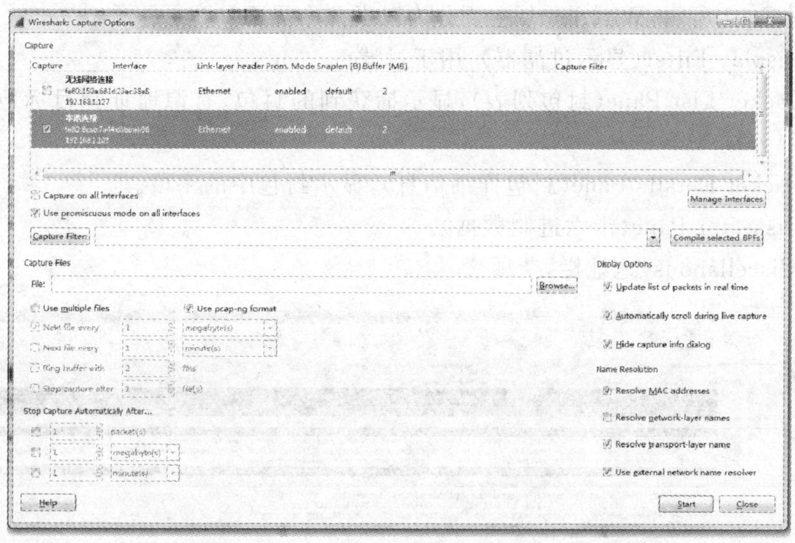


**图 C-2　Wireshark Capture Options 界面**

这里以 TCP 客户端例程为例，在电脑端使用 Socket Tester 建立一个 TCP 服务器，用 W5500EVB 连接电脑；连接成功后，用 Socket Tester 给 W5500EVB 发送一条信息，用 Wireshark 抓包并显示过滤 W5500EVB 的 IP 地址。

调试助手的信息如图 C-3 所示。

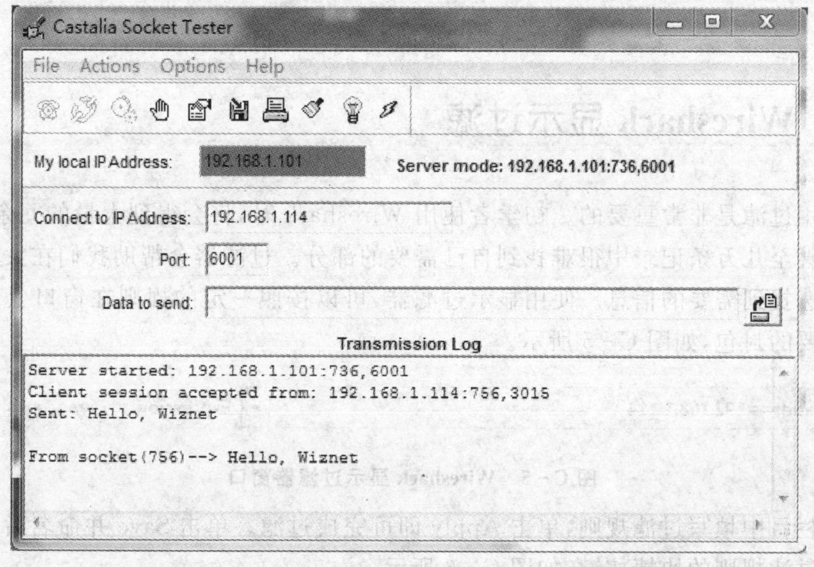


**图 C-3　Socket Tester 与 W5500EVB 之间的通信信息**

## C.2 Wireshark 窗口

如图 C－4 所示，WireShark 主要分为以下几个界面：

① Display Filter（显示过滤器），用于过滤。

② Packet List Pane（封包列表），显示捕获到的封包、有源地址和目标地址以及端口号。

③ Packet Details Pane（封包详细信息），显示封包中的字段。

④ Dissector Pane（十六进制数据）。

⑤ Miscellanous（地址栏，杂项）。

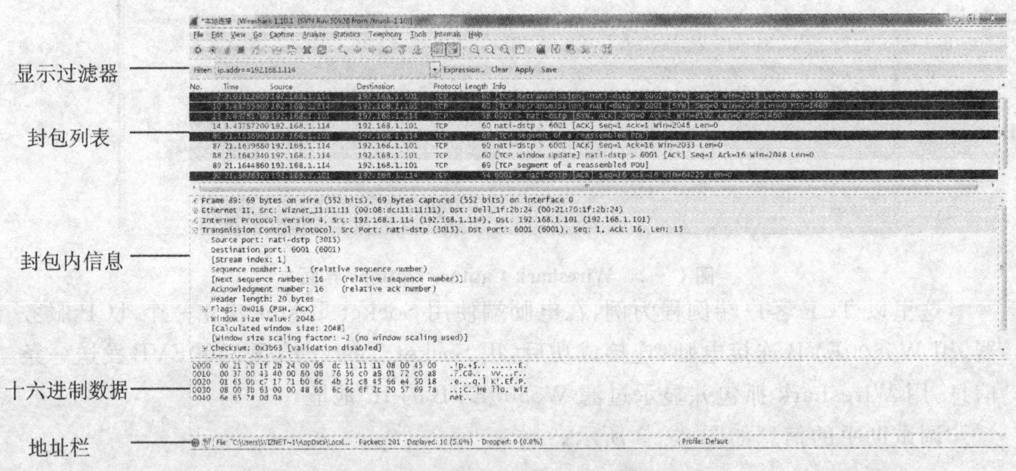


图 C－4　Wireshark 窗口指示图

## C.3 Wireshark 显示过滤

使用过滤是非常重要的。初学者使用 Wireshark 时，将会得到大量的冗余信息，在几千甚至几万条记录中很难找到自己需要的部分。过滤器会帮助我们在大量的数据中迅速找到需要的信息。使用显示过滤器，可以按照一定的规则在窗口上只显示我们需要的封包，如图 C－5 所示。

图 C－5　Wireshark 显示过滤器窗口

在栏目中填写过滤规则，单击 Apply 即可完成过滤。单击 Save 并命名后即可生成该条过滤规则的快捷按键，如图 C－6 所示。

Filter: ip.addr==192.168.1.114 Expression... Clear Apply Save Filter2

**图 C-6 Wireshark 显示过滤器有保存规则的窗口**

下面是一些常用的过滤规则。

(1) 协议过滤

比如:TCP,只显示 TCP 协议。

(2) IP 过滤

比如:ip. src ==192. 168. 1. 102 显示源地址为 192. 168. 1. 102;ip. dst==192. 168. 1. 102,目标地址为 192. 168. 1. 102。

(3) 端口过滤

tcp. port ==80,显示端口为 80 的。

tcp. srcport == 80,只显示 TCP 协议的原端口为 80 的。

(4) HTTP 模式过滤

http. request. method=="GET",只显示 HTTP GET 方法的。

(5) 逻辑运算符为 AND/ OR

ip. src ==192. 168. 1. 102 or ip. dst==192. 168. 1. 102,源地址或者目标地址是 192. 168. 1. 102。

更加详细的规则介绍请参考 Wireshark 的使用手册。也可以单击过滤栏右侧的 Expression 打开过滤器表达式,如图 C-7 所示。

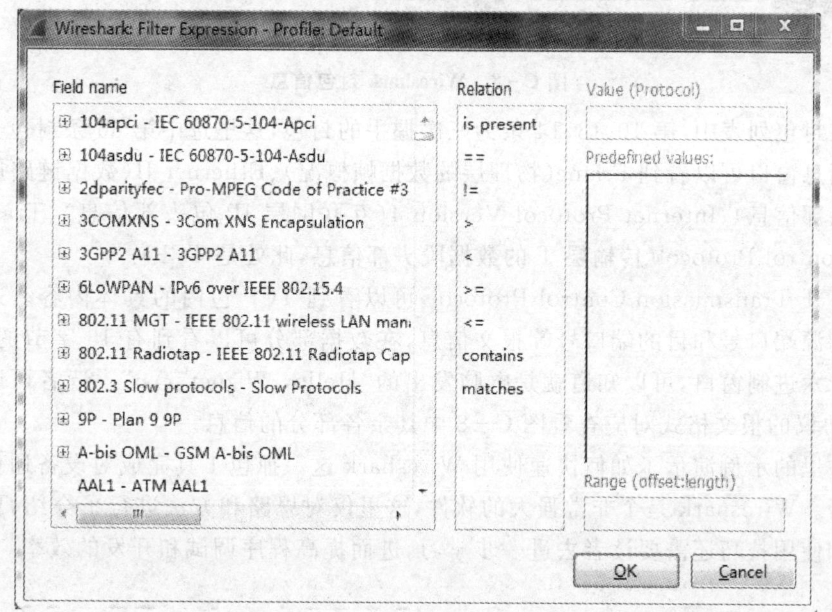


**图 C-7 显示过滤器规则窗口**

## C.4 封包列表及包内详细信息

图 C-8 所示为本次通信的所有封包。封包列表的面板中显示有 NO.(编号)、Time(时间戳)、Source(源地址)、Destination(目标地址)、Protocol(协议)、Length(长度),以及 Info(封包信息)。

| No. | Time | Source | Destination | Protocol | Length | Info |
|---|---|---|---|---|---|---|
| 6 | 2.83091800 | 192.168.1.114 | 192.168.1.101 | TCP | 60 | nati-dstp > 6001 [SYN] Seq=0 Win=2048 Len=0 MSS=1460 |
| 7 | 3.03312600 | 192.168.1.114 | 192.168.1.101 | TCP | 60 | [TCP Retransmission] nati-dstp > 6001 [SYN] Seq=0 Win=2048 Len=0 MSS=1460 |
| 10 | 3.43755300 | 192.168.1.114 | 192.168.1.101 | TCP | 60 | [TCP Retransmission] nati-dstp > 6001 [SYN] Seq=0 Win=2048 Len=0 MSS=1460 |
| 13 | 3.43781700 | 192.168.1.101 | 192.168.1.114 | TCP | 58 | 6001 > nati-dstp [SYN, ACK] Seq=0 Ack=1 Win=8192 Len=0 MSS=1460 |
| 14 | 3.43787200 | 192.168.1.114 | 192.168.1.101 | TCP | 60 | nati-dstp > 6001 [ACK] Seq=1 Ack=1 Win=2048 Len=0 |
| 86 | 21.1638900 | 192.168.1.101 | 192.168.1.114 | TCP | 69 | [TCP segment of a reassembled PDU] |
| 87 | 21.1639880 | 192.168.1.114 | 192.168.1.101 | TCP | 60 | nati-dstp > 6001 [ACK] Seq=1 Ack=16 Win=2033 Len=0 |
| 88 | 21.1642340 | 192.168.1.114 | 192.168.1.101 | TCP | 60 | [TCP Window Update] nati-dstp > 6001 [ACK] Seq=1 Ack=16 Win=2048 Len=0 |
| 89 | 21.1644860 | 192.168.1.114 | 192.168.1.101 | TCP | 69 | [TCP segment of a reassembled PDU] |
| 90 | 21.3636320 | 192.168.1.101 | 192.168.1.114 | TCP | 54 | 6001 > nati-dstp [ACK] Seq=16 Ack=16 Win=64225 Len=0 |

```
⊞ Frame 89: 69 bytes on wire (552 bits), 69 bytes captured (552 bits) on interface 0
⊞ Ethernet II, Src: Wiznet_11:11:11 (00:08:dc:11:11:11), Dst: Dell_1f:2b:24 (00:21:70:1f:2b:24)
⊞ Internet Protocol Version 4, Src: 192.168.1.114 (192.168.1.114), Dst: 192.168.1.101 (192.168.1.101)
⊟ Transmission Control Protocol, Src Port: nati-dstp (3015), Dst Port: 6001 (6001), Seq: 1, Ack: 16, Len: 15
    Source port: nati-dstp (3015)
    Destination port: 6001 (6001)
    [Stream index: 1]
    Sequence number: 1    (relative sequence number)
    [Next sequence number: 16    (relative sequence number)]
    Acknowledgment number: 16    (relative ack number)
    Header length: 20 bytes
  ⊞ Flags: 0x018 (PSH, ACK)
    Window size value: 2048
    [Calculated window size: 2048]
    [Window size scaling factor: -2 (no window scaling used)]
  ⊞ Checksum: 0x3b63 [validation disabled]
  ⊞ [SEQ/ACK analysis]
    TCP segment data (15 bytes)
```

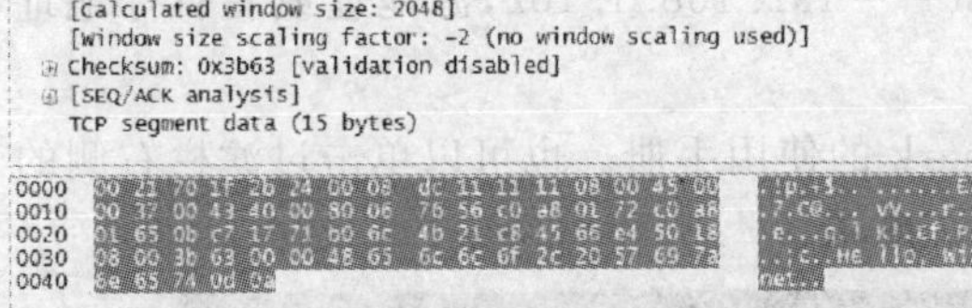

```
0000  00 21 70 1f 2b 24 00 08  dc 11 11 11 08 00 45 00   .!p.+$.. ......E.
0010  00 37 00 43 40 00 80 06  76 56 c0 a8 01 72 c0 a8   .7.C@... vV...r..
0020  01 65 0b c7 17 71 b0 6c  4b 21 c8 45 66 e4 50 18   .e...q.l K!.Ef.P.
0030  08 00 3b 63 00 00 48 65  6c 6c 6f 2c 20 57 69 7a   ..;c..He llo, Wiz
0040  6e 65 74 0d 0a                                     net..
```

图 C-8 Wireshark 封包信息

在封包列表中,第 10、13、14 条为三次握手的封包,这里选中第 86 条封包。在封包内消息窗口可以看到 Frame(物理层的数据帧概况)、Ethernet II(数据链路层以太网帧头部信息)、Internet Protocol Version 4(互联网层 IP 包头部信息)、Transmission Control Protocol(传输层 T 的数据段头部信息,此处是 TCP)。

打开 Transmission Control Protocol,可以看到 TCP 包内的具体内容。这里可以看到源端口号和目的端口号等报文信息,在数据部分可以看到有 15 字节的信息,对应十六进制窗口,可以知道就是电脑发出的"Hello, Wiznet\r\n"。读者可以参考 TCP 协议的报文格式对应查看图 C-8 中其余各部分的信息。

这里的示例演示了如何快速使用 Wireshark 这一抓包工具完成对设备通信信息的分析。Wireshark 是个非常强大的软件,这里仅对思路和方法进行了介绍,更多的功能和使用技巧还需要读者去进一步学习,进而提高程序调试和开发的效率。

# 附录D

# W5500EVB 电路原理图

## D.1 W5500EVB 核心板部分

MCU 原理图如图 D-1 所示。

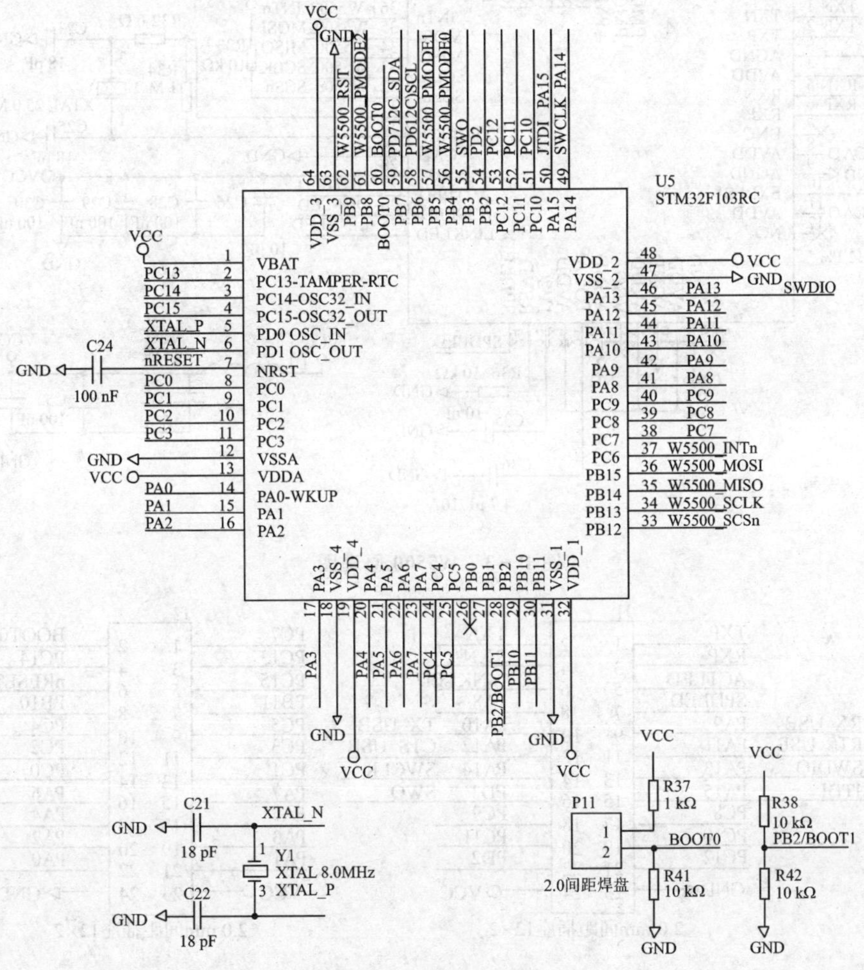

图 D-1 MCU 原理图

EEPROM 的原理图如图 D-2所示。

W5500 原理图如图 D-3 所示。

核心板外接引图如图 D-4 所示。

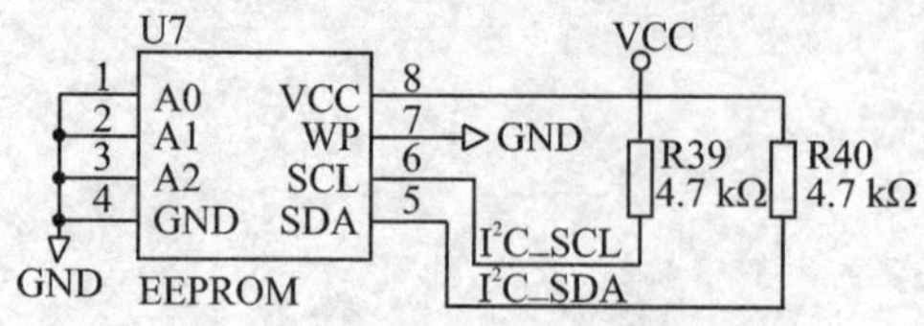


图 D-2 EEPROM 原理图

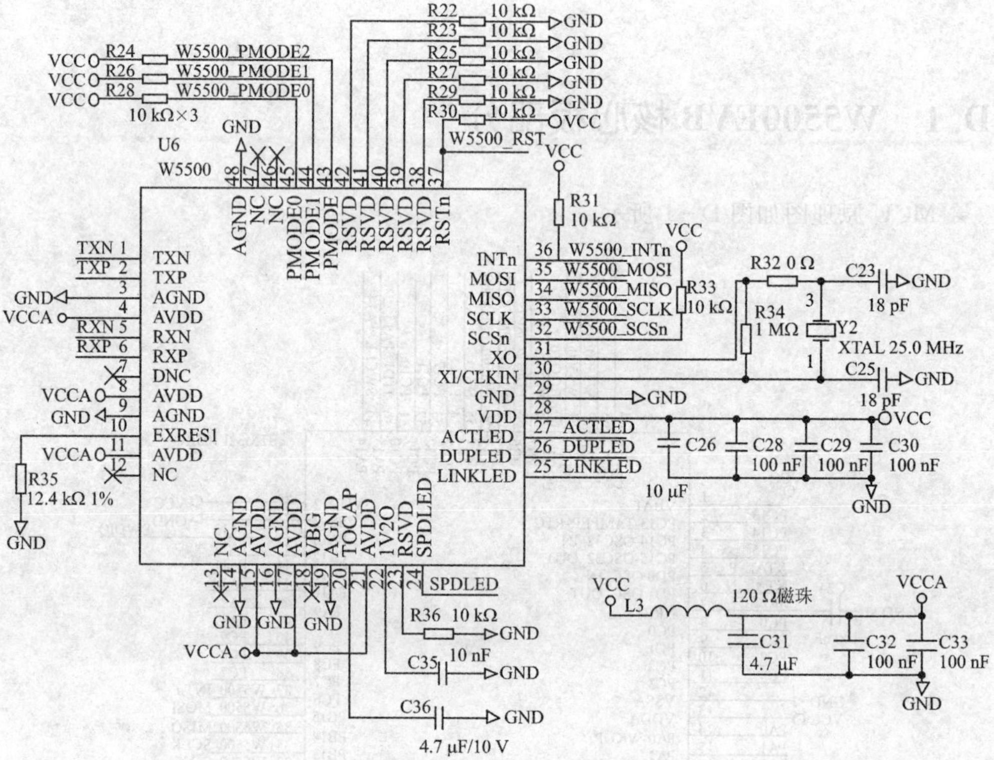

图 D-3 W5500 原理图

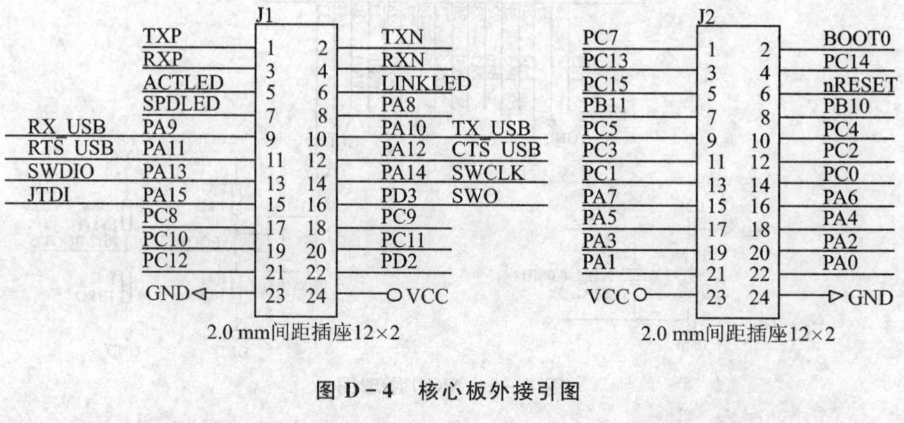

图 D-4 核心板外接引图

## D.2 W5500EVB 底板部分

电源原理图如图 D-5 所示。

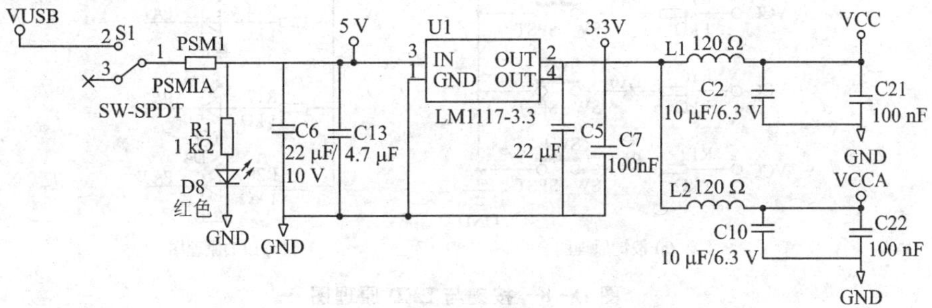


图 D-5 电源原理图

变压器与 RJ-45 原理图如图 D-6 所示。电阻精度均为 1%。

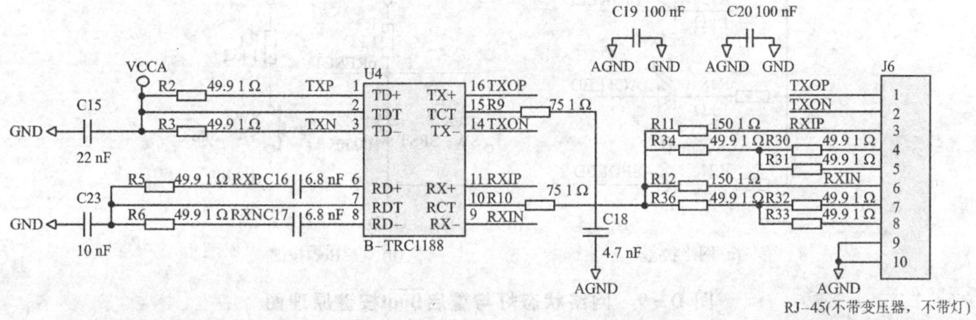


图 D-6 变压器与 RJ-45 原理图

Mini-USB 与 FT232RL 原理图如图 D-7 所示。

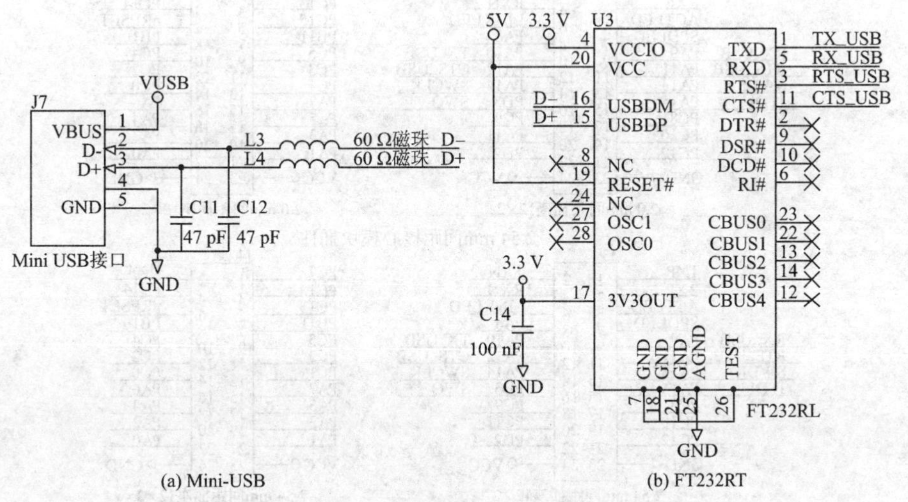


图 D-7 Mini-USB 与 FT232RL 原理图

按键与 LED 原理图见图 D－8。

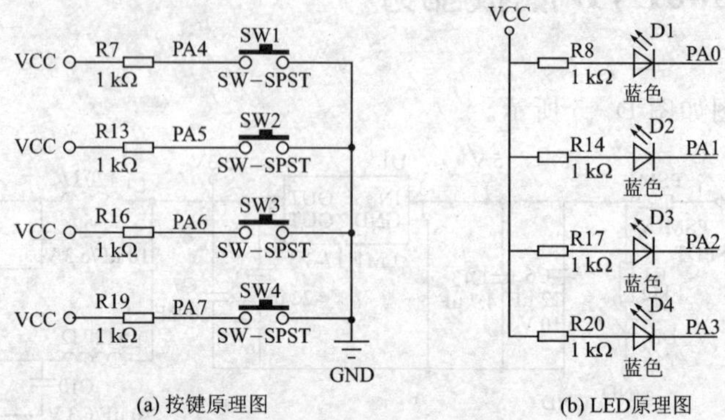


**图 D－8　按键与 LED 原理图**

网络状态灯与重启$\overline{\text{Boot}}$按键原理图见图 D－9。

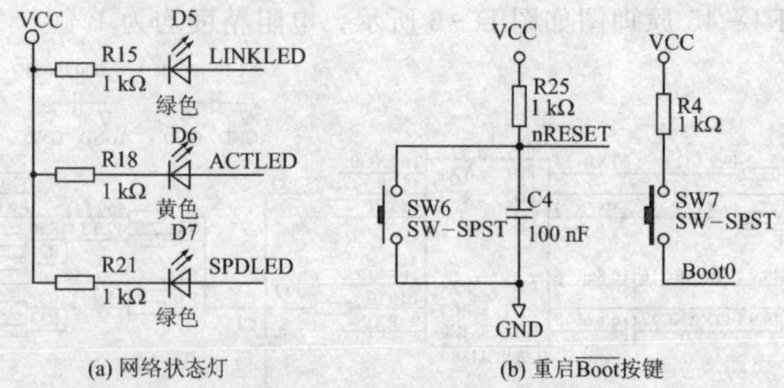


**图 D－9　网络状态灯与重启$\overline{\text{Boot}}$按键原理图**

底板外接引脚图见图 D－10。

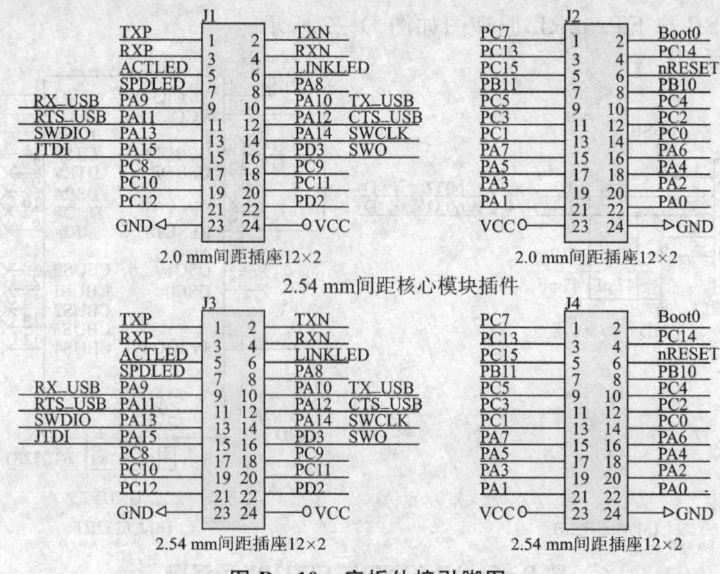


**图 D－10　底板外接引脚图**

JTAG 引脚图见图 D－11。

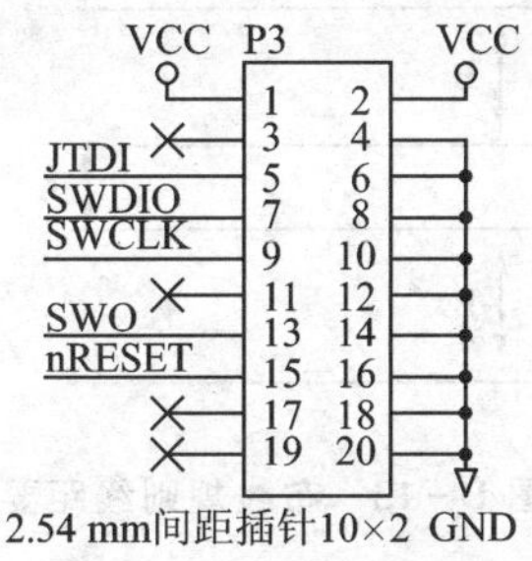


图 D－11　JTAG 引脚图

## D.3　以太网接口布线规范

网络控制器芯片 W5500 已经内置以太网的 MAC 和 PHY，所以在 PHY 送出来的差分信号之后，只须接一个隔离变压器以及 RJ－45 接口即可形成一个完整的以太网硬件链路。但是由于这两对差分信号（TXP 与 TXN，RXP 与 RXN）是模拟信号，如果不遵循一定的布线规则的话将会产生抗干扰能力弱、电磁兼容性差、实际通信距离短等问题，所以下面介绍一些 PHY 接口部分布线的通信规则，如图 D－12 所示。

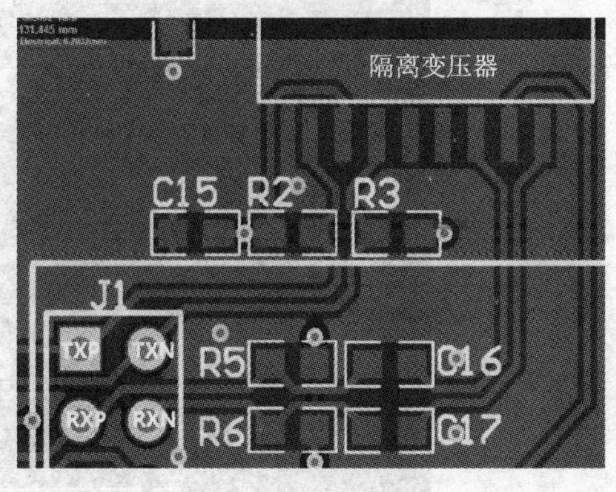


图 D－12　PHY 接口和隔离变压器之间布线样例

① RJ－45 和网络变压器之间的距离应尽量短，而隔离变压器和 W5500 之间的距离要保持在一个合理的范围内，最大为 10 cm。

② PHY 接口的差分线应尽量远离高频信号源（如晶振），并使用地平面敷铜来进行隔离处理，如图 D－13 所示。

③ 每对差分信号间尽量保持平行走线，也就是 TXP 和 TXN 平行走线，RXP 和 RXN 平行走线，每对平行线之间的距离不要超过 100 mil(2.5 mm)。

④ 尽量保持每对差分信号之间的等长处理，信号走线长度差应该保持在 2 cm 之内。

⑤ 两对差分信号和其他数字信号间最好做分割处理，可以使用 GND 敷铜隔开。

⑥ RXP 和 RXN 最好不要有过孔，或则尽可能不要有过多过孔，以避免寄生电容和寄生电感。

⑦ 如果需要做 EMC，应尽量选择分离式网络变压器的设计，并在 RJ－45 和隔

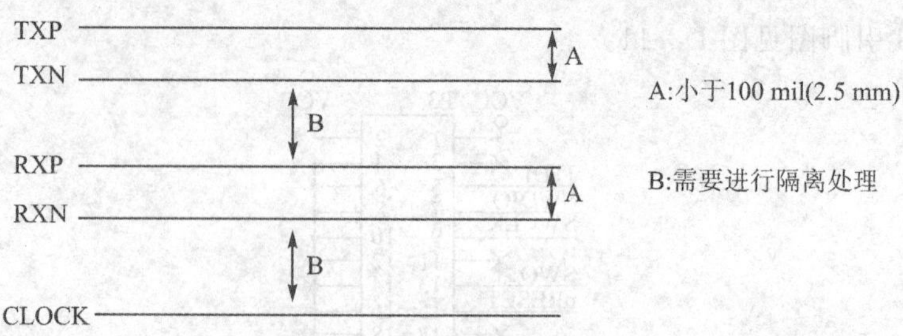


图 D-13　布线规则线距要求

离变压器之间做 TVS 管保护。如果布板面积不允许而需要采用集成隔离变压器的 RJ-45,则需要格外注意隔离器件和 TVS 保护器件的布置。

⑧ 隔离变压器的两边需要割地:即 RJ-45 接插件和隔离变压器的次级线圈(隔离变压器和 RJ-45 连接的一侧)用单独的隔离地,在这个隔离区域下没有电源和接地层存在,如图 D-14 所示。

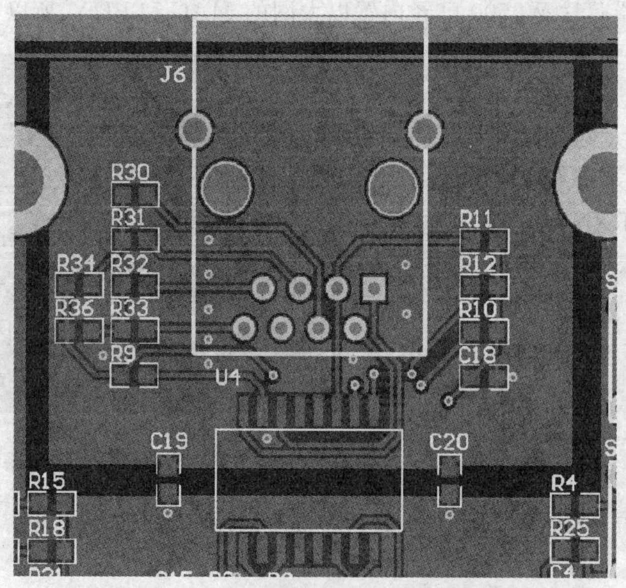


图 D-14　隔离变压器割地处理样例

⑨ RJ-45 的壳体一般是金属的。壳体的地应和系统地之间用电容隔开,可以使用耐压电容,也可使用普通电容。如果设备的壳体也是金属,则应尽量保证其与 RJ-45 的金属壳体之间接触良好。

本书示例采用的 W5500 芯片因为已经内置 MAC 和 PHY,所以周边电路的复杂程度已经大大降低,只须注意 PHY 接口部分的电路即可。硬件设计大体分为原理图设计和 PCB 设计;原理图设计可参考 WIZnet 网站上所提供的 W5500 参考设计,并结合自己常用的器件和应用进行整合;PCB 设计可以结合自己以往的经验,并参考前面的几条规则。相信大家都可以做出一款布局合理、功能完备的以太网设备!

# 参考文献

[1] 谢希仁. 计算机网络[M]. 5 版. 北京:电子工业出版社,2008.

[2] Gallo A Michael,Hancock M William. 计算机通信和网络技术[M]. 王玉峰,等译. 北京:人民邮电出版社,2003.

[3] Tanenbaum S Andrew. 计算机网络[M]. 熊桂喜,等译. 3 版. 北京:清华大学出版社,1998.

[4] 瞿雷,胡咸斌. ZigBee 技术及应用[M]. 北京:北京航空航天大学出版社,2007.

[5] 刘海涛. 物联网技术应用[M]. 北京:机械工业出版社,2011.

[6] 马忠梅. 单片机 C 语言 Windows 环境编程宝典[M]. 北京:北京航空航天大学出版社,2003.

[7] 赵全利. 单片机原理及应用教程[M]. 3 版. 北京:机械工业出版社,2013.

[8] 赵亮,侯国锐. 单片机 C 语言编程与实例[M]. 北京:人民邮电出版社,2003.

[9] 夏继强,沈德金,邢春香. 单片机实验与实践教程(二)[M]. 2 版. 北京:北京航空航天大学出版社,2006.

[10] Stevens W Richard. TCP/IP 详解　卷 1:协议[M]. 范建华,胥光辉,张涛,等译. 北京:机械工业出版社,2000.

[11] Parker Tim,Sportack Mark. TCP/IP 技术大全[M]. 前导工作室,译. 北京:机械工业出版社,2000.

[12] 杜春雷. ARM 体系结构与编程[M]. 北京:清华大学出版社,2003.

[13] 薛天宗,孟庆昌,华正权. 数模转换器应用技术[M]. 北京:科学出版社,2001.

[14] 周立功. ARM 嵌入式系统基础教程[M]. 北京:北京航空航天大学出版社,2008.

[15] 陈贵友,陈海峰,贺红. 物联网智能网关设计与应用[M]. 北京:北京航空航天大学出版社,2013.

[16] 怯肇乾. 嵌入式网络通信开发应用[M]. 北京:北京航空航天大学出版社,2010.

[17] 罗军舟,黎波涛,等. TCP/IP 协议及网络编程技术[M]. 北京:清华大学出版社,2004.

[18] 意法半导体. STM32F103RCT6 单片机器件手册. www. st. com.

[19] WIZnet. W5500 Datasheet,2013. www. wiznet. co. kr.

[20] WIZnet. W5500 Application Note,2013. www. wiznet. co. kr.